互聯網進化史

A HISTORY OF CONCEPTS

網路 AI 超應用

大數據×雲端×區塊鏈

楊吉 著

翻開本書，你將明白：
網路先進們為何忙著展望未來，我們有必要安靜地回看歷史

瞬息萬變的世界網路史，激盪人心的商業傳奇

潮起潮落，見證時代的跌宕起伏；春去秋來，還原網路的歷史變遷

前 言

當人們展望未來，我卻回看歷史

2015 年 5 月，當我結束在美國密蘇里大學新聞學院為期半年的訪學，我發現我的手機被一個互聯網流行語給洗版了，它叫：互聯網 +。

眾所周知，中國政府正式提出「互聯網 +」這一概念，其相關表述是：「制定『互聯網 +』行動計畫，推動移動互聯網、雲端運算、大數據、物聯網等與現代製造業結合，促進電子商務、工業互聯網和互聯網金融健康發展，引導互聯網企業拓展國際市場。」至此，從電視到報紙，從學術圈到產業界，大家爭相討論「互聯網 +」，貌似是否談論這個語詞成了檢驗是不是與時俱進、緊跟潮流的標準。對於當時的氛圍，真可用「亂花漸欲迷人眼，滿城盡說互聯網 +」來形容。

然而，就在「互聯網 +」被加以強調、委以重任之前，曾迎來過另一個流行語：互聯網思維。它是隨著「小米」的迅速崛起的雷軍的商業成功而開始受到關注的。隨後在 2013 年 11 月三日，由電視台《新聞聯播》專題報導「互聯網思維帶來了什麼？」使其最終從互聯網界的名詞搖身一變成為民眾熱議的概念，並且一度討論長達一年半之久，直至被後來的「互聯網

+」取代。而某種意義上派生自「互聯網思維」的另一個語詞「媒體融合」，中國政府提出要「推動傳統媒體和新興媒體融合發展，要遵循新聞傳播規律和新興媒體發展規律，強化互聯網思維，堅持傳統媒體和新興媒體優勢互補、一體發展」而迅速成為媒體業的流行語。

正如在去美國交流前的差不多近一年時間裡，我作為網路與新媒體領域的研究者和教學者，曾多次受邀為各級政府組織、媒體單位講課，主題基本上是「互聯網思維」或「媒體融合」，這裡面既有我個人興趣要分享的內容，也有對方「指定動作」而要求的內容。所以，這次回國後，承蒙各屆友仁的信任與抬愛，我收到了許多會議、論壇的邀請，讓我談談在美國的訪學經歷、觀察心得，尤其是那裡的傳媒和互聯網業的現狀，當然，主題要圍繞「互聯網 +」展開。

很多時候，我為此而迷茫。一是美國沒有「互聯網 +」，少許有點沾邊的或許是「工業互聯網革命」（Industrial Internet Revolution）。另外，我認為要全面理解「互聯網 +」，必須從德國的「工業 4.0」說起，這既是必要的追根溯源，也是應當的脈絡梳理，可惜，邀請方對這些不感興趣。二是按我的理解，「互聯網 +」是用互聯網的資訊技術去融合其他行業，並試圖連結人、物、服務、場景乃至一切，旨在打破訊息不對稱、減少中間環節、高效對接供需資源、提升勞動生產率和資源使用率。它和「互聯網思維」在很多地方有相似。可為什麼就把後者拋之腦後，隻字不提了？三是要把理念轉化為實踐，把口號落實到行動。在「互聯網 +」的問題上，我認為當務之急要著重解決四個實際問題，或者說理順四個思路。一個是策略：為什麼要加，為什麼能加？一個是規則：其中誰為主，誰為次，換句話說，究竟誰說了算？一個是結構：互聯網與X是什麼關係，是顛覆還是互補？催生的是新產業還是新業態？再一個是行動：是否貫徹落實、說到做到？我奇怪為什麼很多明明不是互聯網業的人對「互聯網 +」如此感興趣，而且大談特談，我認為即便要談（加），也應該是「X+ 互聯網」而不是相反，這裡「X」指的是一切傳統行業。

當很多人不明就裡、盲目跟風，然後人云亦云，他們事實上已經被詞或概念所「挾持」，但是作為「一根思想的蘆葦」，人不應該僅僅去牢記語詞或句子，而忽略了思考乃至批判。我們都說「名不正，則言不順；言不順，則事不成」，但別忘了，還有一句古話「盛名之下，其實難副」。回顧歷史或捫心自問，對於概念、口號，我們還見得少嗎？從「互聯網思維」往前推，我們還經歷了「影視IP」、「互聯網金融」、「新常態」、「風口論」、「雲端運算」、「大數據」……所以在一次公開演講場合，我曾就「媒體融合」作了題為《當我們談融合的時候，看看我們都做了些什麼？》的演講，觀點和態度已經很明確了。因此對於回國後邀約的第一次「互聯網 +」主題演講，我幫主辦單位擬定了一個標題：《從「互聯網思維」到「互聯網 +」：一地雞毛與一以貫之》。「一地雞毛」的是層出不窮、喧囂塵上的概念，「一以貫之」的是前呼後應、一脈相承的思想。

時間倒退至數年前的7月二十八日，晴，微風至，黃曆上說月空、解神、金堂、鳴犬，宜祭祀祈福，緊接著我補了一句「著書立說，忌空口大話」。這一天，本書寫作正式啟動。按照計畫，寫一部「互聯網史」將耗時一年，不求事無巨細面面俱到，但求提綱挈領把握主線——在行文框架上，我不否認「主題先行」，用概念（沒錯，就是它）引出歷史、劃分章節。當天，我嘗試寫了第一章的部分篇章，它正是你們看到的「分散式網路」，直至一年後全書完成，收錄概念詞條二十三個，包括「互聯網 +」，涵蓋半個多世紀的互聯網歷史，時間起始 1950 年代末，一直寫到眼下。因為畢竟不是第一次寫書，算上這本，前前後後滿意和不滿意的也出了十一本書，所以寫作還是按照「設定路線」有條不紊的進行，到寫完最後一章作為「番外篇」的「互聯網 +」，真的如預計的那樣，用了一年左右時間。如果有「計畫外」，那便是不知道後來去了美國訪學大半年以及成品不是起初以為的「一部大部頭」。

鑒於本書的定位不是一部學術專著，它更像是一本面向大眾的互聯網啟蒙讀本，所以書名「網路超進化：數據 × 雲端商務 × 智慧的過去與未來」在邏輯上未必十分嚴謹。至於以章節名形式出現的「概念」，它們既不同於哲學意義的使用，也區別於詞條維度的解釋，它可能指代「觀念」，也表示「思想」，有時還代表「理論」，甚至它還可以被當作「模式」、「趨勢」的近義詞。總之，用「概念」的視角去梳理與回顧互聯網史，可以對其每個發展階段和歷史時期的把握上避免傳統審視歷史時常犯的「直線發展的錯覺」。

英國歷史學家阿諾德·湯恩比就說過：「把進步看成是直線發展的錯覺，可以說是把人類的複雜的精神活動處理得太簡單化了。我們的歷史學者們在『分期』問題上常常喜歡把歷史看成是竹子似的一節接著一節的發展，或者看作現代的掃煙囪者用來把刷子伸入煙囪的可以一節一節的伸長的刷把一樣。」

你會發現，從最早的出於軍事目的的「阿帕網」到「全球資訊網」再到後來的「互聯網」一直到今天的「移動互聯網」、「物聯網」等，整個互聯網的發展就像是凱文·凱利觀察的「蜂巢」或傑夫·斯蒂貝爾筆下的「蟻群」一樣，整個群體都基於各自利益有意識的行動。隨著個體數量的增加，整體的密集程度會突破某個臨界點。這樣，「集群」就會從「個體」中湧現出來，最終使得最初用於部門聯絡的「局域網」發展成為可以連結一切的「互聯網」。其中，差不多每一個歷史階段總會興起或流行各式各樣的概念，它們或源於學界，或出自業界；或有意為之，或事出偶然，總之都一度推動著互聯網科技向前邁進。

以「概念」的視角來回溯互聯網歷史在已有的相關作品中是不多見的。在印象中，以互聯網 /IT 產業史為主題的作品大致有三種寫作模式：其一，編年體寫法，以時間軸（年代、階段）為貫穿，記述互聯網的誕生、發展，如英國人約翰·諾頓（John Naughton）寫的《互聯網：從神話到現實》（*A BriefHistory of the Future: The Origins of the Internet*）、阿倫·拉奧（Arun Rao）和皮埃羅·斯加魯菲（Piero Scarruffi）合著的《矽谷百年史——偉大的科技創新與創業歷程（1900—2013）》（*A History of Silicon Valley: The Greatest Creationof Wealth in The History of The Planet*）以及「矽谷必讀經典書目之一」的大衛·卡普蘭（David Kaplan）的《矽谷之光》（*The Silicon Boys*）、「互聯網老兵」財經作家林軍的《沸騰十五年：互聯網一九九五至二〇〇九》等。

其二，列傳式寫法，以人物或公司為線索，在互聯網、

IT 產業宏觀歷史背景下講述它們各自的創業史和商業故事。這一類代表作有前 Google 公司研究員現為騰訊公司搜尋業務副總裁的吳軍博士寫的《浪潮之巔》、方興東和王俊秀合寫的四卷本《*IT* 史記》、著名傳播理論家美國人埃弗雷特·羅傑斯（EverettM. Rogers）的《矽谷熱》（*Silicon Valley Fever*：*The Growth of High-TechnologyCulture*）、保羅·弗賴伯格（Paul Freiberger）和麥可·斯韋因（MichaelSwaine）合寫的《矽谷之火》（*Fire in the Valley: The Making of The PersonalComputer*）等。

其三，記述式寫法，其通常是為了闡明主題的需要，作者用一定的篇幅簡單回顧互聯網歷史，如有著「科技的牛虻」之稱的美國科技批判作家安德魯·基恩（Andrew Keen）的新書《互聯網並非答案》（*The Internet Is Not theAnswer*）。書的開始兩章，基恩就帶領讀者回顧了互聯網的發展簡史，譬如如何從「冷戰」產物的軍用阿帕網逐漸變成今天的互聯網，以及互聯網的商業化（大量風險資本的進入、矽谷創業和網景上市等）。還有像另外一位我欣賞的互聯網文化責罵家葉夫根尼·莫洛佐夫（Evgeny Morozov），他在代表作《技術至死：數位化生存的陰暗面》（*To Save Everything, Click Here: The Folly of Technological Solutionism*）也採取了同樣的處理手法。相較而言，本書用歷史上曾先後冒出過的新詞、概念去把互聯網作「橫向」的切割，再「縱向」的連結到一起，一部別樣的互聯網史便呈現在了諸位面前。我希望本書能帶給讀者有別於其他同類作品的全新的閱讀體驗，我也自信於這一點。

正如前面提到的莫洛佐夫，他愛挑流行觀念和熱門事物的刺，擅長從人文、社會的角度去討論科技對現今世界的影響，往往不按常理出牌，以毒辣的眼光和銳利的筆鋒去審視互聯網科技領域。這樣做的結果，正如「賽博朋克」的定義者《差分機》的作者布魯斯·斯特林所講的那樣「他的新書就像砂紙，用來打磨那些『互聯網權威人士』的作品」。當然，還可以加一句，他把大眾偶像拉下神壇的同時，透過自己一部部深刻的作品、一次次理性的發聲，使得自己成了這個時代最新銳的科技批判者與數位思想者。就在 2013 年，莫洛佐夫對「Web 2.0 之父」蒂姆·奧萊利提出了質疑。當人們習慣認定奧萊利是「矽谷的意見領袖」、「趨勢布道者」時，以及包括「開源」、「Web 2.0」、「作為平台的政府」、「參與架構」等眾多科技流行語的締造者，莫洛佐夫就提醒人們注意，這些概念真能救人民於水火嗎？盲目膜拜創新與高效真的所向披靡嗎？以及光鮮亮麗的詞語安慰著我們，但是他真的能夠拯救一切嗎？在他看來，奧萊利更像是一個經過精心策劃、商業包裝靠兜售觀念發財的「彌母騙術師」〔「彌母」一詞最早出自英國著名科學家理查·道金斯（Richard Dawkins）所著的《自私的基因》（The Selfish Gene）一書，其含義是指在諸如語言、觀念、信仰、行為方式等的傳遞過程中與基因在生物進化過程中所起的作用相類似的那個東西〕而非「矽谷天才」。隨後，這篇題為《奧萊利的「詞媒體」帝國》（*The Meme Hustler: Tim O'eilly' Crazy Talk*）的責罵文章發表在了《異見者》（*The Baffler*）雜誌上。

然而更早之前，同樣的細究、質疑落在了一度神一般存在的蘋果公司創始人史蒂夫·賈伯斯身上。對於這位在全球享譽盛名的企業和科技界天才，莫洛佐夫毫不客氣的分析了賈伯斯的思想源流。他指出，賈伯斯之所以是賈伯斯，關鍵在於兩大觀念支撐：一是德國的包浩斯，二是克萊頓·克里斯坦森的《創新者的窘境》。也就是說，產品本身純粹的至善至美成為了賈伯斯追求的目標，而且是唯一的目標，至於封閉體系、權力控制、冷酷偏執、暴躁傲慢、一意孤行等則在所不惜。雖然這篇《*iGod*》的文章只有三四萬字，但就角度、力度和高度來看，甚至優於沃爾特·艾薩克森版的《史蒂夫·賈伯斯傳》。有評論就說：「我本期待艾薩克森會寫出這樣的賈伯斯傳，卻由莫洛佐夫在此寫出來了。」

如果我對本書還有更多期許的話，那就是希望能向莫洛佐夫的《技術至死》以及他之前的那本《網路錯覺：互聯網自由的陰暗面》（*The NetDelusion: The Dark Side of Internet Freedom*）致敬，後者能就人們關心的科技話題給出真知灼見、指引清晰方向，況且文本本身文筆上乘、可讀性極佳。不管能在多大程度上借鑑和受啟發，我希望本書能傳遞理性的聲音，給熱衷於傳播科技流行語和身陷「互聯網中心主義」、「解決方案主義」兩種思潮而難以自拔的大眾敲記警鐘：當心，可千萬別被美麗的表象和動聽的修辭給矇騙了！

正當「互聯網思維」氾濫、什麼都可以「互聯網 +」，而且大數據、雲端運算、可穿戴設備、3D 列印、網真技術等在主流媒體版面隨處可見，並一度借由商業暢銷書籍傳遞著貌似主流、大勢所趨的商業見地，人們眾聲喧譁、歡欣鼓舞，不禁樂觀憧憬，訊息科技將創造美好未來。但事實真的是這樣嗎？就像美國哥倫比亞大學法學院教授、「網路中立」理論提出者吳修銘（Tim Wu）在《總開關：訊息帝國的興衰變遷》（*The*

Master Switch：*The Rise and Fall of Information Empire*）一書中所揭露的訊息帝國中不容忽視和不容忘卻的真相：

互聯網同廣播、電視、電影等訊息媒介的發展週期規律是一致的，必將經歷如下這樣的輪迴：新資訊技術的發明，新產業的建立，一段開放的發展期，最終由幾個行業巨頭占據統治地位，掌握著訊息流的總閥門（the master switch）。

所以，你會更加明白：為什麼在他們忙著展望未來時，我卻安靜的回看歷史。

CONTENTS

目錄

CONTENTS

第一章

分散式網路

Internet
A history of concepts

Paul Baran

這可以從保羅·巴蘭（Paul Baran）那篇經典的論文說起。

『1962 年 3 月，巴蘭接到其僱主美國蘭德公司（RAND）的一項研究課題，即如何避免受敵方軍事打擊而導致通信系統中斷。蘭德公司是當今美國最負盛名的決策諮詢機構，成立於「二戰」後的 1948 年。起初，它以研究軍事尖端科學技術和重大軍事策略而聞名於世，繼而又擴展到內外政策各方面，逐漸發展成為一個研究政治、軍事、經濟科技、社會等各方面的綜合性思想庫，被譽為現代智囊的「大腦集中營」、「超級軍事學院」，以及世界智囊團的開創者和代言人。巴蘭接到的任務就是來自蘭德公司與美國空軍的一紙協議，協議委託蘭德研究開發「戰爭下通信指揮系統的保護方案」。對美國政府來說，它是情勢所迫、刻不容緩。

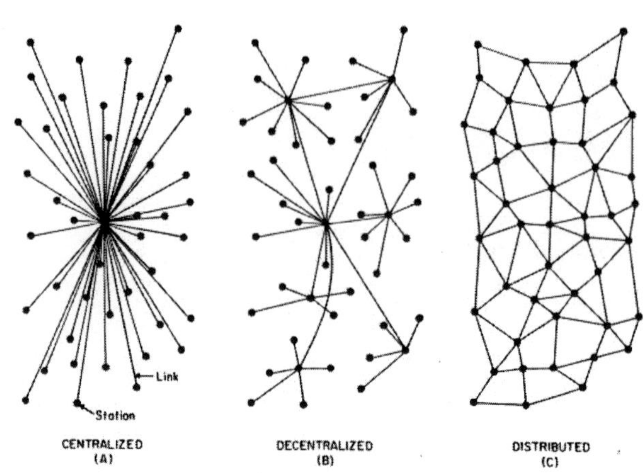

Centralized, Decentralized and Distributed Networks

從 1950 年代開始，世界被按照意識形態和政治信仰的不同，劃分成東西方兩大陣營。兩邊的領導者——美國、蘇聯，這兩個超級大國均試圖在策略上遏制對方，各自大力發展軍事，其結果是：一場瘋狂的軍備競賽就此開始。

Dwight David Eisenhower

事實上，這種不見硝煙的「冷戰」在激烈程度上絲毫不亞於真槍實彈的戰爭。1957 年 10 月，蘇聯率先發射兩顆人造衛星；作為回應，三個月後，美國總統艾森豪威爾（Dwight David Eisenhower）在 1958 年的新年致辭中直截了當的說：「我不想對殺傷性軍備競賽評頭論足，但是，有一點是確定無疑的，美國希望他們停止這種競賽。」這裡的「他們」當然指蘇聯。1 月 7 日，艾森豪威爾正式向國會提出要建立國防高級研究計畫署（Defense Advanced Research Project Agency，

DARPA)。他希望透過這個機構的努力,確保不再發生在毫無準備的情況下看著蘇聯衛星上天這種尷尬的事情。

1962年,國防高級研究計畫署開始籌備「指令與控制網路研究室」(Command and Control Research),其目標是即便遭受了蘇聯的核打擊,美國的軍事通信系統也不會因此癱瘓。然而,從現實狀況來看,這是「不可能的任務」。因為當時所有的軍事通信都需要使用公共電話網路,而公共電話網路的運行機理是這樣的:透過電話交換局連結幾千部電話,同時交換局需要連結到更高層次的交換局,從而形成全面性的層次(hierarchy)結構。這意味著,一旦關鍵的交換局(通信鏈路)遭破壞,則整個系統有可能被分成幾個孤島,然後網路當機、通信失靈。

這是美國軍方最不願意看到的。但更可怕和更大的隱患就在眼前——因為蘇聯剛剛擴充了轟炸機和導彈部隊,其精確的洲際彈道導彈能對當前的系統帶來大麻煩。保羅·巴蘭看到了這些。「事實證明,小圓機率誤差的洲際導彈的發展必須引起防空觀念的巨大轉變……我們的通信系統在大多數情況下是基於分層網路模式進行設想。如果針對幾個交換中心精確的發射幾枚導彈,那麼整個網路都將受到破壞並且不可再用。」巴蘭在一份報告中寫道。從1962年起,他先後給蘭德公司出具了11份報告。這些報告討論了被我們今天稱之為「包交換」(packet switching,顧名思義是將數據分成數據包來進行所謂的傳送)、「儲存和轉發」(store and forward)的工作原理。其中影響最大的當屬1964年8月發表的《論分布式通信》(*On Distributed Communications*)。

在這一篇後來直接奠定互聯網架構的經典文獻中，巴蘭提出了這樣一個觀點：在每一台電腦或者每一個網路之間建立一種介面，使網路之間可以相互連結。並且，這種連結完全不需要中央控制，只是透過各個網路之間的介面直接相連。打個比方，要在紐約、巴黎、倫敦、米蘭之間建立一種聯繫，通常的做法就是選擇一座城市作為網路的中心，讓它來控制整個網路的運行。

但它的缺點跟當時的公用電話網路一樣，一旦某座城市通信不暢，其他幾座城市之間就失聯了。但是按照巴蘭的設想，類似的問題就不存在了。一座城市（節點）出了差錯，這個所謂的「中央」修復失靈，但其他彼此連結，照樣可以聯絡。也就是說，一條路走不通，完全可以走另一條路，「條條大路通羅馬」。用網路術語來說，傳統的叫「中央控制式網路」，巴蘭的則叫「分散式網路」。另外，在巴蘭的網路設計中，不僅通信線路不由某個中央控制，而且每一次傳送的數據也被規定了一定的長度。換言之，超過這個長度的數據就會被分成不同部分、透過不同線路再傳輸。對此，我們不妨這麼理解，在整個通信的過程中，分散式網路只關心「最終把數據訊息送到目的地」的結果，而根本不關心「具體走哪條路線」的過程。

1926 年 4 月 29 日，保羅·巴蘭生於波蘭。他兩歲的時候，全家移居到了美國的波士頓，父親到一家鞋廠做工。不久，他們又舉家遷往費城，開了一家小雜貨鋪維持生計。1949 年，巴蘭獲得了 Drexel 技術學院電器工程學士學位。

1955 年，他與埃芙琳·墨菲（Evelyn Murphy）結婚，隨後兩夫妻一起搬到了洛杉磯。在那裡，他為一家飛機公司工作，同時進入了加州大學洛杉磯分校的夜校。四年後，他取得了該校工程碩士學位。按照巴蘭的人生規劃，他原本打算一邊在蘭德公司工作，一邊繼續攻讀博士學位。但老天好像有不同看法。一邊工作一邊讀書本來就是一個苦差事。而有的時候事情會比讀書本身來得更糟。

一次，巴蘭照例開車趕到洛杉磯分校上課，然而，轉遍了所有地方就是找不到一個停車的地方。「正是那次偶然的事件，使我得出一個結論：一定是上帝的意願，不讓我繼續讀學位了。要不然，他怎麼會讓所有停車位都占滿了車？」

這樣，巴蘭決定一心一意專注到蘭德公司的研究項目上去，直至他接到了美國空軍委託的那項課題。

蘭德公司的企業文化比較開明，鼓勵創新，能為科研提供一切資源和有效管理。蘭德的經費主要來自空軍，但是贊助方式極不尋常。空軍每年向該公司撥一次款，公司有很大的用款自主權。每週例會，蘭德的管理部門都要將空軍以及其他聯邦機構的項目聯絡函散發到各個部門。如果有哪位研究人員對某個項目感興趣並願意騰出時間去做，就在該項目上簽字。如果沒有人認領，那麼蘭德公司就直接回覆相關機構，予以婉拒。

巴蘭 1959 年進入蘭德，時年 29 歲。以當時的眼光來看，巴蘭提出的「分散式網路模型」無疑是創新之舉，代表了業界的理論前線。在巴蘭的方案裡，每個廣播電台的節點裡都加進少許數位邏輯，這樣，一條簡單訊息幾乎可以在任何情況下在範圍內傳遞。巴蘭的設計方案表明，即使大城市的通信設施遭到大面積毀壞，美國廣播網路系統的分布性也能使訊息透過網路迅速傳播。巴蘭的構想太有意思了，正如有人當時指出的那樣，美國的鄉村音樂甚至可以在蘇聯核攻擊下悠揚的在美國上空飄蕩了。

接下來，令人驚嘆不已的是，巴蘭宏大的分布式通信網路設計幾乎沒花多少時間就完成了。到 1962 年，網路主體結構基本完成，整個網路由 1,024 個交換節點組成，透過建立在小型發射塔上的低功率微波發送器發送訊息塊，每個節點都是一台中型電腦，發射塔之間的距離控制在 20 英哩左右，節點之間距離短，設備也便宜。發送 / 接收裝置只有鞋盒子大小，由電晶體元件構成，可直接插入塑料泡沫製成的蝶形天線。按照這套設計，即使遭受核打擊，許多電網遭到破壞，裝置的動力還可以由小型發電機提供，這些小型發電機靠埋在發射塔底下的容量達兩百加侖的汽油罐提供燃料。由於每個發射塔只需要 50 瓦的電力，電網癱瘓後，它的電力供應至少可以維持 3 個月。

然而，這個絕妙的構想卻並不是巴蘭的「獨創」。早在 1961 年 7 月，也就是巴蘭發表那篇題為《論分布式通信》的論文前的三年，一個來自美國麻省理工學院的名叫倫納德·克蘭羅克（Leonard Kleinrock）的人就發表了第一篇有關該理論的文章，率先提出「分散式網路」的思想。這篇文章的題目是「大型通信網路中的訊息流」（Information Flow in LargeCommunication Nets）。而世界上第一本系統介紹「分散式網路」的書籍也是出自克蘭羅克之手，1964 年由麥格羅希爾公

Leonard Kleinrock

司出版，書名叫《通信網路》（*Communication Nets: Stochastic Message Flow and Delay*）。

倫納德·克蘭羅克，1934 年出生於美國紐約。1951 年畢業於著名的布朗克斯科學高中，1957 年獲得紐約州立大學的工程學士學位，1959 年和 1963 年分別獲得麻省理工學院電子工程與電腦科學碩士學位和博士學位。然後，他進入了加利福尼亞大學洛杉磯分校，擔任亨利·薩穆埃利工程與應用科學學院電腦科學教授一直到今天。在他寫作「大型通信網路中的訊息流」時，他正在攻讀博士學位。後來在一篇專訪中，當記者問克蘭羅克為什麼會選擇「網路技術」的研究方向，他回答說，身邊博士生同學都把目光集中在訊息和編碼理論，因為當時大名鼎鼎的克勞德·香農（Claude Elwood Shannon，美國數學家、電子工程師和密碼學家，被譽為「訊息論」、「數位電腦理論」的創始人）就在麻省理工任教。但克蘭羅克發現，這個領域重要的課題都被香農研究得差不多了，剩下的問題都很困難，憑一己之力難以出成果，於是決定另闢蹊徑。麻省理工學院當時已經有很多台電腦了，克蘭羅克覺得讓這些電腦相互之間通信一定會有很大需求，也是勢在必行，最後他果斷的選擇了「電腦數據網路通信」作為研究方向。而這一次「抉擇」讓他很快成為「第一次聯網的負責人」，也使得他在互聯網發展史上地位顯著、貢獻突出——為此，克蘭羅克一直以來都是無可爭議的「互聯網之父」中的一位。

無獨有偶，就在克蘭羅克、巴蘭相繼提出「分散式網路」概念後不久，遠在大西洋另一端的英國，41 歲的物理學家唐納德·戴維斯（Donald Watts Davies）也在考慮構建一個嶄新的網路理論。

戴維斯 1924 年 6 月出生於英國一個工人階級家庭，父親是英國威爾斯一家煤礦的職工，母親是個家庭主婦。另外，他有一對雙胞胎姐姐。不幸的是，在戴維斯出生後幾個月，父親突然去世，母親只好帶著三個孩子回到娘家樸茨茅斯，自己則在郵局做收款員肩負起養家的重擔。在樸茨茅斯，戴維斯讀完了小學、初中。讀書時，戴維斯成績一直名列前茅。中學還沒有畢業，他就獲得了幾所大學的獎學金，最終去了倫敦大學帝國學院（Imperial College）讀書。1943 年，他獲得物理學學士學位，1947 年又獲得數學學士學位，而且，大學期間成績均為優秀。1947 年，他在倫敦大學以優秀數學家的名義獲得了「魯波克獎」（Lubbock Memorial Prize），而且鑒於他在物理與數學方面的優勢，他在伯明翰大學一原子物理研究所作兼職研究工作。

正是在伯明翰大學工作期間，他聽取了英國國家物理實驗室（NationalPhysical Laboratory）所作的關於「電子電腦」（automatic computing engine）最新研究進展的報告。戴維斯對此表現出濃厚的興趣，當即申請加入了物理實驗室，成了「電子電腦」工作小組的一員。

1954 年，戴維斯獲得了去美國做一年研究的資助，其中，他在麻省理工學院還工作過一段時間。然後，他又回到了英國國家物理實驗室。當然，他並沒有在美麗的校園中遇到克蘭羅克，後者三年後才考取了麻省理工學院。而對於

Donald Watts Davies

保羅·巴蘭，幸好事先兩人互不相識，或者說，誰也不知道當時對方正在研究什麼。要不然，還真不好說，兩個人「所見略同」究竟是誰抄襲誰的呢？——因為，他們提出的原理簡直如出一轍。不僅基本的理論框架完全一樣，甚至連數據被分成的每個「塊」的大小，以及數據傳送的速度也被設計得一模一樣。

如果硬要加以區別，那麼兩個人理論的不同就只在於名字了。在巴蘭那裡，數據被分成了「塊」。巴蘭還給這種把數據拆開來傳送的方法，起了一個非常繞口的名字：「分布式可適應信件塊交換」（distributed adaptive messageblock switching）。而戴維斯起的名字卻真正是經過深思熟慮的。他原本可以從很多名字中選一個，比如：「塊」（chunk）、「單元」（unit）、「部分」（section）、「段」（segment）或者「框」（frame）等。但是，最後他還是用了「包」（packet）這個詞。他甚至專門為此請教了兩個語言學家！後來，戴維斯回憶道：「我當時認為，給分成小塊傳送的數據起一個新名字很重要。

因為，這樣可以更加方便的進行討論。我最後選中了『包』，用這個詞來指小的數據包。」直到現在，大家一直沿用戴維斯起的名字，並且把這種數據傳送方式稱作「交換包」（也有按直譯翻譯成「分組交換」的）。

根據郭良在《網路創世紀》一書中的考證，戴維斯和巴蘭之間還有一個小小的不同。「儘管兩人得出的結論是完全一樣的，但是兩人的出發點卻根本不同。巴蘭的目的是要為美國的軍隊建立一個用來打仗的網，而戴維斯的目的則是要建立一個更加有效率的網路，使更多的人能夠利用網路來進行交流。」

又經過半年多的思考，戴維斯確認自己的理論是正確的。於是，1966 年春，他在倫敦的一次公開講座上描述了把數據拆成一個一個的小「包」傳送的可能性。可以這麼說，這是他首次將自己的理論成果公之於世。而從 1973 年開始，他陸續將其在網路領域的研究成果寫成著作，例如當年出版的《電腦通信網路》（*Communication Networks for Computers*），1979 年出版的《電腦網路及其協議》（*Computer Networks and their Protocols*），1991 年的《從機械電腦到電子電腦的轉變》（*The Transition From Mechanisms the Electronic Computers*）等。還有一些是關於網路安全方面的作品，例如 1984 年出版的《電腦網路的安全》（*Security for Computer Networks*）。

講座結束後，從聽眾中走出一個人，來到戴維斯的面前，告訴他，自己在英國國防部工作，他的美國同行正在做著與戴維斯一樣的工作，並且得出的結論也完全一樣。在美國主持這項工作的就是保羅·巴蘭。幾年以後，當戴維斯第一次見到巴蘭的時候，風趣的對巴蘭說：「噢，也許是你先得出結論的。不過，它可是我給起的名字。」

從保羅·巴蘭到倫納德·克蘭羅克再到唐納德·戴維斯，三個人，身處在三個不同的地方，在事先全然不知對方的情況下，想到了一塊，得到了幾乎完全相同的答案——遠距離網路通信必須透過「包交換」來實現。更令人稱奇的是，他們的研究工作幾乎是同時進行的：巴蘭提交報告的時間是在 1962 年至 1965 年；克蘭羅克領導的麻省理工學院的工作是在 1961 年至 1967 年；而戴維斯所在的英國國家物理實驗室的相關研究則是在 1964 年至 1967 年。正所謂「同是天下結網人，相逢何必曾相識」。三人在「分散式網路」的不期而遇，在整個互聯網發展史上堪稱一段佳話，也頗具傳奇色彩。

不過話說回來，前提也得是「分散式網路」及其「包交換」理論的正確性，如果被現實證明是錯誤的話，三個人自然也就不被載入史冊或乾脆輕描淡寫、一筆帶過了。1959 年，蘭德公司正式將巴蘭研究方案提交給美國空軍，並建議先進行小規模的實驗。當時的美國總統強森（Lyndon Baines Johnson）在覆函中寫道:「我們認為，建立一個新型的、大型的普通用戶的、經得住重創打擊的通信網路是完全可能的，這種網路可以大大提高美國空軍的通信能力……儘管這個網路僅僅是在現有的基礎上邁出的第一步，我們還是深信，經過研究開發署論證，新的網路系統可以和現存的通信系統逐步有機的結合起來。」

後來空軍採納了巴蘭的方案，按常理，將設想付諸實踐是水到渠成的事情，可遺憾的是，當時國防部在執掌過福特汽車公司羅伯特·麥納馬拉（Robert Macnamara）的帶領下，官僚主義作風盛行。巴蘭意識到，如果他設計的項目讓這一批官僚來主導，最終將斷送前途。無奈之下，巴蘭決定將網路項目擱淺，他明白「項目弄砸了，再想要重啟比登天還難，因為那些詆毀者們會借題發揮，證明自己的設計是不可行的」。直到數年後，根據巴蘭等人理念創建網路的重要性越來越受到關注。

然而眼下，包括巴蘭等人在內，現實向他們發出了挑戰——他們要共同面對的是：如何把這個前瞻性的概念轉化為成果，理論又該如何指導實踐，去實實在在的搭建一個網？這個網又是什麼網？

第二章

阿帕網

Internet
A history of concepts

「分散式網路」的提出，其最大價值在於讓網路「去中心化」，因而能有效避免由於訊息樞紐遭到破壞而導致整體的崩潰。另外，按照分散式網路的架構，節點之間相互連結，數據可以透過「分拆打包」的方式選擇多條路徑傳輸，這就是「包交換」工作原理。事到如今，概念是有了，技術也能跟得上，那成果呢？換句話說，在「分散式網路」理念設計下的訊息網路究竟是什麼樣的？

它就是「阿帕網」，一個由美國國防部高級研究計畫署（Advanced Research Projects Agency）資助建成的網路（network），因此簡稱 ARPANET。捎帶一提的是，這個機構在自身命名上翻來覆去，變了幾次。

在 1958 年設立之初，它叫 ARPA，後來加了一個 Defense，整個組織隨後改名 Defense Advanced Research Projects Agency，簡稱 DARPA。沒多久，又變回了 APRA。1971 年 3 月，ARPA 又改名 DARPA；1993 年 2 月，DARPA 又改回 ARPA；三年後，1996 年的 3 月再次改為 DARPA。根據已

有文獻，我們並不知道高級研究計畫署為何要糾結於加不加 Defense，但至少可以得到兩點訊息：第一，計畫署隸屬美國國防部；第二，ARPA 就是 DARPA。為了行文方便，本書統一稱作 ARPA。

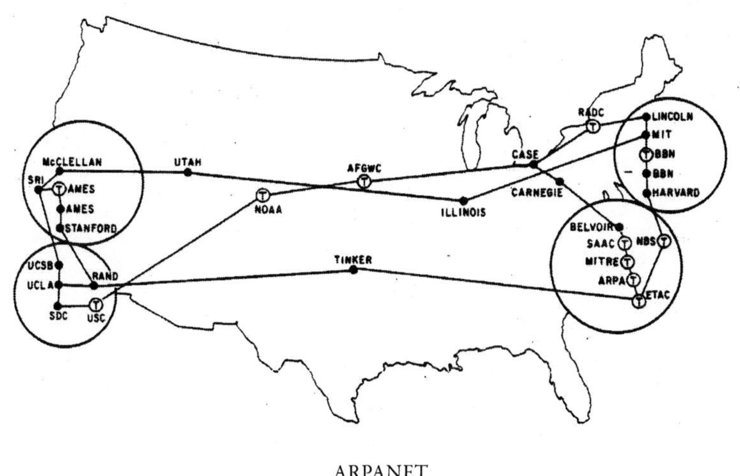

ARPANET

前面提到過，成立美國國防部高級研究計畫署，是由時任美國總統艾森豪威爾要求的。由於蘇聯接二連三的將衛星送上天，在武器裝備、洲際導彈部署上又動作頻頻，更要命的是，很多事情美國事先毫不知情，出於國家安全和東西兩大陣營力量均衡的考慮，美國必須儘快打起精神、給點回應了。於是，在 1958 年 1 月 7 日，國防部高級研究計畫署成立，總部位於維吉尼亞州阿靈頓郡。用來指揮軍事作戰的網路名字則直接取自計畫署的英文縮寫，即「阿帕網」。

艾森豪威爾，在「二戰」期間戰功卓著、領導非凡，曾指揮過偉大的諾曼底登陸戰役。但他有一個很獨特的習慣，他似乎對軍隊並沒有充分的信心，相比而言，他更喜歡傾聽專家顧問們的建議，並努力將這些建議用國家政策的方式固定下來、執行下去。所以，他挑選的國防部長的人選出乎了當時很多人的意料——沒錯，他就是寶鹼公司總裁尼爾·麥克爾羅伊（Neil Mc Elroy）。

麥克爾羅伊 1904 年 10 月生於美國俄亥俄州伯里亞的一個教師家庭。1925 年在哈佛大學取得經濟學學士學位後，來到辛辛那提的寶鹼公司廣告部工作。

1929 年，麥克爾羅伊因為傑出的銷售業績開始受到公司上層的關注，兩年後擔任寶鹼公司行銷經理，負責旗下某款香皂的廣告活動。市場的磨練讓麥克爾羅伊迅速成長，憑藉對銷售業的熟悉和不斷思考，麥克爾羅伊提出了「一個人負責一個品牌」的構想，而這便是行銷學中鼎鼎大名的「品牌經理制」。所謂品牌經理制，概括的講就是企業為其所轄的每一個子品牌都專門配備一名經理，使他對該品牌的產品開發、銷售以及產品的利潤負全部責任，並由他來統一協調產品開發部門、生產部門以及銷售部門的工作，負責品牌管理影響產品的所有方面以及整個過程。借由這個先進的制度創新，寶鹼迅速拉開了與競爭者的差距，成為相關行業中的佼佼者。而麥克爾羅伊領導的團隊也在市場屢建奇功，作為肯定與表彰，麥克爾羅伊在寶鹼的職位不斷上升，最終在 1948 年成為公司總裁。

當麥克爾羅伊接到艾森豪威爾總統的任職邀請時，他多少有點意外。他本是商人，無意從政，但鑒於和艾森豪威爾的私交以及在國防事務上相同的看法，他還是欣然領命。不過，他與艾森豪威爾簽下了君子協定：最多任職兩年，然後回歸寶驗。事實上，恰恰是這兩年為互聯網的誕生奠定了基礎。

新官上任，麥克爾羅伊當即對美國國防部接下來的工作作了部署。他提出，要跨部門資源整合、鼓勵自由創新，而且對於有前瞻性、引領趨勢的科研項目，哪怕軍事價值不高的，也要確保足夠的資金支持。他的這個領導思路得益於其在寶鹼公司的履職經歷。在寶鹼公司工作期間，麥克爾羅伊發現公司對其研發部門人員的研究興趣從不干涉，後者可以隨心所欲的研究他們感興趣的東西，搞小發明創造。而這種不干涉政策卻大大提高了整體研究效率和創新水平，從而使寶鹼公司在產品研發方面一直處於同行中遙遙領先的地位。不過，這與美軍的研發體系剛好相反。當時軍方的各軍種各自為政，許多項目在不同軍種間重複立項，有價值的跨軍種項目卻得不到足夠的資金支持。於是，麥克爾羅伊要求國會授權建立一個國防部直接領導的研發組織，專司開發前瞻性的科研項目。這個研發機構正是上文提及的「高級研究計畫署」。

麥克爾羅伊

計畫署成立後，麥克爾羅伊把寶鹼公司的「創新基因」移植了進來。計畫署的科研人員可以隨意研發他們感興趣的項目，而不必考慮其軍事價值。這使計畫署自成立的第一天起，就在不斷為美國尋求最新的科學與技術，只要是新技術，只要能確保美國在世界上取得領先地位的，都可以獲得重金支持、資助研究。也因此，計畫署超出了單純軍事機構的範疇，而更像為一個國家財政支持的創新組織，很多偉大發明因此橫空出世：網路通信、電腦圖形、超級電腦、平行過程、模擬飛行、個人電腦作業系統 UNIX、雷射器、全球定位系統（GPS）等。

這裡，有兩組訊息能幫助我們加深對美國國防高級研究計畫署的認識。第一是它公開宣揚的宗旨，其強調「部門首要職責是保持美國在技術上的領先地位，防止潛在的對手意想不到的超越」。部門的任務就是：「為美國國防部選擇一些基礎研究和應用研究以及發展計畫，並對這些研究計畫進行管理和指導。追蹤那些危險性和回報率都很高的研究和技術，而這些技術的成功將使傳統軍隊徹底改變面貌。」

第二是撥款給計畫署的研究經費。舉例來說，計畫署成立的時間是 1958 年的 1 月 7 日，僅僅 5 天後，國會就撥給計畫署 520 萬美元的運作經費和兩億美元的研究項目總預算額度。請注意，2 億美元在當時可是天文數字，購買力不能和時下同日而語。如今，該部門成員一百來人，主要借調自學界和業界的精英骨幹，採取項目分組、扁平化的管理制度，每年投入科研經費約 32 億美元。

高額的資金投入、寬鬆的管理機制、自由的科研氛圍，它們的疊加使得計畫署一開始便站在了高起點、贏在了起跑線，然而，一個人的到來，加快了其前進的步伐，帶領著計畫署從此引領世界科技的浪潮，一舉便是半個多世紀。

那麼，這個人是誰呢？

他叫約瑟夫·利克萊德（Joseph Licklider），麻省理工學院的一位心理學教授。他不是電腦科班出身，怎麼到了計畫署？加盟之後的利克萊德會作出什麼貢獻？還有，他同我們這一章重點介紹的阿帕網又有什麼關係呢？

Joseph Licklider

利克萊德，1915 年生於美國聖路易斯，是家中獨子。他從小喜歡模型飛機，立志長大要當科學家。然而，具體要當哪方面的科學家卻一時半會兒拿不定主意。利克萊德興趣廣泛，先是化學，然後是物理學，後來又對美術感興趣。最後，才迷上了行為心理學。後來，他甚至經常對年輕人提議，千萬不要簽署超過五年的合約——誰知道五年後興趣又在什麼地方。此外，他還有句名言：「人們往往高估一年內能完成的事情，又低估五年或十年能完成的事情。」

1942 年，利克萊德在羅徹斯特大學（University of Rochester）獲得行為心理學博士學位，先是在斯沃思莫爾學院（Swarthmore College）擔任助理研究人員，後來又到哈佛大學成了心理聲學實驗室（psycho-acoustic laboratory）的研究人員。在那裡，一直擔任講師到 1951 年。隨後，他又去了麻省理工學院，在那裡繼續從事心理聲學的研究。

一次偶然的機會，利克萊德在校園裡遇到了一個名叫韋斯利·克拉克（Wesley Clark）的電腦工程師，後者為他演示了當時著名的電腦 TX-2——那是一種最早使用電晶體的電腦，後來由數位設備公司微型電腦生產線 PDP 生產線的前身製造。TX-2 與當時其他大部分電腦不同，後者靠一種類似於打字機的裝置與使用者交流，這種裝置被稱作電傳打字機。而 TX-2 則恰恰相反，它將訊息顯示在螢光幕上，且圖形顯示。正是這台神奇的機器讓利克萊德十分著迷，每次在電腦前一待就是幾個小時。因為這個機緣，使得利克萊德的興趣又來了一次轉變，他決定把自己的研究領域從「人際關係」（心理學）改成「人機關係」（人與電腦）。

然而，學科背景還是幫了利克萊德。他很自然的從心理學角度出發定位了電腦的發展方向。他認為電腦的最終目標應該是將人從各個層面的重複性工作中徹底解放出來而專注於思考、決策，而實現這一目標的一個重要前提就是消除「巴別塔現象」。所謂巴別塔現象，是指每個型號的電腦都有一套獨特的控制語言和文件組織方式，而這些結構性差異使任何兩台不同型號的機器都無法展開合作。在發表於 1960 年 3 月的一篇題為「人機共生關係」的文章中，利克萊德寫道：「人與其合作夥伴電腦將攜手共創合作型決策方式，人機聯手遠比各自單幹優越得多。因此，雖然只有極少數場合才需要大量電腦在一個網路裡相互配合，但開發集成網路操作功能依然十分重要。」其中，利克萊德還預言道，用不了多少年，人腦和電腦將非常緊密的聯繫在一起，「人透過機器的交流將變得比人與人、面對面的交流更加有效」。利克萊德承認，他的人機共生理論並非基於某項特殊的研究，而只是對創造性的奇思妙想及日常編程工作進行分析以後作出的概括性總結。「我努力做到定期觀察我在工作上耗費的時間」，據約翰·諾頓（John Naughton）所著的《互聯網：從神話到現實》（*A Brief History：The Origins of the Internet*）一書的描述，利克萊德回憶道：「這個想法深深的刻在我的腦海裡，我幾乎無時無刻不在思索，不在工作，我確實全身心的投入了。」

諾頓特別提醒讀者注意的是，利克

萊德關於人類與機器關係的共生理念使我們看到了他的思想活力。尤其不容忽略的一點是，他在寫那篇論文時，大多數人都認為電腦只不過是一種超級的「數字打孔機」，即計算機，而令人震撼的是，利克萊德的觀點讓人們認識到，這種夥伴關係不是那種生產線上的機器人與監工的關係，而是一種更為密切的關係。

至於利克萊德加入高級研究計畫署，同樣是一次機緣巧合。據凱蒂·哈芙納（Katie Hafner）和馬修·里昂（Matthew Lyon）合著的《網路英雄》（Where Wizards Stay Up Late: The Origins Of The Internet）介紹，1962 年，高級研究計畫署的負責人傑克·瑞納（Jack Ruina）正準備籌劃建立一個「指令與控制網路研究室」的部門，想邀請利克萊德加盟。利克萊德本是帶著去聽一聽的心理去的，沒想到，很快被對方的構想吸引住了，因為在他看來，「指令與控制」的問題不也正是「人機互動」的議題嗎，而這正是他感興趣的。

不過，感興趣歸感興趣，要付出實際行動則是另一碼事了。利克萊德本來就事務繁忙，讓他加入高級研究計畫署意味著要讓他放棄現在的工作，這是他不願意的。但由於這個原因，無法接受可能就此改變「人機關係」的挑戰，也是利克萊德不甘心的。最後，他乾脆把命運抉擇交給老天——透過拋硬幣的方式決定要不要去。結果，我們都知道了。

冥冥之中自有安排，利克萊德「注定」要去計畫署的。不過，他和麥克爾羅伊一樣，也開出了條件。第一，他表示只在計畫署待兩年，時間一到，就回學校。第二，他需要全權領導「計畫與控制」這個部門，任何人不得干涉。傑克·瑞納欣然同意，1962 年 10 月，利克萊德加入國防部高級研究計畫署，全面主持「指令與控制網路研究室」工作。

此後的一系列事實證明，國防部找利克萊德掛帥可真是找對了人。利克萊德為人隨和，人緣很好。所有初次見他的人都被告知不必叫他的全名，只要稱他「利克」就行。許多人都對他容易相處的性格留有極為深刻的印象。憑藉著在軍方和學術界的深厚人脈資源，利克萊德很容易就申請到資金，有了資金，籠絡一批專家也不再難。他僅用了半年時間，就幾乎把全美最好的電腦專家聚集到了計畫署周圍，這些人來自史丹佛大學、麻省理工學院、加州大學洛杉磯分校、加州大學柏克萊分校，以及一批科技公司。他們的到來，帶來了最先進的思想和理論，他們還為自己所在的這個組織另取了一個很科幻的名字——「星際網路」（Intergalactic Network）。透過這個虛擬的網路社區，大家智慧的火花相互交流和碰撞，先進的思想得以傳播和實踐。後來，這些人幾乎無一例外的成為了研製阿帕網的中堅力量。與此同時，利克萊德希望帶領「指令與控制網路研究室」進行在「高技術領域中最基礎的研究」，而不僅僅是要改造舊的電腦系統。為了轉變和傳達他所領導的部門工作方針（風格），他甚至不惜把該部門名字也直接改掉，重新命名為「訊息處理技術辦公室」（Information Processing Techniques Office, IPTO）。

也是在計畫署期間，利克萊德敏銳的觀察到了「分時系統」（time-sharingsystem，是指多個用戶分享使用同一台電腦。多個硬體和軟體程式按一定的時間間隔，輪流的切換給各終端用戶的程式使用）的巨大作用。現代意義上的「分時」可追溯到 1957 年。當時達特茅斯大學年輕的電腦專家約翰·麥卡錫（John McCarthy）來到麻省理工學院的電腦中心搞研究，研究課題就是如何使一台電腦在同一時刻供多人使用。直到 1962 年，當電腦中心有了 IBM 7090 新機型時，分時系統項目才開始緊鑼密鼓的進行，「分時」概念的時代到來了，並在電腦研究領域裡快速傳播。

1965 年，他撥款幫助麻省理工學院為一台 IBM 大型機增設了一批帶有鍵盤的顯示器終端，從而建成了世界上最早的分時系統。這些散落各處的終端迅速引爆了麻省理工學院的校園，全校學生競相研究作業系統並通宵達旦的編寫軟體。他們認為科幻遊戲或許更能發揮電腦的優勢，於是他們編寫出了世界上第一款遊戲程式「空間大戰」（space war）——這也是聯網用戶分時運行同一程式的第一個實例。

分時系統的蹣跚起步使當時的人們逐漸熟悉了人機互動和聯網技術，這為即將進行的網路實驗奠定了重要基礎。到 1960 年代末，世界上僅有約三萬台大型機，卻有包括比爾·蓋茲與史蒂夫·賈伯斯在內的數百萬人因分時系統的存在而受益，分時系統和聯網終端將價值不菲的大型機的潛能發揮到了極致。此時的世界依然平靜如初，但偉大的變革卻已經逐漸孕育成熟。

時間到了 1966 年。這一年對計畫署來說是一個重要的年分，對於互聯網發展史而言更是關鍵，因為，互聯網的前身、本章的關鍵字「阿帕網」即將一顯「廬山真面目」。

前面講過，利克萊德承諾只做兩年，所以，在執掌「訊息處理技術辦公室」兩年後，他將位置傳給了「虛擬現實之父」

伊萬·蘇澤蘭（IvanSutherland）。次年，蘇澤蘭又任命來自國家太空總署（NASA）的鮑伯·泰勒（Bob Taylar）擔任副手，並很快把全部技術工作交給了這位當年只有 33 歲的年輕人。1966 年，鮑伯·泰勒扶正，擔任「訊息處理技術辦公室」一把手，至此，阿帕網正式進入第二個重要發展時期，如果說利克萊德開創了第一個新紀元的話。

Larry Roberts

履新後的泰勒遇到最頭疼也是最極須解決的問題是，電腦終端機越來越多，可這些終端要麼連著不同的主機，要麼使用著不同的作業系統，要麼是不同的文件格式或不同的上網步驟。他的辦公室裡的電腦終端機是這樣，軍方也是如此。當時，美國陸軍使用 DEC 電腦，空軍使用 IBM 電腦，海軍採購的則是霍尼韋爾（Honeywell）的產品，跨軍種部署甚至在國防部長的辦公桌上就遭到了挑戰。當然，這也反映了某種殘酷卻有趣的現實：部門利益和商業格局的存在，常常將本應十分簡單的東西弄得無限複雜。泰勒的首要任務就是用技術應對挑戰，讓那些昂貴的機器互聯互通、物有所值。他不怕花錢，他要的是儘快找到一個既懂電腦又懂遠程通信的人才。這時一個叫拉里·羅伯茲（Larry Roberts）的進入了他的視線。

拉里·羅伯茲是那種上了大學就不想再離開的孩子。在麻省理工學院讀書時，受學業的影響，他在學院的電腦中心找到一份暑假臨時工作，幫助轉換該中心 IBM 704 型電腦的自動紙帶裝置。雖說是份臨時差事，但這給了羅伯茲第一次接觸電腦的機會，他從此與電腦結下不解之緣。1965 年，當時的羅伯茲正在研究電腦圖形，並在麻省理工學院林肯實驗室裡進行一項專門的一次性短時實驗。這時，泰勒找到他，希望他將研究方向轉向泰勒所關注的電話線長距離傳輸數據時的噪音與速度檢測試驗。但羅伯茲對所謂的技術官僚全無興趣，他更多考慮的還是如何提升聯網性能。但泰勒並不死心，數次拜訪請求羅伯茲出山無果後，他向計畫署負責人求助：「你不是掌握著林肯實驗室的經費嗎？你是否可以給林肯實驗室的主任格瑞·迪寧（Gerry Dineen）打個電話，告訴他，如果林肯實驗室能夠說服羅伯茲接受我們的委任，會給他們帶來最大收益。」此舉果然奏效：兩週後，也就是 1966 年 12 月，羅伯茲來到計畫署報到。

羅伯茲到華盛頓時年僅 29 歲，幾個星期後他那種廢寢忘食近乎工作狂的精神已在內部廣為流傳。而且他果然不負眾望，阿帕網的架構迅速趨於成熟。1968 年 6 月 3 日，羅伯茲向計畫署提交了報告《資源共享的電腦網路》（Resource Sharing Computer Networks），提出首先在美國西海岸選擇四個節點進行試驗。這四個節點分別是加州大學洛杉磯分校、史丹佛研究院、加州大學聖巴巴拉分校和猶他大學，參加聯網試驗的主機則包括 Sigma-7、IBM360、PDP-10 和 XDS-940 等當時的主流機型。僅僅過了不到 20 天，在當月的 21 日，計畫署就正式批准透過，預算金額達 50 萬美元。該計畫將使聯入網路的電腦中心和軍隊都能獲益，大家可以相互分享研究成果。既然整個研究是在美國國防高級研究計畫署的組織下進行的，那麼，這個網就叫作「阿帕網」（ARPANET），也就是「國防高級研究計畫網」。而拉里·羅伯茲也當之無愧的被後人稱作「阿帕網之父」。

可問題此時似乎又回到了原點：怎樣才能把不同型號的電腦連在一起呢？數據又該如何傳輸呢？為此，泰勒和羅伯茲討論許久，最終達成共識。對於不同電腦連結問題，只需在所有提供資源的大型主機與網路之間安裝一台仲介電腦，電腦系統間的不兼容問題就可迎刃而解。仲介電腦的任務有兩個：接受遠程網路傳來的訊息並轉換為本地主機使用的格式，負責線路調度工作。

羅伯茲將仲介電腦命名為「介面訊息處理器」（interface message processor，IMP），這就是今天我們所熟知的「路由器」（router）的前身。而至於數據傳輸，羅伯茲從保羅·巴蘭、倫納德·克蘭羅克、唐納德·戴維斯三人的「分散式網路」思想中得到啟發，阿帕網的前景忽然明朗起來。

1969 年 8 月 30 日，第一台 IMP 飛抵洛杉磯並在 3 天後與加州大學洛杉磯分校的測試用主機 Sigma-7 成功交換了數據。10 月 1 日，第二台試驗用 IMP 被空運至史丹佛研究院，並在經歷了大半個月的調試之後也與另一台大型主機 SDS940 實現了相互通信。

這一年的 10 月 29 日是一個值得銘記的日子。當天晚上十點半，加州大學洛杉磯分校的查理·克萊恩與史丹佛研究院實現了對接。在克萊恩敲下第一個字元兩個月後，具有四個節點的阿帕網搭建完畢並投入使用，一個嶄新時代的輪廓開始慢慢浮現並不斷清晰起來。

這個時代將以互聯網的廣泛使用為標誌，而且它將全面而深刻的改變這個世界。然而在當時，它還只是一個初長於矽谷的小網路，僅限區域性的資源共享。不過很快，一項被稱為「電子郵件」的技術應用在阿帕網上流行開來。

第三章
電子郵件

Internet
A history of concepts

誰發明了電子郵件？這有點像在問「誰發明了互聯網」一樣，即便是那些深入了解其產生經過的人也未必能對準確時間、精確事件達成共識。

有一種說法是，世界上第一封電子郵件問世是在 1969 年 10 月，它是由前面提到過的、來自麻省理工學院的電腦科學家倫納德·克蘭羅克最早使用。當時，他發給同事們一條簡短訊息，整個程式界面有點像 3M 公司生產的 post-it 便利貼。但需要指出的是，這個訊息其實只保存在克蘭羅克自己的電腦上，其他用戶得透過遠程登錄來瀏覽。而據《連線》雜誌介紹，電腦科學家多年來一直在機器上交換訊息。有些人將電子郵件的起源追溯到 1960 年代初以及麻省理工學院的兼容分時系統（compatible time-sharing system, CTSS），該系統實際上是一台大規模的電腦，人們可以遠程登錄該電腦。透過 CTSS，用戶可以在機器的碟片上儲存文件從而交換訊息，更早之前，在 1961 年，一個名為湯姆·范·富勒克（Tom Van Vleck）的男子開發出「郵件」命令，可以讓用戶相互間發送電子訊息。不過這些訊息實際上並不會在網路上傳播，它們仍然停留在單一的機器上。

如果按照以透過電腦傳輸文件為標準，毫無疑問，克蘭羅克教授才是電子郵件的發明人，但是在眾多聲稱電子郵件起源的觀點中，主張是雷·湯姆林森（Ray Tomlinson）的聲音明顯占據了主流——因為，他創設了電子郵件地址中用 @ 符號作區隔的規則。此舉標誌著真正意義上電子郵件的問世，而湯姆林森也因此被稱為「電子郵件之父」。

Ray Tomlinson

1941 年，雷·湯姆林森出生在美國紐約。與很多技術人員一樣，湯姆林森深受父母的影響，從小就對電子科學產生了濃厚的興趣。1965 年，他從著名的麻省理工學院畢業後，僅花了兩年時間就拿到了電氣工程博士學位。然而，一次偶然的機會改變了他的人生軌跡，加速了他在電腦領域的發展。1967 年，湯姆林森接受一個朋友的建議到 BBN 公司參觀。BBN 全稱 Bolt Beranek & Newman 公司，成立於 1948 年，由 Leo Beranek、Richard Bolt 與 Robert Newman 共同創建，所以公司名包含了 3 個創始人的姓氏。該公司一開始定位為聲學顧問公司，後來由於取得與美國國防高等研究計畫署之間的合約，全程參與了阿帕網和互聯網的最初研發，為其提供軟體程式和硬體設備。當湯姆林森參觀完 BBN 公司後，就被那裡的氛圍所吸引，認定它才是實現自己理想的地方，於是他果斷的接受了 BBN 電腦研究中心的邀請，成為那裡的一名工程師。

BBN 公司的任務是將阿帕網連結各個研究機構的「介面訊息處理器」（interface message processor, IMP）打造成一個規模龐大、互聯互通的網路。前面提到過，這些功能類似於現代的網路路由器的 IMP 都被接入到 DEC PDP-10s 等大型電腦主機上，在 1971 年，湯姆林森和其他 BBN 同事的任務是為這些機器開發一個新款作業系統。

這意味著，湯姆林森自己連結進了阿帕網，而且他也接觸到了一個相對較小的程式員社區。在這個社區裡，程式開發員經常透過一種名為「徵求修正意見書」（request for comments, RFC）的文件交換意見。有一天，湯姆林森接到了一個 RFC，提議開發特定的協議方便在網路上發送和接收郵件。

在閱讀了這個 RFC 後，湯姆林森未對其細節太過留意，但它確實給了湯姆林森啟發，他開始有想法為阿帕網編寫一套數據傳輸系統。後來，他將這個程式命名為 SNDMSG，它是 Send Message（發送訊息）的縮寫，按照湯姆林森的構想，SNDMSG 一開始可以用於內部局域網，未來它將可能應用在整個網路上。

老實講，這個想法雖然頗具創意，但在最初並沒有得到多數人的支持。因為在最初的應用中，SNDMSG 幾乎沒有太多實際用途。儘管湯姆林森在 SNDMSG 的數據終端設計了名為 Mail Box（郵箱）的儲存程式，但它只能在同一台電腦上使用。也就是說，它跟之前克蘭羅克時期，乃至更早的湯姆·范·富勒克時代「訊息傳輸」的原理大同小異。然而，隨著阿帕網建設的日趨完善，湯姆林森開始設想如何透過現有網路傳遞一些數據。經過一段時間的測試，他發現透過將 SNDMSG

與 CYPNET（一種遠程數據傳輸程式）相結合，可以實現網路內不同電腦發送電子文件檔的功能，這就形成了早期電子郵件的雛形。

1971 年秋季的一天，湯姆林森使用改進後的 SNDMSG 程式在自己的電腦上透過阿帕網成功的向另一台電腦的「郵箱」中發送了一條電子消息，但是湯姆林森並不記得自己發送的內容。「都是測試的消息，鍵盤上什麼順手我就發什麼，」他回憶說，「第一個消息隨便說什麼都行。」正是這條連當事人都記不起內容來的文件檔卻成為了世界上第一封真正意義上的電子郵件。不過湯姆林森當時並沒有意識到這項發明的重要性。不過，美國《達爾文》（*Darwin*）雜誌的評價是：「電子郵件的發明毫不遜色於電話的發明。」可以說，是湯姆林森在無意間帶來了一個全新的交流工具，人類在摸索中開始進入電子通信時代，溝通方式將隨之改變。

然而，問題很快又產生了。電子郵件是得投遞到「郵箱」的，而每一個郵箱都必須有指定的地址，道理就跟傳統寄信一樣，否則郵差無法將信準確無誤的送達。但是與現實的郵箱不同，電子信箱地址不可能被命名為某某街某某路某某號，它需要用一系列不同的符號來區分不同的用戶，而網路用戶地址實際上都位於不同的電腦上，一台電腦可以提供一批用戶地址，所以湯姆林森當務之急要做的，就是得想一個辦法，把用戶名字與所在的機器位置分開。譬如說，雷·湯姆林森的電子信箱地址位於 BBN 公司的電腦上，如何分隔 RayTomlinson 與 BBN，使別人不會誤把 BBN 也當作湯姆林森的名字之一從而產生歧義，這需要在中間插入一個分隔符號。究竟該用什麼符號呢？

此時的湯姆林森盯著鍵盤，腦子裡盤旋著一個念頭，「到底可以加點什麼，好讓用戶名不會被搞混了」。他曾試過用逗號、破折號和括號，但覺得效果都不太理想。突然鍵盤上「@」的符號映入他的眼簾，這個字元讀作 at，英文裡的解釋是「在」。湯姆林森認為它最合適不過了。第一，誰的名字裡都不可能有這麼個怪字元；第二，把它放在名字和地址中間，表明「某人在（at）哪裡」，這不就解決了之前的難題了嗎？1972年的3月，湯姆林森首次在電腦的郵箱地址上使用了@符號。對此，美國《富比士》雜誌評價說：「對他（湯姆林森）個人來說，@只不過是一個小發明，但對整個世界來講，則無疑是一件偉大的發明。」

如果以@符號的運用作為區分，可以把湯姆林森之前開發的電子郵件版本稱為 1.0 版，之後稱作 2.0 版本。它的成功研發，得到了美國國防研究計畫署的大力支持，決定將其作為內部人員通信的首選方式。時任計畫署訊息處處長的拉里·羅伯茲在 1972 年的 7 月，還編寫了第一封電子郵件，取名為 RD。內容是：「請將郵件編入信箱，有選擇的閱讀，將其存入單獨的文件夾，回覆郵件，並再次發送。」所有這些都透過文字清晰的展現在電腦螢幕上。不久後，電子郵件開始火速流行開來，而@則順理成章的成為了一個新時代的標誌。

然而，@問題與郵件「抬頭」相比，還是小巫見大巫了。每個電子郵件都要有個抬頭，來表明發件人的身分和地址、發送日期和時間、收件人姓名和地址等。在一封郵件傳遞過程中，一般的訊息都要透過無數條電子郵路，這就需要語法和抬頭格式始終保持一致。但是，人人都在網上收發郵件，所以對於抬頭應該包含的內容都各持己見。有些人認為，抬頭應該包含關鍵字、字元之類的訊息；有些人從簡潔角度考慮，主張電子郵件要盡可能的簡短，但不能形成與抬頭頭重腳輕的局面。最後抬頭問題於 1975 年得到解決，同樣是由 BBN 的泰德·梅爾（Ted Myer）和奧斯丁·亨德森（Austin Henderson）推出 RFC680「報文傳輸協議」，為網路系統重新編組提供了標準抬頭，該協議於 1977 年重新修改後一直沿用至今。

關於電子郵件，不僅僅只有這些。在湯姆林森之後，這一領域還有其他一些「里程碑」式的事件發生，按照時間先後順序，簡單羅列如下：

John Vittal

1975 年，隨著電子郵件的流行，南加州大學的程式員約翰·維托（John Vittal）開發了第一個現代意義上的電子郵件系統。這個叫 MSG 的程式在技術上的最大進步是增加了「回覆」、「轉發」、「歸檔」、「過濾」等功能。從此，答覆一條訊息只需要簡單的按下一個鍵。

1976 年 3 月 26 日，位於英國莫爾文的皇家信號與雷達軍工實驗室剛剛引入了阿帕網。據美國《連線》雜誌的報導稱，在當天的揭幕式上，女王親手聯通了阿帕網，並饒有興致的發送了一封電子郵件，成為首位與網路親密接觸並且第一個發送電子郵件的國家元首。而為女王創建郵箱帳號的正是有「歐洲互聯網之父」之稱的彼得·克斯汀，他使用了「女王伊麗莎白二世」的縮寫 HME2 作為帳戶名。女王只是輕輕的女王發郵件按了幾下，郵件就發送出去了。值得一提的是，就在三年前，阿帕網第一次跨過了大西洋，和英國的倫敦大學（University College of London）及挪威的皇家雷達研究所（Royal Radar Establishment）連了起來，首次實現國際化。也是在同一年，電子郵件服務已經占據了所有網路活動的 75%。

女王發郵件

1978 年，不請自來的「商業電子郵件」（後來稱為垃圾郵件）第一次誕生。加里·圖爾克（Gary Thuerk）當時是美國數位設備公司（DEC）的一名銷售代表，他透過阿帕網給加利福尼亞的六百個用戶發送了推銷 Digital 最新 T 系列 VAX 系統（產品）的郵件。他不曾料到的是，這竟然是世界上第一封垃圾郵件。前些年，圖爾克在惠普任職，其工作崗位仍然還是銷售電腦設備。對於「垃圾郵件之父」的頭銜，他驕傲的說：「我是全球第一個發送垃圾郵件的人，我對此倍感自豪。」然而令圖爾克萬萬沒想到的是，此後數十年，垃圾郵件一度氾濫，成為了網路治理的一項重大議題。所謂「道高一尺，魔高一丈」，就在 1994 年 12 月，互聯網上出現了第一個用電子郵件傳送的「電腦病毒」，這種病毒警告收件人，他們的硬碟數據將被全部抹掉，就連微處理器也會遭到破壞。事後發現，這種「病毒」根本沒有任何危害，發送者僅僅透過廣泛發送垃圾郵件，給全世界的網友們開了一個小小的玩笑。

Gary Thuerk

1979 年，電子郵件為「網路新聞組」（Usenet）應用創造了實現的條件。網路新聞組是一種利用網路進行專題討論的國際論壇。到目前為止，「網路新聞組」仍是用戶規模最大的在線論壇。擁有數以千計的討論組，每個討論組都圍繞某個專題展開討論，例如哲學、數學、電腦、文學、藝術、遊戲與科學幻想等。「網路新聞組」的基本組織單位是特定討論主題的討論組，例如 comp 是關於電腦話題的討論組，sci 是關於自然科學各個分支話題的討論組。網路新聞組不同於互聯網上的互動式操作方式，在「網路新聞組」伺服器上儲存的各種訊息，會週期性的轉發給其他「網路新聞組」的伺服器，最終傳遍世界各地。「網路新聞組」的基本通信方式是電子郵件。

也就在同一年的 4 月 12 日，一個叫凱文·麥肯齊（Kevin MacKenzie）的人，他認為電腦文本操作界面較單調，建議在電子郵件枯燥的文字中加入一些代表情緒的符號，比如「-)」表示伸出舌頭、「:)」表示笑臉等。他的建議多次引起爭論，甚至有人公開表示反感。但最終還是得到了廣泛應用和流傳。當然，關於誰是「網路表情之父」尚存在爭議，有人認為是美國卡內基梅隆大學研究人工智慧的斯科特·法爾曼教授（Scott

E.Fahlman）。理由是，在 1982 年 9 月 19 日，為了解決常在電子布告欄上出現的激烈爭吵，法爾曼教授首次使用了「:-)」這個符號表示笑臉。

Kevin MacKenzie

到了 1988 年，由軟體工程師史蒂夫·道納爾（Steve Dorner）編寫的 Euroda 程式使電子郵件成為主流。由於 Euroda 是第一個有圖形界面的電子郵件管理程式，它很快就成為各公司和大學校園內的主要使用的電子郵件程式。然而 Euroda 的地位並沒維持太長時間。隨著互聯網的興起，網景（Netscape）和微軟相繼推出了它們的瀏覽器和相關程式。微軟和它開發的 Outlook 使 Euroda 逐漸走向衰落。以後我們還會看到，入口網站的崛起，使電子郵件服務成為了入口網站競爭時「兵家必爭之地」，像雅虎、網景、微軟、美國在線等都有自己的電子郵件服務。

說到大陸，在 Euroda 推出的一年前，也就是 1987 年 9 月 20 日，有「互聯網第一人」之稱的錢天白教授從大陸經義大利向前聯邦德國卡爾斯魯厄大學發出了第一封電子郵件，內容是「穿越長城，走向世界」。這是大陸在網路上的第一步，並且是以電子郵件的形式跨出的第一步。

Scott E. Fahlman

可以說，互聯網是建立在電子郵件的基礎上的。後者是網路早期生成與發展的原動力。由於有了電子郵件，全球性各種會議組織以及新聞媒體迅速發展壯大，阿帕網也逐步演變成如今的互聯網，在這個過程中，電子郵件無疑是網路發展的潤滑劑。它最了不起的地方還在於，由於互聯網是建立在人類永無止境的相互交流慾望基礎之上的，電子郵件則為這個需求提供了必要的工具和平台。

關於電子郵件的未來，湯姆林森在一次接受採訪時預測，在不久的將來，電子郵件可以被用作簽署法律文件，從而在金融交易及其他貿易中扮演更重要的角色。個人隱私和訊息安全會得到改善。多媒體訊息將被更廣泛的使用。而且還可能出現星際間的電子郵件傳輸。然而，當問及 E-mail 這個名字會不會繼續沿用時，湯姆林森認為「這個名字至少會被繼續使用相當長的一段時間」。他補充道：「我們會逐漸發現其他通信工具擁有的功能被融在了 E-mail 裡。」也就是說，如果你發送即時消息給別人，他們不能即時回覆，即時消息就變成了一個郵件一樣的東西，對你沒有任何干擾……

當然，在這一章中我們說了很多和雷·湯姆林森及其電子郵件相關的故事，但除了「電子郵件之父」身分之外，湯姆林森在 BBN 公司任職期間，實際上還參與了 TCP/IP 協議體系的開發——如果說之前的電子郵件服務只是為阿帕網起到了「畫龍點睛」中的「點睛」的意義，那麼，TCP/IP 協議的出現，將為互聯網這條日後騰飛的巨龍找到了「骨架」。

第四章

傳輸控制協議／互聯網協議

Internet
A history of concepts

若是提問，世界上第一次互聯網傳輸發生的時間，你該如何作答？

有些人會認為是在 1969 年 10 月 29 日。正如前面提到的，加利福尼亞大學洛杉磯分校的研究學者透過阿帕網發送了一個具有劃時代意義的信號。在很多場合，它的確是世界公認的第一次互聯網傳輸。

當然，也有人提出，更重要的時刻是在此後的第 8 年，也就是 1977 年的 11 月 22 日。當時一輛載有無線傳輸器的改裝廂式貨車透過衛星從舊金山向挪威發送了一個信號，然後又把這個信號傳輸回加利福尼亞州。

兩個不同的時間版本，究竟哪一個更準確呢？關鍵還得看我們如何界定問題中的那個「互聯網」。

這裡有個重要的推論過程。阿帕網是美國政府出資建設的一個網路，歷經數十載最終演進成我們所知的互聯網。然而阿帕網和互聯網是兩種完全不同的東西，後者從根本上說是不同網路的集合——這也就是它被稱作「互聯網」的原因所在。換句話說，阿帕網天然不是互聯網，但互聯網天然是阿帕網。所以，全面而又不容易產生歧義的講法，應當是：1969 年是阿帕網傳輸的時間，而 1977 年屬於互聯網。

Vinton G. Cerf

不過，要實現互聯網中不同電腦網路間的「互聯互通」，可沒那麼簡單，它需要設計出一種共同的標準（規則）。結果正是在 1977 年，在那輛廂式貨車中，它被證明是可能的。兩位電腦科學家——溫頓·瑟夫（Vinton G. Cerf）和鮑勃·卡恩（Bob Kahn）——共同參與開發了這個傳輸體系，它叫「TCP/IP 協議」。

TCP/IP 是 Transmission Control Protocol/InternetProtocol 的簡寫，中文譯名「傳輸控制協議 / 互聯網協議」。直到今天，這個協議仍是支撐互聯網的基礎，它定義了電子設備如何連入互聯網，以及數據如何在它們之間傳輸的標準。通俗的講，TCP 負責保證傳輸的可靠性，一旦傳輸中發現問題，該協議就會發出信號要求重新傳輸相關的數據，直到所有數據安全正確的傳輸到目的地為止。而 IP 則為接入網路中的每台電腦分配了一個獨一無二的地址，並負責在傳輸過程中尋找到目的電腦。

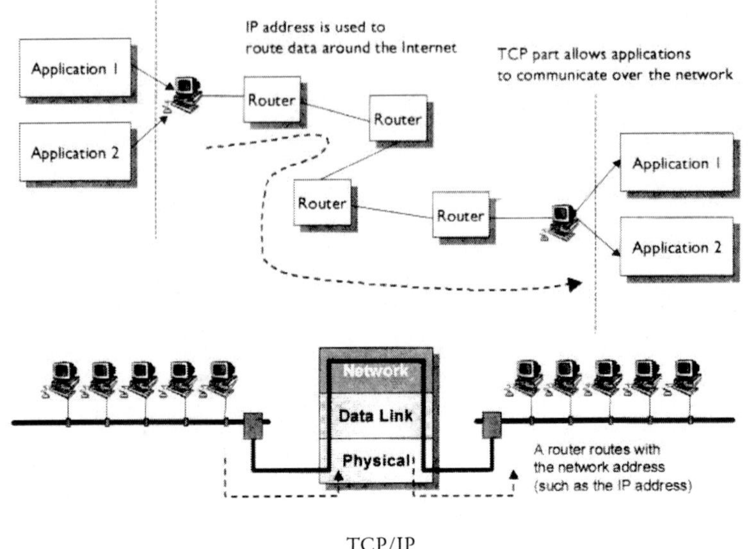

TCP/IP

TCP/IP 好比人類溝通裡的「巴別塔」，為不同網路的互聯找到了一種「通用語言」。那麼，在 TCP/IP 出現之前，阿帕網是怎麼傳輸信號的？當時人們遇到了什麼問題？以及溫頓·瑟夫和鮑勃·卡恩究竟是如何聯手設計出 TCP/IP 的呢？

讓我們把視線轉到 1970 年年初。當時鮑勃·卡恩是 BBN 公司的一名電腦工程師，是「電子郵件之父」雷·湯姆林森的同事。就在一年前，他參加了公司承包的阿帕網「介面訊息處理器」(IMP) 項目，負責最重要的系統設計。

不過，卡恩考慮問題很遠，他已經想到未來網路的發展問題，並為此展開了相關網路互聯的研究。這時的卡恩有一個巨大的困惑，那便是在阿帕網正式運行後，各個介面訊息處理器連結的時候需要用各種電腦都認可的信號才能打開信道，數據透過後還要關閉通道，而這些處理機本身並不能判斷何時開始和結束信號接收。而且隨著接入網路的電腦數量的增加，共同信號的選擇變得越來越困難，網路的發展因此將面臨巨大的阻滯。

起先，卡恩嘗試用過一個名為「網路控制協議」（NCP）的通信協議來解決。這個方案他曾專門撰文闡述，並最終以一篇題為《作業系統的通信原理》（Communications Principles for Operating Systems）的文章發表在了 BBN 公司的內刊上。但作為網路通信的最初標準，它終歸是臨時性的，起過渡作用的，它距離卡恩理想中的一個普遍適用的協議依然相去甚遠。

Vint Cerf

鮑勃·卡恩本名羅伯特·埃利奧特·卡恩（RobertElliot Kahn），鮑勃是他的常用名。1938 年 12 月 23 日，卡恩出生於美國紐約的布魯克林。1960 年，卡恩取得了紐約城市學院工程學學士學位，並於兩年和四年後，分別取得了普林斯頓大學的電子工程碩士和博士學位。畢業後，卡恩先在貝爾實驗室工作，接著又到了美國麻省理工學院做助教。直到 1966 年，他才進入 BBN 公司負責阿帕網的研發工作。

1972 年，卡恩從 BBN 公司離職，轉投到了訊息處理技術辦公室（IPTO）擔任部門主管，協助拉里·羅伯茲的工作。此時的羅伯茲已出任該辦公室主任一職，係一把手。就在這一段履職期間，卡恩正式將以前困擾他許久的難題提上議事日程，著力攻克。也就是說，有沒有這樣一種通信協議，能在不同網路之間運行，能將所有的電腦連結在一起，同時又不希望在有任何一台電腦比其他電腦都擁有更強大的控制力。如今，偉大的構想已然浮現，但一切光憑卡恩個人單打獨鬥是無法完成的。幸好因緣際會，在這個時候，溫頓·瑟夫的出場，讓卡恩頓時感到希望的曙光來了。

溫頓·瑟夫，1943 年 6 月 23 日出生在美國康乃狄克州紐哈芬市。同許多科學家童年所表現出來的特質相似的是，瑟夫從小就酷愛科學，週末經常同小夥伴在一起做各類小實驗。另外，瑟夫喜歡讀書，是個典型的「書蟲」，書目遍及小說、科幻、歷史、傳記等領域。他閱讀的習慣一直保持到今天，在一次接受採訪中，他表示現在每個星期仍要看 3 ～ 6 本書，並且還寫讀後感，把它登在自己的部落格上。

1965 年，瑟夫獲得了史丹佛大學電腦科學學士學位，他當時已經痴迷於電腦編程。用他的話來講：「編程讓人體會到一種奇妙無比的感覺。你創造了一個你自己的世界，你就是這個世界的主人。不管編了什麼，電腦總會照辦。它就像一個沙盒，裡邊每一粒沙子都在你把握之中。」隨後在 1970 年和 1972 年，瑟夫分別獲得了加州大學洛杉磯分校電腦科學碩士學位和博士學位。

由於瑟夫是個早產兒，出生時聽力有缺陷，必須戴上助聽器，這確實給他的人生帶來了不便。但有句話說得好，上帝關上了一扇門，必然會為你打開另一扇窗。你失去了一種東西，必然會在其他地方收穫另一個饋贈。這裡的饋贈除了他後來在互聯網領域的「開天辟地」外，率先收穫的是他的愛情和家庭。瑟夫的妻子三歲時耳朵就全聾了，平日溝通交流也基本靠助聽器。而正是這個「媒介」，讓瑟夫在一個助聽器廠商組織的活動中與其後來的妻子不期而遇，一見鍾情。兩個人在交往了一年後的 1966 年步入婚禮殿堂。

瑟夫與卡恩產生「交集」是 1970 年年初，這正是卡恩為了要開發出一種適用於不同網路間的通信協議而苦惱憂愁的時候。瑟夫當時的身分除了是一名在校學生外，還是一位受導師召集參與阿帕網機器性能測試和分析工作的課題組成員。他們這個小組接手的一項任務是編寫規範語言軟體，以實現電腦間的交流，而且情勢緊迫。為此，該小組匯集了美國通信編程人員中的精英，對聯網主機的操作規範達成統一意見。他們還創造出了一系列新術語，比如「協議」（protocol）一詞，但其他方面就再也沒有什麼實質性進展了。

因為科研緣故，瑟夫遇到了鮑伯·卡恩，後者那個時候還在 BBN 公司工作。兩人一見如故。由於瑟夫參與過阿帕網建設的具體工作，對現有的各種作業系統的介面也比較了解，所以，卡恩就把自己關於建立開放性網路的想法和之前在「網路控制協議」方面的經驗都告訴給了瑟夫，接著又邀請瑟夫一道參與為阿帕網開發新的協議。而兩人聯手的結果，就是本章的重點——「傳輸控制協議」（TCP）和「互聯網協議」（IP）。

1972 年的 11 月，卡恩已經從 BBN 離職跳槽到了訊息處理技術辦公室，開發新協議到了刻不容緩的地步；而瑟夫也獲得了史丹佛大學電腦科學與電子工程的助教職位。對兩人來說，都無疑是一個很好的契機，也是平台。卡恩可以利用政府資源專注研究、開發；瑟夫則在「象牙塔」裡方便組織一系列的專家交流、專題研討活動。前者在資金、技術上有保障，後者在學術、專業上有支持。差不多同步，卡恩與瑟夫都對建立一種新協議有了更加深刻的認識。

機遇總是留給那些有準備的人，而偉大的想法也往往源自偶然的靈感。類似的故事就在這時光顧了瑟夫：這位近乎雙耳失聰的科學家似乎突然聽到了上帝的旨意而參透了網路的本質。1973 年春天，瑟夫去舊金山大飯店參加會議。在休息室過道裡，他等候下一輪會談，百無聊賴間突然有了靈感，苦於身邊沒紙，瑟夫連忙拿起一個舊信封在背面記下來。正是在這張普普通通的紙上，瑟夫提出了能夠連結不同網路系統的「網關」（gateway）的概念，隨後的歷史證明，這個概念為 TCP/IP 協議的最終形成起到了決定性的作用。

事後，瑟夫將「網關」的想法告訴卡恩，兩人一拍即合，接下來就是思考網路架構的細節問題。為了儘快取得實質性進展，他們經常一連幾個小時的討論，廢寢忘食且樂此不疲。在一次「馬拉松」交談中，他倆整整熬了一夜，輪流在粉筆板上塗塗寫寫。兩人計畫將達成的階段性共識儘快寫成一篇論文。

經過他人的意見建議和多次修改，論文終於大功告成，題目為《一種分組網路互相通信協議》（*A Protocol for Packet Network Intercommunication*）。在這篇有劃時代意義的論文中，瑟夫和卡恩首次提出了一個新的協議：TCP（傳輸控制協議）。這相當於有了電腦網路「聯合國憲章」。然而在論文署名問題上，由於無法區分誰的貢獻更大，兩人決定讓上帝做主，用擲硬幣的方式確定先後排名，結果瑟夫受到了垂青，成為這篇論文的第一作者。當然，他贏得的不僅僅是一個署名，而是後來一堆堆接踵而至的榮譽，包括從此蜚聲科技界的「互聯網之父」的稱號。

1974 年 5 月，論文發表在《IEEE 通訊學報》（*IEEE Transactions onCommunications*）上。好比 7 年前拉里·羅伯茲勾勒出阿帕網初步設想一樣，這是一個革命性的事件。論文系統闡述了「傳輸控制協議」，還介紹了「網關」的概念。有了 TCP，跨網交流才成為現實。如果 TCP 足夠完善，任何人都可以建造起任意規模和形式的網路，只要網上有能為訊息包作解釋並選擇路徑的網關機器，它就能與任何一個網路交流。不同網路的連結因此成為可能，這即使阿帕網最大的技術缺陷得以彌補，也讓此前困擾卡恩許久的技術難題迎刃而解。

當然，為了驗證 TCP 協議在超遠距離傳輸上的可靠性，瑟夫和卡恩還進行了一個著名的試驗。那便是文章前面提到的 1977 年 11 月 22 日，那一天，那輛廂式貨車沿著舊金山南部某處的一條公路行駛，發出了一個不僅在數據包無線網路和阿帕網之間傳輸的信號，同時還在一個衛星網路上傳輸，這個網路將阿帕網與歐洲連結到一起。信號從加利福尼亞州跳躍到波士頓，然後又傳輸到挪威和英國，接著回到西弗吉尼亞的一個小鎮，最後回到了加利福尼亞州。在這條長達九萬四千公里的路徑上，數據傳輸接受了考驗。有句話說得對，在兩個網路之間發送信號，那麼只不過是架起了一道橋梁；而在三個網路之間發送信號，就構成了互聯網。事實證明，TCP 協議真的讓多個網路從此互聯。

1977 年無疑是互聯網發展的一個重要里程碑。但對於通信協議的完善卻並沒有止步。其實在論文發表後的數年，瑟夫一直在進行深入研究，希望將 TCP 變成更詳細的規範。直到 1978 年年初，瑟夫在南加州大學的訊息科學研究所主持召開

TCP 會議時，在會議間歇，他和卡恩及另兩個同事在走廊又開始討論，邊討論邊在身旁的紙箱上畫起圖表來。當繼續開會時，瑟夫、卡恩等人就向會議小組提議：將傳輸控制協議中用於處理訊息路徑選擇的功能分離出來，形成單獨的「互聯網協議」，簡稱 IP。此建議得到了與會小組絕大多數人的支持，至此 TCP 正式更名為 TCP ／ IP 協議。

1974 年，美國國防部決定無條件公布 TCP/IP 的核心技術，網路發展高潮因此迅速到來。到 1976 年，阿帕網已經擁有 60 多個節點和超過 100 台主機，其觸角遍及美國並透過衛星延伸到了歐洲。我們前面曾提到，這一年的 2 月英國女王伊麗莎白二世發出了一封電子郵件。1978 年，來自芝加哥的科學家沃德·克里斯滕森（Ward Christiansen）和蘭迪·瑟斯（Randy Seuss）這兩名駭客編寫了第一個能在兩台電腦之間透過電話線傳輸數據的軟體。幾乎與此同時，世界歷史上的第一個新聞組、第一組表情符號以及第一個網路遊戲也在個人電腦（PC）群雄並起的瘋狂中相繼問世。然而，誰都沒有料到，隨著 TCP/IP 協議的廣泛應用，一場在歐美之間的「協議戰爭」（protocol wars）即將打響。

到了 1980 年，世界上已經有很多網路，但主要的還是有美國軍方背景的阿帕網。這些網路使用的通信協議各有不同，其中就包括了 TCP/IP 協議。為了能將這些網路連結起來，瑟夫提出一個想法：在每個網路內部各自使用自己的通信協議，在和其他網路通信時使用 TCP/IP 協議。這個設想最終促成了「互聯網」（Internet）的誕生。

1982 年是 Internet 發展過程中歷史性的轉折點。當時，阿帕網正計畫正式轉換成 TCP/IP 協議。但沒有人敢確定美國政府是否贊成該計畫，因為 TCP/IP 此時正面臨勁敵 OSI 的威脅。

來者不善，來者何人？作為全球兩大電腦標準制定組織之一（另外一家是國際電報與電話諮詢委員會（CCITT）），國際標準化組織（International Organization for Standardization，ISO）數年前就已開始研發網路互聯參考模型，即「OSI 模型」或開放式通信系統互聯參考模型。他們希望 OSI 模型能像現實世界中的空氣、陽光、水那樣在虛擬世界裡占據絕對主導。

一個是 TCP/IP，一個是 OSI，兩大協議狹路相逢，競爭由此開始。要知道這可不是關乎名譽歸屬的無端內耗，而是關係到互聯網未來以及自己生死存亡的路徑選擇。OSI 模型在理論建構上確已盡善盡美，它定義了開放系統的層次結構、層次之間的相互關係以及各層所包括的任務。但該模型除此之外就再無任何貢獻：它只是描述了這樣一種結構和與之相關的一些概念，卻並未提供一個實現這一切安排的方法。而這恰是 TCP/IP 協議的優點所在，該模型的設計初衷就是為了讓各種使用不同協議的網路實現互聯。與 OSI 模型的七層結構不同，TCP/IP 只有四層結構。後者貌似在理論上顯得有些混亂，但只要有助於現實問題的解決，混亂又何妨。

這是網路發展史上一次最著名的論戰。站在 OSI 一方的是高高在上的官僚，他們通常展示出自己對於技術變遷的遲鈍——「TCP/IP 和互聯網只是一種學術玩具」。而選擇支持 TCP/IP 的一方則認為 OSI 的設計過於複雜，其理論上的完美並不必然意味著現實上的可行。而比這還重要的是，OSI 僅僅是個理念設計而已，它還從未接受過實戰的檢驗。

就像前田約翰在《簡單法則》一書中寫到的，人類進入機器時代後，「簡約」逐漸取代「繁複」，占據了哲學與美學的制高點。技術亦然。電話誕生之初，貝爾不斷告訴人們電話將是把音樂會帶回家的最好辦法。同樣的故事也發生在微處理器誕生之初，那時的諾伊斯堅信微處理器將為鐘錶業帶來革命性變化。但隨後的歷史證明，兩項發明的發展都與最初的設想相去甚遠，有更簡單的設計幫他們完成了這些任務。

自始至終為改進 TCP/IP 而不懈努力的人首推瑟夫，也或許是因為在推廣 TCP/IP 協議一路上的付出、貢獻，雖然卡恩也被後人尊稱為「互聯網之父」，但瑟夫的這個頭銜更實至名歸，無可爭議。那個時候，卡恩也從訊息處理技術辦公室離職，隨後創辦了非營利性組織國家研究創新聯合會（Corporation for National Research Initiatives, CNRI），並擔任主席一職。該機構以公眾利益為出發點，對基於網路的資訊技術的策略發展進行研究。在 1980 年代中期，卡恩還參與了「美國國家訊息基礎設施」（The NationalInformation Infrastructure: Agenda for Action, NII）的設計，「美國國家訊息基礎設施」後來被稱為「訊息高速公路」，不過這都是後話了。從 1986 年「協議戰爭」發生起，瑟夫每每參加行業會議時都痛陳 OSI 模型的弊端。倘若說互聯網的魅力在於使用規範的簡潔便利，那麼瑟夫的魅力就在於他既勇於直言反對官僚系統對他這項科技傑作的干預，亦善於辯論遊說努力讓用戶了解和採納這種規範。

但歐洲官方的態度是強硬的、力量是強大的、手段是直接的。1988 年，ISO 終於制定出了開放系統網路互聯標準「OSI 協議」，歐洲多國政府隨之決定加入「OSI 陣營」。而美國政府也立即回應，宣布將官方標準確定為 TCP/IP 協議。歷史的航船似乎已經改變了航線：越來越多的人相信 OSI 才是最好的解決方案。

如果更多的人加入「OSI 陣營」，互聯網的歷史將徹底被改寫，美國政府多年的努力也將付諸東流。但多年前的一次無心之舉，讓他們有了取得競爭勝利的砝碼。1981 年，世界著名電腦公司太陽（SUN）的創始人之一比爾·喬伊（Bill Joy）取得了美國國防部的資助，把 TCP/IP 協議編寫進了 UNIX 作業系統之中。UNIX 是 1969 年由貝爾實驗室開發的，其靈活性和可移植性深受技術人員的喜愛，至今它仍是網路伺服器和網路主機提供商中最有名的作業系統。

一年後，也就是 1982 年，太陽公司在其首批電腦中安裝了以 TCP/IP 為規範的 UNIX 系統。SUN 也同時創立了一種新的商業模式：它只對電腦本身計費，而不再對網路軟體單獨收費。這一運營模式在互聯網歷史上留下了濃墨重彩的一筆，上網人數的增加大大超出了最初的預期。

到了 1986 年，互聯網的發展再次迎來轉折。這一年，美國國家科學基金會（National Science Foundation, NSF）為了滿足各大學及政府機構為促進其研究工作的迫切要求，將其在全美的六個超級電腦中心以 TCP/IP 協議為基礎連結為一個主幹網路，供全美大學、研究機構等社會公眾免費使用，這就是著名的「國家科學基金網路」（NSFNET）。NSFNET 以網狀結構將多部通用電腦連結起來，這正是互聯網使用的標準結構。

NSFNET 開創了電腦網路建設的新時代：在美國國家科學基金會的鼓勵下，很多大學、政府資助的研究機構甚至私營的研究機構也在隨後幾年紛紛把自己的局域網並入 NSFNET 中。

除 NSFNET 外，當時美國還有多個聯邦政府資助的以 TCP/IP 協議為基礎搭建的網路，除國防部的阿帕網外，還有能源部的 ESnet 以及美國航空暨太空總署（NASA）的 NSI 網路等，它們相互之間透過「聯邦訊息交換系統」（FIX）實現互聯，商業網路之間則透過「商業通信系統」（CIX）實現互聯。NSFNET 隨後就透過 FIX 和 CIX 實現了與這些網路之間的訊息交換。

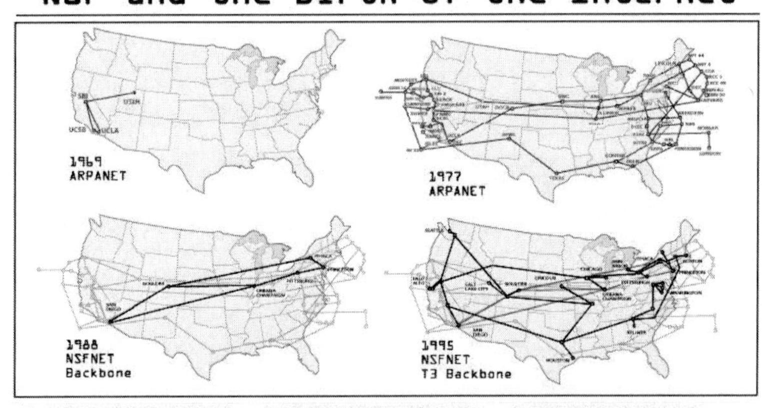

ARPA NSFNET

NSFNET 的建立和隨後與其他網路的成功互聯，是互聯網歷史上的一個重要節點。它標誌著美國國家科學基金會開始取代國防部成為促進互聯網發展的主要力量，作為單純軍事工具的阿帕網則逐漸淡出歷史舞台。

此後，以 TCP/IP 為基礎的互聯網長勢旺盛，歐洲大學中使用 TCP/IP 的地下運動也蓬勃發展起來。儘管官方還在努力爭取，但民間的支持已經讓標準之爭出現了戲劇性的逆轉，任何遏制 TCP/IP 的做法這時都顯得徒勞無功，因為大勢已去，OSI 終於在用戶規模、市場份額上敗下陣來。於是，這場「協議戰爭」最終以美國的 TCP/IP 協議全面獲勝宣告結束。

有了 TCP/IP 標準的確立，人類進入互聯網時代的步伐加快、距離縮短。在這之後不久，一個科學家的登場、一種新協議的提出，相當於足球場上臨門一腳的補位，直接洞穿對方把守的大門，大眾由此真正領略了現代互聯網的面貌。

第五章

全球資訊網

Internet
A history of concepts

2012 年 7 月 28 日，全世界的目光都聚焦在「倫敦碗」，這裡是 2012 年倫敦奧運會的主賽場。隨著，最新一代 007 扮演者、英國人丹尼爾·克雷格乘坐直升機空降於此，隨後一口重達 27 噸的大鐘敲響，作為展示奧林匹克魅力的重要環節、無出其右的「人類慶典」，奧運會開幕式正式拉開帷幕……

在隨後的表演中，我們看到了一連串風格明顯、英倫風十足的元素。整場主題「奇妙島嶼」取自莎士比亞的劇本《暴風雨》，英式的田園風光、舞蹈服飾，還有哈利·波特、豆豆先生、披頭四樂團、貝克漢。演出過半時，舞台中央走來一個人，他坐在一台事先擺放好的 NeXT 電腦跟前，敲打起鍵盤，像是在編程。現場隨即打出字牌，上面寫道：This is for everyone，譯成中文，就是「獻給每一個人」。主辦單位邀請到這位嘉賓，旨在表達對他的崇高敬意和無盡感激。「謝謝你，蒂姆」。對於這個人的出現，全場立刻抱以熱烈的歡呼聲。此時，在地球的另一端，很多守在電視機前收看節目的觀眾或許心生疑惑，這個「蒂姆」是誰？為什麼要感謝他？

Tim Berners-Lee

蒂姆，全名蒂姆·伯納斯-李（Tim Berners-Lee），1955年6月8日出生於英國倫敦西南部的一個電腦世家。他的父母都參與了世界上第一台商業電腦「曼切斯特·馬克一號」（Manchester Mark I）的設計研發。伯納斯-李從小就被父母注重培養開放性想像思維，被教育凡事都可以打破條條框框，不必拘泥於固有模式。

在辛山小學（Sheen Mount Primary School）、倫敦伊曼紐爾公學（Emanuel School）完成小學、初高中教育後，1973年，伯納斯-李考入牛津大學的女王學院，攻讀物理專業。他之所以選擇這一學科，是因為自己認為物理學很有意思，是數學和電子學之間的一種「恰如其分的折中」。當時他一定不會想到，這個專業也為他日後創建全新的互聯網協議體系打下了良好的基礎。同一時期，伯納斯-李有了和蘋果電腦創始人史蒂夫·賈伯斯同樣的狂熱，他用一台老電視機、一個舊的摩托羅拉（Motorola 6800）微處理器和一根焊接棒拼裝出了一台電腦。而促使他「自力更生」組裝電腦的動因是，之前他因為違反規定，而被校方禁止使用電腦。「不過，這樣也不錯，這激發了我製造自己的電腦的慾望。」許多年後，當回憶起在校期間的這段往事，蒂姆很不以為然。不過，鑒於蒂姆後來在互聯網領域所作的巨大貢獻，牛津大學主動化干戈為玉帛，授予他榮譽博士學位。此前蒂姆是以一級榮譽獲得了該校的物理學士學位。

蒂姆·伯納斯 - 李卓越的科技成就主要在於設計了「全球資訊網」協議，並在此基礎上，開發了第一個超文件瀏覽器。對比溫頓·瑟夫，如果說他讓不同的機器互聯，讓專業人士可以透過複雜的代碼程式前往特定的位置、獲取特定的訊息，那麼，伯納斯 - 李的貢獻是讓普通人在網路世界裡不再迷路，他設計的協議就是我們今天熟知的 HTTP，他命名的 World Wide Web，就是我們鍵入網址時常用的 WWW，中文簡稱「全球資訊網」。於是，網頁的概念出現了，所有人的登錄開始了。全球資訊網的出現極大地推廣了互聯網，讓互聯網的使用得到了普及。從此互聯網進入一個全新的時代，而伯納斯 - 李也順理成章的成了「全球資訊網之父」。

回顧歷史，從 1989 年至 1991 年，這三年是互聯網得以「飛入尋常百姓家」最關鍵的年分。在這段時期內，伯納斯 - 李任職於歐洲核子研究所（European Organization for Nuclear Research, CERN），擔任研究員工作。這是世界最大的核物理研究中心，位於法國和瑞士的交界處，成立於 1954 年。

伯納斯 - 李的記憶力並不好，尤其在記人名和臉形方面，實在糟糕。而這種健忘使伯納斯 - 李早在 1980 年便編寫出了一個名為 Enquire 的查詢軟體，用來輔助「記憶」。這一程式可把互不兼容的網路、磁碟格式和字元編碼方案等統一起來，從而方便研究人員分享及更新訊息。在 1980 年下半年至 1984 年，伯納斯 - 李曾離開過歐洲核子研究所，回到英國，協助別人創辦了一家從事電腦製圖及相關工作的公司，後來又重新返回到核子研究所。

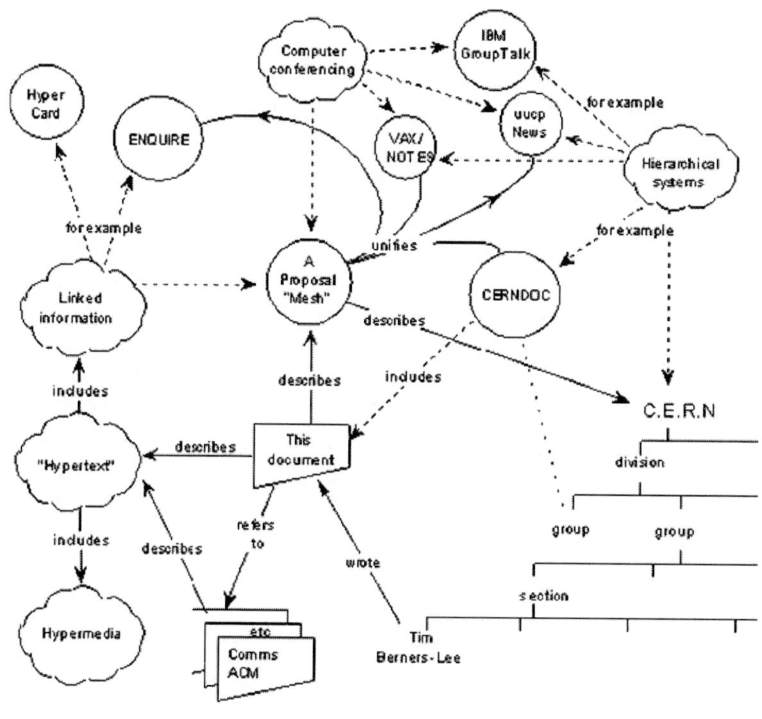

全球資訊網協議

1989 年 3 月，伯納斯 - 李提出要在 Enquire 的基礎上建立一個全球超文件項目的構想，以此作為一種瀏覽和編輯系統，使科研人員乃至沒有任何專業技術知識的人都能順利的從網上獲取訊息。超文件最初是由泰德·尼爾森（Ted Nelson）於 1965 年提出，這是一個包括文件之間連結的文本格式。伯納斯 - 李之所以會有這個念頭，是因為他發現研究所的性質使其研究人員具有高度的流動性，來自各參加國的物理學家們不停的進進出出，他們待在該組織的時間平均只有兩年。這麼一來，如何讓他們在最短時間裡以最簡便的方式獲取訊息成了當務之急。

況且，這個組織機構本身也在不斷變化、修改當中。在伯納斯 - 李看來，人們需要某種連結訊息系統，它可以透過網路進行遠程瀏覽，應該是非集中式的，允許用戶給連結和節點加注釋，應該能在動態變化數據間建立起新的連結……

與此同時，伯納斯 - 李所在的歐洲核子研究所為他的宏圖偉業提供了平台。當時，歐洲核子研究所已經是歐洲最大的互聯網節點。伯納斯 - 李知道，他的機會來了！他只要把他的超文件系統和傳輸控制協議、域名系統結合在一起，就能創造出全球資訊網了，而且可以透過眼前這個最大的「網路樞紐」，迅速推廣、普及。

說做就做，1989 年的仲夏之夜，伯納斯 - 李成功開發出世界上第一個網路伺服器和第一台網路客戶機。雖然這個網路伺服器簡陋得只能說是歐洲核子研究所的「電子通信錄」，它只是允許用戶進入主機以查詢每個研究人員的電話號碼，但它實實在在是一個所見即所得的超文件瀏覽器。該年 12 月，蒂姆將他的發明正式定名為 World Wide Web，即我們前面提到的「全球資訊網」（WWW）。

對於「全球資訊網」和「互聯網」，人們常常將它們搞混，實際上互聯網是一種電腦之間相互連結的全球網路，採用 TCP/IP 協議透過分組交換實現數據的共享。而全球資訊網是集合了標誌性語言、文件檔上網和超文件的概念，透過開放標準和協議使任何人都可建立自己的網路伺服器和 html 文件檔。也就是說，互聯網包含了全球資訊網，在一定意義上，互聯網與全球資訊網是父集同子集的關係。

全球資訊網大功告成，但這還不算完，緊接著，世界上第一個網站「Info.cern.ch」建成。用現在的話來說，它有點像歐洲核子研究所的官方網站，該網站在 1991 年 8 月 6 日上線。透過輸入「http://info.cern.ch/hypertext/WWW/TheProject.html」這個網址，瀏覽者能夠了解更多有關超文件系統及技術細節，甚至能得知如何在網站上查詢所需的訊息。毫無疑問，伯納斯 - 李的成果是具有里程碑式意義的。然而時過境遷，在一次接受英國《泰晤士》報的採訪時，當回憶起設計網路協議時，伯納斯 - 李則略有遺憾的表示，如果能重來一次，他不會在網址中 http 的後面使用雙斜線「//」，在他看來，這是不必要的、多此一舉的。然而正當伯納斯 - 李創造並掌握了大眾通往網路世界（時代）大門鑰匙之際，他又有了一個驚人之舉，這讓他與「世界首富」失之交臂，卻從此成為了當今世界上精神最富足的人之一。究竟他做了什麼？

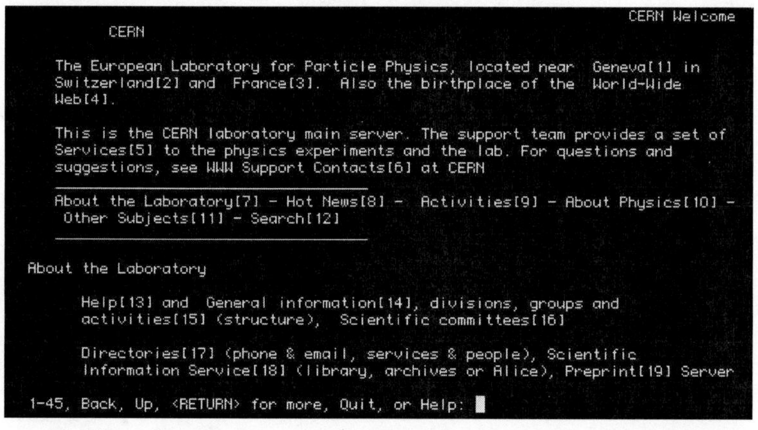

info.cern.ch

1992 年，伯納斯 - 李曾向歐洲權威的知識產權律師諮詢，考慮申請專利，銷售瀏覽器軟體。但很快他放棄了這個決定。

是伯納斯 - 李沒有認識到全球資訊網的價值嗎？當然不是。伯納斯 - 李之所以放棄透過全球資訊網實現一夜致富，關鍵在於他預見到一旦他的瀏覽器市場開售，勢必會引起新一輪的網路軟體大戰，使得好不容易能得到統一的互聯網瀏覽器協議又陷入割據分裂的狀態，況且不同的標準將延誤互聯網的發展。為了他鍾愛的全球資訊網事業，他打定主意，不計較私人的財富得失，轉而向全球無償開放他的創新設計，而這一舉動恰恰符合了後來被證明是互聯網思維中最重要的一點：免費。

幾乎是同時，美國政府通過了由時任參議院阿爾·戈爾（Al Gore）提出的《高性能計算和通信法案》（*The High-Performance Computing andCommunication Act*）。戈爾預見到一個「國家訊息基礎設施」（NationalInformation Infrastructure），即能夠創造出一個巨大的公共和私人訊息系統的網路，有可能把國家所有的訊息傳達給所有的國民。這項法案為美國的很多研究項目提供了資金支持，尤其是伊利諾伊大學的國家超級計算應用中心（The National Center for SupercomputingApplications）的圖形瀏覽器項目。負責此項目的其中一名僱員叫馬克·安德森（Marc Andreessen）。

這個名字雖然不像比爾·蓋茲、史蒂夫·賈伯斯和馬克·祖克柏這樣家喻戶曉，但年僅 43 歲的安德森在過去的二十多年職業生涯中，所走的每一步都與互聯網發展緊密相連。如今，這位曾經的「矽谷天才」、「互聯網金童」已經轉型為一名風險投資家。1999 年他和矽谷資

Marc Andreessen

深的創業者和投資人本·霍洛維茲（Ben Horowitz）共同創立了Loudcloud，該公司主要提供互聯網基礎架構服務，在業界被公認為是最早進入雲服務領域。後來互聯網泡沫爆發，大客戶倒下，受此牽連，霍洛維茲的公司經營也一度出現危機。隨後透過轉型成軟體公司 Opsware，他們艱難的存活了下來，並最終起死回生，成功的以 16 億美元的高價將公司出售給惠普。2009 年，兩人三度聯手，創立了風險投資機構「安德森·霍洛維茲」（AndreessenHorowitz）。此後三年間，公司就躋身成為矽谷最頂尖的風險投資公司之一，僅僅經過三輪融資便獲得了高達 27 億美元的資本金，並且投資了包括 Skype、Facebook、Instagram、Twitter、Foursquare、Pinterest、Airbnb、Groupon 等眾多知名互聯網企業。在《富比士》發布的 2012 年科技界「全球十大風險投資家排行榜」中，安德森位列第二位，而作為公司聯合創始人、普通合夥人（GP）的本·霍洛維茲也被媒體讚譽為「矽谷最厲害的五十個天使投資人之一」。

1992 年，還在上大學的安德森因為在國家超級計算應用中心打工而接觸了互聯網。他受全球資訊網瀏覽器的啟發，很快發覺在互聯網時代瀏覽器有著巨大市場，但人們同時需要一個帶有圖形用戶界面方便操作的瀏覽器。1993 年 2 月 22 日，他和同伴一起研發出了第一個加入圖像元素的瀏覽器——Mosaic。雖然 Mosaic 不是第一個網路瀏覽器，但它的出現還是創造了兩個第一。它是第一個被廣泛下載的互聯網瀏覽器；它被認為是第一

Andreessen Horowitz

個可以讓大眾上網的瀏覽器。

Mosaic 的圖形用戶界面在當時帶來了重大革新。它能更容易的顯示包含文本和圖像的文件。它原本是為 UNIX 而開發的，很快便移植到 Windows 作業系統，把每一台個人電腦都變成了互聯網的客戶端。安德森隨後來到矽谷發展，在那裡，他結識了矽圖公司（Silicon Graphics, Inc.）的創始人詹姆斯·H. 克拉克（James H. Clark）。克拉克鼓勵安德森創辦一個公司來實現 Mosaic 的商業化。兩人一拍即合，克拉克出資金，安德森出技術，在 1994 年 4 月，創辦了 Mosaic 通信公司，後更名為「網景通信公司」（Netscape Communications Corporation）。

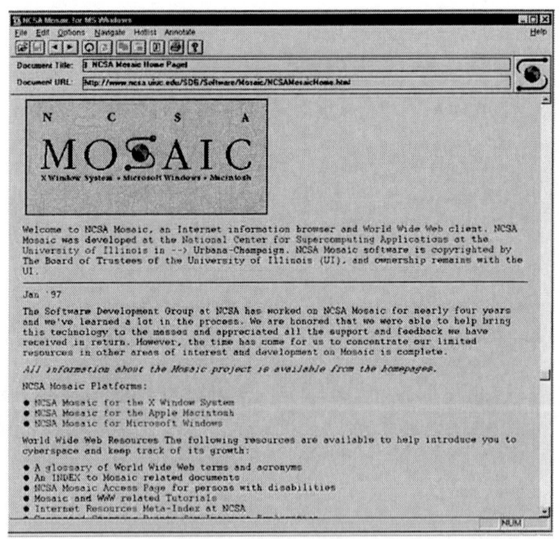

Mosaic

安德森擔任技術副總裁，他領著一班人全面重寫 Mosaic 的代碼。因為原先的 Mosaic 是用大學的資金和設備開發的，屬職務作品，著作權歸大學所有，而且已有公司從那裡購買使用許可。在重寫中安德森出了許多好點子。這次開發同原先開發的思路不再一樣。那時還是學生，更多是為了興趣和熱情，而現在為了商業目的，得把性能和穩定性放在優先考慮的地位。很快，安德森帶領他的團隊成功開發出新版本的 Mosaic，並把它命名為「網景領航員」(Netscape Navigator)。值得一提的是，「網景領航員」沒有一行程式碼來自 Mosaic，而且速度比 Mosaic 快十倍，還增加了許多特性，提高了安全保密性。1994 年 10 月 13 日，「網景領航員」在網上發布，不到一小時就下載了數以千計的拷貝，不到一年，90% 的全球資訊網用戶都在使用網景公司的網景領航員瀏覽網頁。說到瀏覽網頁，它又叫「網上衝浪」(Surfing the Internet)，這個術語是由珍·艾默爾·波莉 (Jean Armour Polly) 在 1992 年提出。

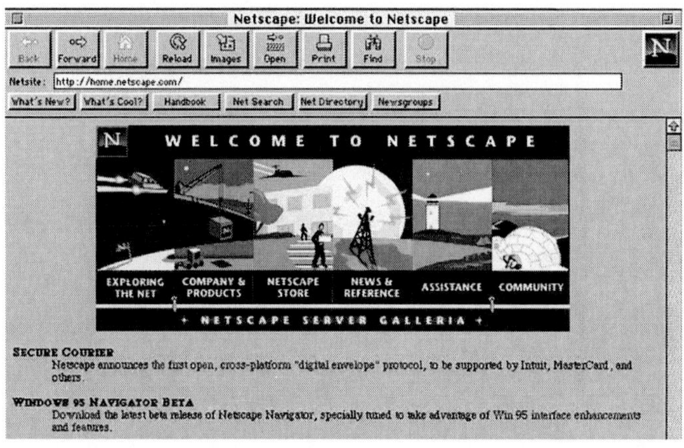

Netscape Navigator

安德森透過免費策略讓網景「網景領航員」瀏覽器迅速占領市場，網景公司也隨之成長起來。1995 年 8 月 9 日，成立不足兩年、從未盈利的網景公司在紐約上市，公司市值一度達到 27 億美元，年僅 24 歲的安德森一夜致富。但是，1995 年底微軟也推出了「IE 瀏覽器」，網景和微軟之間的瀏覽器大戰就此打響。最終微軟透過將 Windows 系統和瀏覽器捆綁銷售的策略打敗了網景，占據了絕對優勢，從而在激烈的市場競爭中獲得勝利。1999 年，網景公司被迫出售給美國在線，安德森的第一段創業經歷就此終結。

然而，就在網景公司上市前的一年，伯納斯 - 李馬不停蹄，又推出了統一資源定位器（URL），來表示接入了互聯網的全球資訊網域名的層級。最流行的域名是「.com」，被叫作「dot-com」。它原本是用於識別商業網站的，以區別於「.edu」（教育機構）、「.gov」（政府機構）和「.org」（非營利組織）。

在網景公司股票上市後出現的這股狂潮就是人所共知的「dot-com 狂潮」。伴隨著後面狂熱資本的湧入和互聯網公司紛紛上市，互聯網產業很快便迎來了黃金時代，當然，這是後話了。

還是在 1994 年，伯納斯 - 李創辦了非營利組織——世界全球資訊網聯盟（World Wide Web Consortium，簡稱「W3」，又稱「W3C 理事會」），並擔任第一屆主席。該組織有一百多個成員機構，專門負責全球互聯網路軟體開發與標準制定等的協調工作，以確保網路在不斷發生的革命性轉變中始終能夠高效、穩定的向前發展。幾經挑選，伯納斯 - 李將該聯盟的總部選在了大名鼎鼎的美國麻省理工學院電腦科學實驗室內，通常，麻省理工學院對於其制定的技術標準採取的做法是：版權歸自己，利益則給公眾。它的做法和對這個時代的貢獻同網景的瀏覽器不謀而合。拜網景瀏覽器所賜，互聯網上日積月累的混亂而難懂的數位訊息群，開始變得明白易懂、富有意義，這反過來推動了更多的人向網路添磚加瓦，增加內容。網景瀏覽器對個人和非營利組織是免費的，它也防止了互聯網被那些企圖強行控制它的人所壟斷。它的瀏覽器採用開放的標準，間接的迫使大企業也採用這一相同的標準，因此避免了像個人電腦作系統領域長達幾十年存在的一家獨大、需繳費使用的現象。

作為全球資訊網聯盟的負責人，伯納斯 - 李將包括微軟、網景、Sun、蘋果、IBM 等 155 家 IT 公司聯合在一起，致力達成 WWW 技術標準化的協議，並進一步推動 Web 技術的發展。對他來說，全球資訊網的最大噩夢就是：「出現好多個全球資訊網，用戶需要 16 種不同的瀏覽器。」 到目前為止，這一切，沒有政府的介入，也沒有強大的資金，完全憑著伯納斯 - 李個人的信念、威望和網路同仁們的共識。他認為 W3C 最基本的任務是維護互聯網的對等性，讓它保有最起碼的秩序，政府不應該介入，互聯網應當成為開發和自由的通信渠道。後來，他也是「網路中立」運動最有力的支持者。

為表彰其非凡的成就，2004 年 7 月 16 日，英國女王伊麗莎白二世向伯納斯 - 李頒發大英帝國爵級司令勳章，從此，伯納斯 - 李獲封「爵士」稱號。雖然他錯失了富可敵國的機會，但卻贏得了後世的敬仰。因為他的全球資訊網貢獻，更多網路應用相繼產生，除了網景瀏覽器，其中一個叫「搜尋引擎」的技術，帶來了網上檢索訊息的革命，而且它還催生了兩家世界級的偉大公司：雅虎和 Google。

第六章

搜尋引擎

Internet
A history of concepts

2006 年，Google 公司遇到了一個麻煩。當時，《韋氏大學詞典》將英文字母小寫的 google 收錄其中，作及物動詞用，意思是「搜尋」。與此同時，像《牛津英語辭典》、《澳大利亞麥考瑞詞典》也紛紛收錄了這個單字，重點是，它還是首字母大寫的 Google。不過，Google 公司卻並沒有感到驕傲，實際上他們頭疼死了，他們害怕一旦 google 成了「搜尋」的代名詞，它就是作通用詞用了，那麼，其公司商標就有可能因為喪失顯著性而失去保護。所幸，這件事情後來不了了之，Google 的擔憂算是消除了。但這個故事告訴我們，靠做搜尋引擎服務起家的 Google 公司，在行業內優秀到一度代表了「搜尋引擎」的全部。

不過回顧互聯網的發展史，說「搜尋引擎」集大成者是 Google 確實不錯，但它的初創者可不關 Google 什麼事。Google 公司成立於 1998 年 9 月 4 日，而在 8 年前，就有一個專注於互聯網訊息檢索的程式，它叫 Archie。

Archie 算得上是所有搜尋引擎的祖先。早在 1990 年，它是由位於加拿大蒙特婁（Montreal）的麥基爾大學（McGill University）的幾名學生研發。當時伯納斯 - 李的「全球資訊網」還沒有人聽說，而 Archie 可以查詢互聯網上文件傳輸協議（FTP）文件名列表的程式，但它還不是真正的搜尋引擎。用戶必須輸入精確的文件名搜尋，然後 Archie 才會告訴用戶哪一個 FTP 地址可以下載該文件。

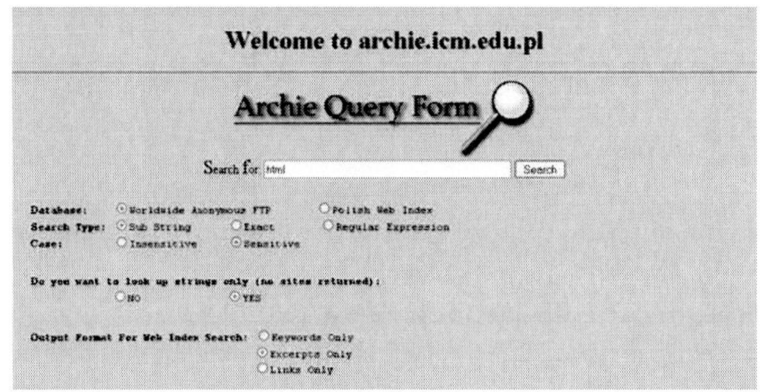

Archie

此一時彼一時，以當年的眼光看，Archie 創意不錯，為檢索互聯網上的訊息提供了便利，因而深受歡迎，許多公司和大學都使用過該搜尋服務。受其啟發，1991 年，來自美國明尼蘇達大學的保羅·林德納（Paul Lindner）和馬克·麥卡希爾（Mark McCahill），共同研發了一款名叫 Gopher 的搜尋協議。

Gopher 的意思有「地鼠」和「打地洞」，保羅和馬克之所以如此命名，寄託了三層含義：第一，網路上的訊息需要「挖掘」；第二，該協議以層級形式儲存訊息，這一點和「地鼠洞」很相似；第三，明尼蘇達大學有一支運動隊名叫「黃金地鼠隊」。實際上，和之前的 Archie 相比，Gopher 有兩大明顯進步：它能對網頁內容進行搜尋，而不僅僅是文件名稱；它能用來在互聯網上編輯和分享文件。在 Gopher 推出之際，全球資訊網雖然有了，但還立足未穩。

也就是說，這兩大協議尚有一較高低、一爭天下的機會，但由於很快（1993 年 2 月）Gopher 對外宣布收取使用費，此舉直接減少了用戶數；另外一方面，Gopher 的固有程式結構不如 HTML 網頁來得靈活，使用 Gopher 時，每個文件檔都已有一個預定義的格式和類型，一個 Gopher 用戶必須透過一個伺服器定義的系統菜單導航進某一個特定的文件檔，這就讓用戶體驗感大大降低。所以，面對強大的競爭對手全球資訊網——它開放靈活的超文件協議和互動式應用程式，Gopher 很快式微。到現在，世界互聯網上使用 Gopher 伺服器的已寥寥無幾。

不過，在當時基於搜尋 Gopher 目錄的兩款搜尋軟體緊接著就問世了。一個是美國內華達州立大學（University of Nevada）開發的，另一個是猶他州立大學（Utah State University）的 Jughead。

此後一兩年內，搜尋工具紛紛湧現，功能也日益強大。從剛開始的只用來統計互聯網上伺服器數量，到後來發展成能夠捕獲網址（URL）、對文本進行索引編制和搜尋。這其中較負盛名的有：JumpStation、The World

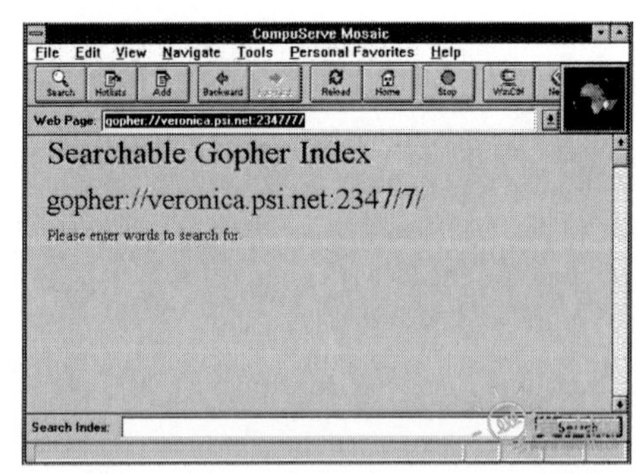

Veronica

Wide WebWorm、Repository-Based Software Engineering（RBSE）spider 和 Excite。

值得一提的是 Excite。1993 年 2 月，它是由六個史丹佛大學的在校生所聯合研發的。它以概念搜尋聞名，其最大特點在於能分析用戶的語義，而不單純根據字面意思來進行檢索，它力圖確保每一次檢索行為的有效性。

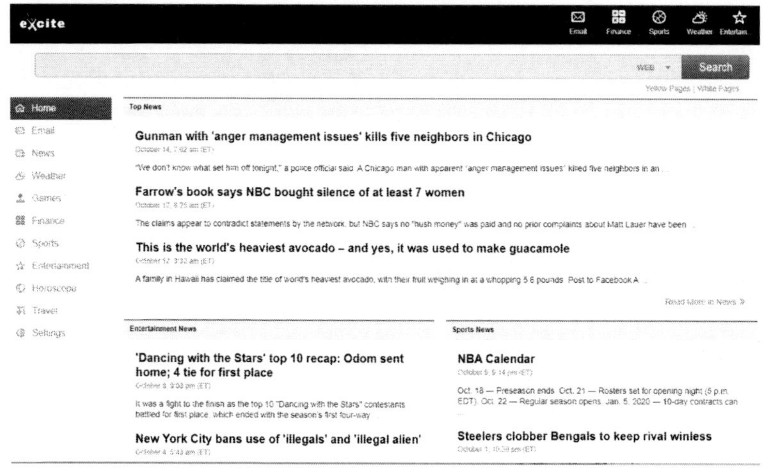

Excite

到了 1994 年，在搜尋引擎的發展史上，誕生了兩個第一。第一個是 1994 年 1 月，位於美國德克薩斯州的商業網路通信公司 EINet 推出了 Galaxy，它是第一個既可搜尋又可分類目錄查詢。研發它的最初動因，是公司需要有一個電子商務的大型目錄指南。三個月後，華盛頓大學的布賴恩·平克頓（Brian Pinkerton）發明了「網路爬行者」（Web Crawler）。「網路爬行者」是全球資訊網上第一個支持搜尋文件全部文字的全文搜尋引擎，在它之前，用戶只能透過 URL 和摘要搜尋，摘要一般來自人工評論或程式自動獲取正文的前一百個字。後來「網路爬行者」先後被美國在線（AOL）和 Excite 收購。

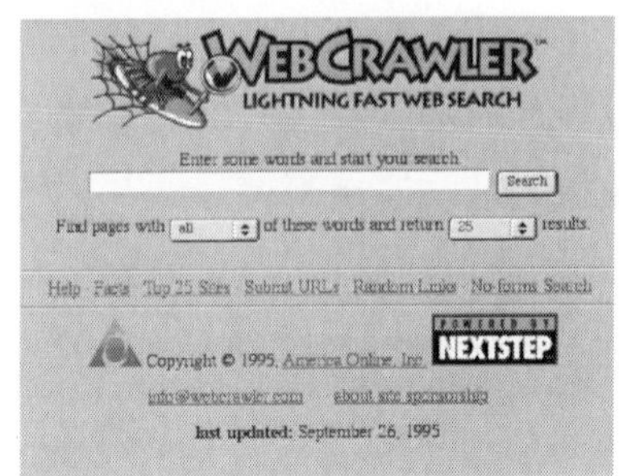

WebCrawler

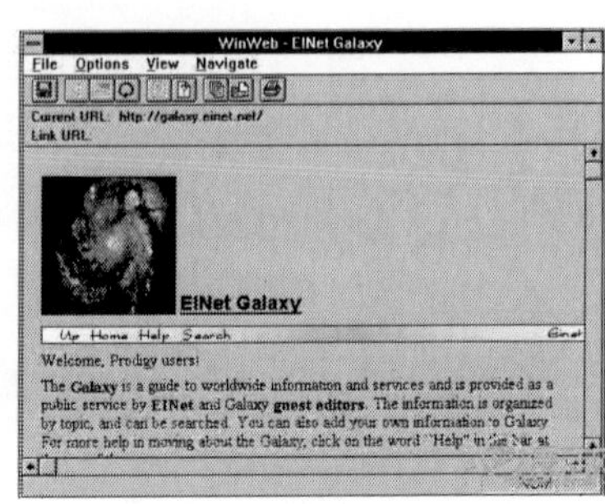

ElNet Galaxy

這兩個「第一」的搜尋引擎，各自代表了兩種不同的搜尋技術（理念）。Galaxy 是分類目錄索引的典型，比它更有名的是即將登場的雅虎。「網路爬行者」採用的是現在為人所知的「網路機器人」或「網頁蜘蛛」的原理，它是按照一定的規則，自動去抓取互聯網訊息頁面，並將它複製到資料庫中，這樣人們可透過關鍵字檢索方便的找到目標訊息。「網路爬行者」很快帶動後來更有名的搜尋引擎，如 Lycos 和 AltaVista 的出現。

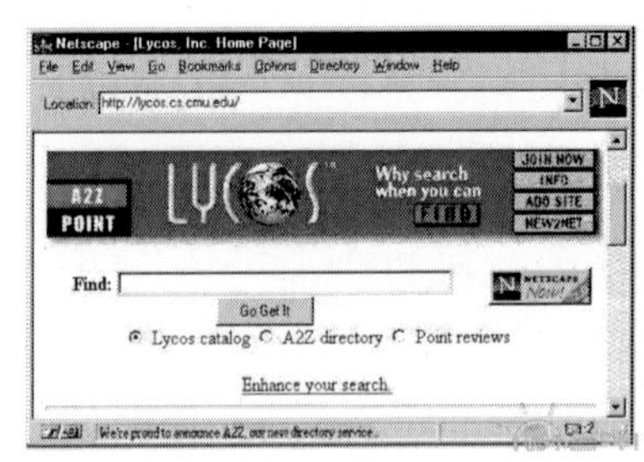

Lycos

Lycos 是搜尋引擎歷史上又一個重大的進步。來自卡內基·梅隆大學（Carnegie Mellon University）機器翻譯研究中心（Center for Machine Translation）的麥可·莫爾丁（Michael Mauldin）開發了 Lycos 項目。最早，它只是一個研究課題，很快在1994年7月，順應著搜尋引擎蓬勃發展的趨勢獨立成站，並很快獲得了用戶的青睞。它的優勢主要有兩個。第一，它除了相關排序外，還提供了前綴匹配和字元相近限制，它是第一個在搜尋結果中使用了網頁自動摘要的引擎服務；第二，在當時，它收錄的數據量遠勝於其他搜尋引擎，這意味著它的檢索結果的覆蓋面、有效性和匹配度會高出競爭對手好多。

終於該輪到雅虎出場了。雅虎是由史丹佛大學的兩位電機工程系的博士生，一個叫楊致遠（Jerry），一個叫大衛·費羅（David Filo），兩人在一輛拖車裡的簡陋辦公室裡聯合創辦的。

Jerry Yang & David Filo

那是在 1994 年的 1 月。兩個原本不學網路的人，因為對互聯網有著非比尋常的興趣，他們趁著教授學術休假一年的間隙，悄悄放下手上的研究工作，開始為互聯網做一個分類整理和查詢網站的軟體，這就是後來的雅虎。開始時，他們各自獨立的建立自己的網頁，只是偶爾對彼此的內容感興趣才互相參考，漸漸的他們搜集、連結的訊息越來越廣，兩人的網頁也乾脆合併在一起，統稱為「傑瑞全球資訊網嚮導」（Jerry's Guide to the World Wide Web），「傑瑞」是楊致遠的英文名。

隨著搜集的網站越來越多，兩人就需要不斷的整理、分類。當每個目錄容不下時，再細分成各類的子目錄，這種訊息分類方式至今仍是雅虎的核心傳統。不久後，他們把這個網上檢索工具放在史丹佛大學校園網上開放免費使用，此舉招來了許多用戶。到了 1994 年冬，兩人就差不多忙得連吃飯、睡覺都成了奢侈，學業也不得不扔在了一邊。他們開始著手網站的商業化運營。

另一方面，用戶們發現透過雅虎可以找到自己要去的網站或者有用的訊息。這樣，人們在上網時，習慣性的先去雅虎，再從雅虎進入別的網站。這樣，入口網站的雛形就形成了，雅虎的流量像火箭一樣嗖嗖的往上竄。當網景公司發現這個現象以後，便來找雅虎合作，網景公司在自己的瀏覽器上加了一個連到雅虎的圖標，這樣，雅虎的流量增長得就更快了。很快，史丹佛大學伺服器和網路因為承受不了日益呈幾何級增長的流量，只好請楊致遠和大衛·費羅把雅虎搬走。這時，網景公司送了雅虎一個伺服器，雅虎公司就正式成立了。這已經是1995 年 3 月的事了，公司總部設在加利福尼亞州森尼韋爾市。

至於公司取名雅虎，跟我們後面提到的傑夫·貝佐斯創建亞馬遜（Amazon）時翻閱詞典、絞盡腦汁找靈感的典故如出一轍。1995 年的一個夜晚，楊致遠和費羅翻著韋氏詞典，想為他們的網站起一個名字。其中 Ya 取自楊致遠的姓，他們曾設想過 Yauld、Yammer、Yardage、Yang、Yapok、Yardbird、Yataghan、Yawn、Yaxis 等一系列名稱方案，突然間，他們想到了 Yahoo 這種字母組合，然後迅速翻開手邊的韋氏英語詞典，發現此詞出自斯威夫特的《格列佛遊記》，指一種粗俗、低級的人形動物，它具有人的種種惡習。

老實講，Yahoo 這個詞不太文雅，但兩人一琢磨，貶義褒用，反其意而用之也未嘗不可。楊致遠和大衛·費羅不就是在互聯網一種蒙昧的、摸索的狀態下建立起自己的網站嗎？而且互聯網上，每一個人都是平等的，沒有什麼高低貴賤之分，就這樣，兩人決定用 Yahoo 這個詞。當然，為了稍作區別，他們在單字後面加了一個感嘆號，這便有了我們現在看到的全球知名的藍色商標——Yahoo!

其實在雅虎剛誕生之時，搜尋領域已經有許多競爭者，比如說前面提到過的 WebCrawler、Lycos、Excite、Infoseek 等，但實際上，到 1994 年年底時，雅虎已經成為搜尋引擎的領導者（雅虎要想成為入口網站的代名詞，還得假以時日）。為什麼，雅虎會在如此短的時間內迅速崛起，遙遙領先呢？歸根到底，有三個原因。

第一，雅虎站點的訊息排列是一個分類的層次組織，最頂層有 14 大類：商業、經濟、娛樂、電腦科技等，每大類下面有子類，用戶根據自己的需要可以一直檢索到最底層。雅虎覆蓋的範圍很廣，底層約有幾十萬乃至上百萬個獨立站點。雅虎的分類層次完全是由楊致遠和大衛手工完成的，檢索站點是用戶尋找網上訊息最直接和最方便的途徑。相較而言，像 WebCrawler、Lycos 這些搜尋站點靠軟體自動搜尋，範圍雖然廣泛，但不準確。如果說它們是機器生產的生產線產物，雅虎則更像是手工製品，精心製作、搜尋準確，用戶體驗也就相對上乘了。

第二，雅虎一開始就採取了開放、免費的商業策略。它的搜尋引擎和網站目錄向全世界開放，無條件的為全世界的網頁建立索引，後來還向用戶提供免費的電子郵件業務。這裡要做一個背景補充。在雅虎還在史丹佛大學實驗室裡醞釀時，美國在線（AOL.com）已經開始發展它的付費撥號用戶了，它像收電話費一樣，每月 20 美元外加一些其他的雜費，而且使用還極為不便（直到 2002 年，美國在線採用了 Google 公司的搜尋引擎，這一弊端才得以解決）。由於雅虎這種開放和免費的商業模式，使得雅虎流量呈幾何級數增長。

第三，雅虎的創始人楊致遠是一位技術和商業兼修的人才，他很快想到了透過為大公司做廣告掙錢的好辦法。但楊致遠也知道，要吸引廣告主，必須像跟辦報紙、雜誌一樣的把內容經營好。要知道在美國，報紙的訂閱只占其收入的小頭，廣告收入是大頭，有些報紙甚至是免費的。楊致遠完完全全照搬了報紙等傳統媒體廣告的商業模型，即免費服務，然後用廣告收入養活自己並發展。如果發行量在報業最重要，那麼換到互聯網上，就變成了網站的流量，把網站流量做上去成了雅虎的首要目的。然而，要想讓網站的流量提高，關鍵是要有好的內容，能吸引用戶。雅虎在很長時間裡就是這樣做的，它一心一意的把自己辦成互聯網上最好的媒體，外界也一直以一個媒體公司看待雅虎，這顯然是一條正確的道路。隨著流量的增長，雅虎的營業額也以前所未有的速度增長。

最終，從公司成立到那斯達克掛牌上市，雅虎只用了一年的時間。當天股價從 13 美元暴漲到 33 美元。各大媒體爭先報導了雅虎上市的盛況，雅虎頓時成為互聯網的第一品牌。而楊致遠和費羅也雙雙進入億萬富翁的行列，值得注意的是，楊致遠同時還成為了最年輕的美國華人首富，被尊稱為「雅虎酋長」（楊致遠 1968 年生於臺灣，兩歲時父親去世，他和弟弟由母親撫養長大。母親是英文和戲劇教授，她帶領兩個男孩舉家遷往美國加利福尼亞州，為孩子尋求更好的成長環境。十歲時，他們定居在加利福尼亞州聖荷西市）。

對於雅虎的兩位創始人，吳軍在《浪潮之巔》一書中給予了極高的評價。他說：「一百年後，如果人們只記得兩個對互聯網貢獻最大的人，那麼這兩個人很可能是楊致遠和費羅。他們對世界的貢獻遠不止是創建了世界上最大的互聯網入口網站雅虎公司，更重要的是制定下了互聯網這個行業全世界至今遵守的遊戲規則——開放、免費和盈利。正是因為他們的貢獻，我們得以從互聯網上免費得到各種訊息，並且用它來傳遞訊息、分享訊息，我們的生活因此得以改變。也許一百年後雅虎公司會不再存在，但是人們會把他們和愛迪生、貝爾和福特相提並論。」

自雅虎之後，在搜尋引擎的發展史上，還相繼出現過一系列的搜尋引擎，像 Metacrawler、HotBot、Northernlight、AltaVista 等，並帶出了諸如元搜尋引擎（A Meta Search Engine Roundup，用戶只需提交一次搜尋請求，由元搜尋引擎負責轉換處理後提交給多個預先選定的獨立搜尋引擎，並將從各獨立搜尋引擎返回的所有查詢結果，集中起來處理後再返回給用戶）、支持高級搜尋語法（如 AND、OR、NOT 等）概念，但它們大多雄心勃勃的登場，最終意興闌珊的落幕，結局要麼是自行關閉，要麼是被其他更強勁的公司收購。它們和已經實現盈利，並清楚的知道用入口網站思路來經營的雅虎根本是無法抗衡的。

這一切直到 Google（Google）的出現，搜尋引擎的江湖格局才得以改變。儘管現在人們一提到搜尋首先想起的是 Google，但別忘了，當時確實是雅虎在搜尋引擎的道路上先行了相當長的一段時間，並且一度如日中天。

不過回顧 Google 的創業故事，說它是雅虎的翻版也毫不為過。與楊致遠和大衛·費羅兩人創辦了雅虎一樣，Google 是由賴利·佩吉（Larry Page）和謝爾蓋·布林 Larry Page & Sergey Brin（Sergey Brin）兩個搭檔創辦的；這四個人創業時都是史丹佛大學的在校學生，確切的講，賴利·佩吉和謝爾蓋·布林當時還是博士研究生；他們創業的初衷近乎一樣，用美國《商業內幕》（Business Insider）雜誌的話來查看全世界的訊息」。

Larry Page & Sergey Brin

讓我們把時間倒退到 1995 年的夏天。當時布林還是史丹佛大學電腦係的研究生二年級學生。而賴利·佩吉剛從密西根大學畢業，他去參觀史丹佛大學，以便決定去哪個研究生院深造，擔任嚮導的正是布林。

老實講，剛見面時兩個人給對方留下的印象並不太好，他們互相覺得對方自大、討厭。兩個人的性格也截然不同，布林喜歡社交，而佩吉則沉默寡言。後來佩吉進入史丹佛大學後，師從特里·溫諾戈里德（Terry Winograd）教授攻讀電腦博士學位。至於這個選擇，多半原因是佩吉的父母都是電腦老師，他從小耳聞目染，之前學的也是電腦工程專業。

佩吉對全球資訊網的複雜結構非常感興趣，他認為全球資訊網裡面隱藏了太多有用的訊息，然而如何獲取這些訊息則是一個難題。經過導師溫諾戈里德教授的同意，佩吉開始致力於這方面的研究。在科研過程中，佩吉發現從一個網頁連結到另外一個網頁非常簡單，然而要想從一個網頁逆著連結回去卻不是件易事。換句話說，當你在瀏覽一個網頁時，你並不知道有哪些網頁可以連結到這個網頁。佩吉意識到如果能得到這些訊息，將有可能對搜尋引擎算法帶來革命性的突破。

在具體研究如評估網頁價值時，佩吉參考了學術論文援引率的評價體系，也就是說，認定一個頁面的價值高低，不僅要看其主頁的內容，還要看它被連結（援引）的其他網頁。有了這個想法，佩吉建立了一個實驗用的搜尋引擎，取名 BackRub。在建立之初，BackRub 只是對 1,000 萬份網頁進行分析，然而這 1,000 萬份網頁之間有著錯綜複雜的關係，早就超出了一般博士課題的研究範圍，也不是佩吉一人之力能完成的。

由於程式碼編寫異常複雜，佩吉急需別人的幫助，這時同班同學布林加入到了團隊。布林出生於莫斯科一個猶太家庭，重視教育是猶太民族的天性，也在這個家庭中充分展現。他的祖父和父親都是數學教授，父親麥可·布林曾經在蘇聯的計畫委員會就職。1979 年，布林六歲那年舉家移民美國。父親在馬里蘭大學數學係任教，母親恩古尼亞是美國太空總署

（NASA）的一名專家。受家庭的影響，布林在數學方面擁有驚人的天賦，算法研究是他的強項。

於是兩人共同開發了一套網頁評級系統，該系統的原理是：當從 A 頁面連結到 B 頁面，系統就認定為 A 頁面給 B 頁面投了票，根據投票來源（甚至來源的來源，即連結到 A 頁面的頁面）和投票目標的等級來決定新的等級。簡單的說，一個高等級的頁面可以使其他低等級頁面的等級提升。兩人把這個算法稱為 PageRank，譯為中文就是「網頁排名」或「佩吉排名」。之後，佩吉和布林又對這一系統進行了改進，將網頁級別與完善的文本匹配技術結合在一起，使它日趨完善。此時的 BackRub 已經是一個功能十分強大的搜尋引擎，搜尋效果遠遠好於那些只採用文本匹配技術的搜尋引擎。而且由於 Pagerank 是根據網頁連結來工作的，因此網頁數量越多搜尋效果越好，這一點與其他搜尋引擎恰恰相反。

隨著越來越多的人使用 BackRub 搜尋引擎，佩吉和布林意識到了 BackRub 的價值，但正當兩人興致勃勃的準備出售 BackRub 時，卻發現各大入口網站對他們的這項技術非常冷漠，無奈之下他們決定自己做。類似的陰差陽錯、失之交臂，在互聯網商業的發展過程中屢次上演，以後我們也會經常看到。

1998 年 9 月，兩人在史丹佛攻讀博士期間休學，並在加州郊區租了一個簡陋的車庫用來創建公司；與此同時，項目名稱 BackRub 也被拋棄，轉而使用 Google 一詞，後者來源於數學詞彙 googol，表示 10 的 100 次方。佩吉和布林認為比較符合公司的定位，寓意 Google 強大的搜尋引擎能獲取盡可能多的訊息。

Google 公司創立伊始，網站能提供的唯一服務就是搜尋引擎，但佩吉和布林堅信：互聯網搜尋引擎將改變整個世界。這一點正如後來的科技作家、《連線》雜誌的編輯約翰·巴特利（John Battelle）在《搜》一書中寫到的那樣：「搜尋曾經推動了網路的發展，而且現在還在繼續發揮作用。是搜尋造就了 Google 這個無疑是互聯網時代最具魅力、最成功的企業之一……我相信搜尋的概念比任何一家公司都重要，而且搜尋對文化的影響也驚人而深遠。」不過剛開始，佩吉和布林兩人對商業計畫一無所知，所擁有的僅僅是自己的聰明才智、4 台電腦以及第一筆投資 10 萬美元——這筆錢來自史丹佛大學校友、太陽（Sun）公司聯合創始人的安迪·貝克托斯海姆（Andy Bechtolsheim）。

John Battelle

隨後幾年，Google 公司的發展速度同它搜尋引擎能索引的頁面數一樣，增速驚人。到了 2001 年，短短幾年間，Google 搜尋引擎支持的語言就增加至 25 種，公司還在日本東京建立了首個海外分支機構，邁出全球化的腳步。同年 8 月，Google 請到前網威（Novell）公司 CEO 埃里克·施密特（Eric Schmidt）出任董事長，之後他又成為了公司的首席執行官，負責公司日常事務及運營。這個舉動非比尋常。長者施密特以儒雅、沉穩的個人魅力對兩個年輕的技術怪才進行「成人監護」，並且以自己多年來沉澱下的老練、專業的商場經驗來協助他們管理好公司。正如世人看到的，在接下來幾年內，由佩吉、布林和施密特組成的「三駕馬車」，領導著 Google 公司一路高歌猛進，快速壯大，最終於 2004 年 9 月 8 日在那斯達克上市。

講述至此，以搜尋引擎服務商為例，它們從最初的發明創新到後來的投入商用再到有朝一日成功上市的發展路徑，類似的財富故事不斷上演，我們似乎見怪不怪。但別忘了，互聯網最早脫胎於阿帕網，它是出於軍事目的而橫空出世的，怎麼就不知不覺的轉向民間，走向商業化了呢？對此，讓我們不妨回到 1995 年——這個被稱作「互聯網商業化元年」的年分。

eric schmidt

第七章 商業化

Internet
A history of concepts

1995年，通常被視為「互聯網商業化元年」。然而，這並不等於說，互聯網是在這一年一下子集體轉向商用了。倘若我們梳理互聯網早期的發展史，至少可以發現，有兩次重要的歷史時期（事件）促成了網路商業化時代的到來。

一個是1980年代中期。當時美國國家科學基金會（National Science Foundations, NSF）希望能物盡其用，發揮出最大價值，因此考慮將全美的那幾台價格昂貴、體積龐大的超級電腦中心透過一個全面性的高速網路連結起來，開放給大學、科研機構甚至私營的研究機構使用。開始的時候，基金會想使用現成的阿帕網（ARPANET），不過他們最終發現，與美國軍方機構打交道也不是一件容易的事情。於是他們索性決定：利用阿帕網設計出的TCP/IP通信協議，自己出資架設一個網路，而這就是前後用了數年逐步建設而形成的一個名叫「國家科學基金網路」（NSFNET）的廣域網。有了這個網路後，包括大學、科研組織在內的眾多民間機構的子網開始並入其中，有數據表明，從1986年至1991年，並入NSFNET的子網從 100 多個增加至 3,000 多個，增速驚人。事實上，當時的互聯網已成為一個「網中網」：各個子網分別負責自己的架設和運作費用，而這些子網又透過 NSFNET 互聯起來。不可否認的一點是，在此期間，美國國家科學基金會在客觀上對互聯網從軍用轉向民用、進行推廣和傳播可謂功不可沒。

另一個重要時期當屬 1990 年代，互聯網的逐步商業化。不過話說回來，這還真算得上無心插柳的結果，國家科學基金會當時在資助和鼓勵人們使用 NSFNET 時，用途僅限於教學、學術研究領域，它可沒想過要什麼「商業化開發」，甚至，它還一度反對商業活動。有依據為證，國家科學基金會專門制定了一個「可接受使用政策」（Acceptable Use Policy），上面明文規定：「NSFNET 主幹線僅限於如下使用：美國國內的科研及教育機構把它用於公開的科研及教育目的，以及美國企業的研究部門把它用於公開的學術交流。任何其他用途均不允許。」之所以採取限制性使用立場，基金會的思路也是可以被理解的。在他們看來，網路建設的資金源於納稅人的錢，公共設施怎麼能給私人隨意「搭便車」用來盈利呢？

無疑，這個使用指引對那些渴望透過使用互聯網來提供「商品化」訊息服務商的企業來說，設置了法律上的難題，該如何突破眼下的困境呢？換句話來講，禁止互聯網使用於商業用途這一法律死結究竟是如何被解開的呢？

首先出現「轉機」的是來自 Merit 聯盟。這是由 IBM、MCI 兩家網路基礎設施服務供應商和密西根大學組成的合作聯盟。1987 年，網路的迅速發展造成了現有骨幹網的堵塞，國家科學基金會決定建設新的高速骨幹網。11 月，國家科學基金會與 Merit 達成協議，由 Merit 負責建設和維護 NSF 骨幹網。其中，IBM 提供並維護路由器，由 MCI 提供物理通信線路，Merit 聯盟負責網路的日常運營與管理。這一網路於 1988 年正式建成，最初只連結了 13 個地區網，網路頻寬是一點 1.544MB。隨後的幾年裡，NSFNET 的業務負荷成倍增長。1988 年 1 月，該網處理的訊息分組數大約是 8,500 萬個。1990 年，阿帕網（ARPANET）停止運營，NSFNET 成為唯一的互聯網骨幹網。其訊息處理負荷成倍增加。1993 年 9 月，NSFNET 處理的訊息分組數達到 370 億個。在此期間，NSFNET 不得不多次擴容，將網路速度提高到 45Mbps。

隨著互聯網接入者的增加，有越來越多的用戶發現，接入互聯網除了能共享 NSFNET 的巨型電腦外，還能進行相互間的通信、資料檢索、客戶服務等，而這些功能對他們來講更有吸引力。對 Merit 聯盟而言，它不可能沒預見到互聯網未來潛在的商業價值，於是在 1990 年 9 月，Merit 成立了一家名為 Advanced Network Services 的公司（ANS）。隨後，ANS 向國家科學基金會提出要求，希望能把 NSFNET 網路的日常運營轉交給它們，並繼續保持 NSFNET 的非營利性定位，與此同時，作為 ANS 創始股東的 IBM 和 MCI 願意額外提供 1,000 萬美元用於建設新的骨幹網 ANSNET，並承諾該網路將為 NSFNET 提供服務。對國家科學基金會來說，由於並入 NSFNET 的子網越來越多，網路運行速度放緩，骨幹網急需全面升級（否則難以滿足日益增長的需求），這也是不爭的事實。國家科學基金會認為，ANS 的提議也未嘗不是辦法，這樣做可以提高骨幹網的速度，從而有利於公共利益。按理說，一個 Advanced Network Services 願打一個願捱，兩家各取所需，這樣的合作關係應該是其樂融融、非常愉快的，可惜問題來了。

ANS 很快發現，NSFNET 的非營利性宗旨和它們在自己的 ANSNET 網上提供商業服務根本是矛盾的（前面提到過，NSFNET 在提供接入服務時有一個條件限制，即該網路只允許科研與大學接入。而 ANSNET 網路則不受這一條件的限制，允許任何商業機構接入）。這該怎麼辦呢？為此 ANS 想了一個辦法，1991 年 6 月，ANS 成立了一家商業性子公司，該公司專門負責利用 ANSNET 自己的網路資源提供商業性服務。這樣一來，就和 ANS 本身作了切割，後者可以專心對付 NSFNET 的公益性質了。

然而，ANS 這樣的精心安排很快引起了公眾的質疑。人們爭議的焦點在於，ANS 一方面負責公共網路 NSFNET 的運營；另一方面其子公司 ANS 又負責營運商業性網路 ANSNET，接入該網路的商業機構必須繳納一定的費用，這裡裡外外便宜都讓 ANS 給占了。此外，像如何確定商業性業務流與非商業性業務流，如何制定商業性業務的收費政策，都是爭論的問題。ANS 的定價原則是「確保政府不對商業性業務提供補助」，因此，ANS 按平均成本向商商業網路服務提供商收取接入費。但後者對 ANS 的定價政策表示不滿，認為其平均成本定價大大高出提供服務的邊際成本，ANS 完全是在利用自己的壟斷性支配地位，濫用權力，牟取暴利。

就在抗議聲四起，但結局又無法改變的情況下，1991 年 3 月，商業性網路服務營運商中三家最有實力的

企 業，General Atomics、Performance Systems International 和 UUNETTechnologies 乾脆脫離了骨幹網 NSFNET 和 ASFNET，自成體系，組建了「商業性互聯網貿易聯盟公司」（CommercialInternet eXchange Association, Inc., CIX），把它們各自旗下的網路如 CERFNET、PSINET、ALTERNET 實現互聯互通。

一石激起千層浪，隨著 ANS 與 CIX 的矛盾日益突出，也更加公開化，其他各路網路服務營運商也紛紛效倣，繞開 NSF 和 ANS 主幹網路，自己搞起了聯網服務。這一系列連鎖反應引發了社會的廣泛關注，也觸動了國家科學基金會。基金會開始考慮是否應該逐步取消政府對互聯網的資助，而將它交由市場去運作，逐漸商業化。從 1992 年開始，國家科學基金會開始減少了對 NSFNET 的經費投入，為了維持運營，ANS 不得不增加對商業用戶的收費，以補貼增加的 CIX 成本開支。可用戶們又不做了，他們認為不應該多收商業用戶的費用去補貼 NSFNET 上的那些科研機構。

暴露出來的問題引起了美國政府的注意，國會終於出手干預了。1992 年 3 月，眾議院科學委員會為此舉行專門聽證會。6 月，ANS 與 CIX 達成互聯協議，使商業機構與科研機構間的訊息交換成為可能。雙方還同意繼續加強溝通，共同探討一種用於永久性互聯的平等安排。也就是從這個時候起，國家科學基金會認為，既然互聯網的實驗已經成功，應該逐步將其民營化。這叫「取之於民，用之於民」。1995 年 4 月 30 日，NSFNET 正式停止運行。為確保各網路的互聯，國家科學基金會制定了為期五年的過渡期，在此期間，基金會繼續為四個交換節點（network access points, NAPs）提供資助。這四個節點設在芝加哥、舊金山、紐約和華盛頓，分別由 Ameritech Advanced Data Services and Bellcore、Pacific Bell、Sprint 和 Metropolitan Fiber System 負責運營。

至此，互聯網的商業化改造徹底完成。繼阿帕網之後，NSFNET 也完成了其歷史使命，宣告退役。但我們需要知道的是，在近八年半的生命週期中，NSFNET 主幹網從最初網速每秒 56kb 的 6 個節點增長至網速高達每秒 45Mb 的多個連結的 21 個節點。隨之而生的是互聯網擴張至 5 萬多個網站、320 萬多萬台電腦主機，覆蓋了所有七個大洲以及以外的空間，其中美國就有 3 萬個網站。

如果說國家科學基金會對互聯網主幹網的權力讓渡是讓 1995 年最終成為「互聯網商業化元年」的一大重要原因，那麼，在這一年，是否還有其他標誌性的事件發生呢？它們又是什麼呢？

1995 年 8 月 9 日，「矽谷天才」、「互聯網金童」馬克·安德森的網景公司首次公開發行（IPO），上市之舉打開了人們關於互聯網公司的種種商業想像。以任何意義來衡量，這都是一次了不起的登場。《紐約時報》撰文稱：「無論以何種發行規模來看，這都是華爾街歷史上首日上市交易的股票中表現最好的一支。」這次 IPO 向世人證明，網路可能成為快速致富的一個場所。安德森所持股票價值超過 5800 萬美元。據《華爾街日報》的觀察，要達到 27 億美元的市值，通用動力公司花了 43 年，而網景花了「大約 1 分鐘」。也因為如此，這一年成了全球互聯網商業的發軔之年。10 年後，《紐約時報》著

Netscape IPO 名專欄作家湯瑪斯·弗里德曼（Thomas Friedman）在他的那本世界級暢銷書《世界是平的》（*The World is Flat*）中還不忘提及：「自從網景上市以來，世界便不再相同。」甚至弗里德曼還把「網景上市」列為「使世界變平的十大動力」之一，認為這一事件開創了整整一代人的「大眾上網文化」。

前面我們提到過，成長於威斯康星州的一個小鎮，後來進入伊利諾伊大學，主修電腦專業的馬克·安德森在學校的國家超級電腦應用中心兼職。

Netscape IPO

在那裡，他與幾位程式員小夥伴共同開發了 Mosaic 瀏覽器——「網景領航員」的前身。Mosaic 誕生於 1993 年，透過點擊瀏覽的方式，其將原先晦澀難懂的全球資訊網以相對簡單的方式呈現。

畢業後，安德森動身前往加州，並於 1994 年遇到了「貴人」詹姆斯·克拉克，後者是 SGI 公司的發起人，當時正在尋找下一個激動人心的投資項目。他們相談甚歡，兩人迅速決定成立一家公司，開發遠勝於 Mosaic 的瀏覽器。他們找到了數名安德森以前的大學同學作為公司的核心程式員，新公司名為 Mosaic 通信公司——網景公司的前身。在經歷了與伊利諾伊大學關於專利權方面的法律訴訟之後，他們更改了公司及產品名稱，也就是人們後來熟知的網景。

網景的產品堪稱劃時代的發明。網景瀏覽器 2.0 較其前身在速度和性能上有了大幅提高，據稱一度占據了 70% 的瀏覽器市場份額。其具備的插件架構讓第三方程式員可以自行開發附加功能。網景瀏覽器 2.0 同時還支持 Java Applet（運行於網頁上的小程式），讓靜態網頁更加生動，為用戶提供動態效果體驗。

1995 年的夏季和秋季對於這家初創公司來說是最好的時光，公司員工數量增加至 500 人，五倍於年初的數量。當年第四季度，公司收入超過 4,000 萬美元，較上一季度增長 100%。公司的銷售收入主要來自瀏覽器的許可費用，其他的互聯網伺服器及相關軟體也貢獻了一部分收入。當時，網景被比作「互聯網領域的微軟」，似乎有蓋過軟體巨人微軟的趨勢，而安德森本人則在當時被人稱為「下一個比爾·蓋茲」，比爾·蓋茲正是微軟帝國的締造者。

一時之間，網景萬千寵愛集一身，在關注度和財富創造方面，無人可及。而它的創始人、程式員出身的馬克·安德森時年 24 歲。互聯網、數位經濟領域頓時成了年輕人的戰場。與此同時，面對網景公司的突然崛起，蓋茲難免警覺甚至不安起來。因為他知道作為應用軟體的平台，網景瀏覽器的發展潛力勢必對微軟的 Windows 作業系統構成巨大威脅。況且，彼時年少氣盛的安德森還一度誇下海口，稱在網景面前，Windows 只能充當一堆設計拙劣的設備的驅動程式。

兩家公司的對立日益尖銳，但他們也不是沒有做過「和平共處」的努力。就在網景上市前的兩個月——1995 年 6 月 21 日，雙方在網景總部美國加州山景城舉行了四小時會談，試圖尋找一種策略合作關係。而據《連線》雜誌的報導，安德森本人聲稱，微軟的與會代表咄咄逼人，不但提議劃分瀏覽器市場，而且要求網景的產品僅運行於舊版本的 Windows 上。安德森將微軟的代表比作教父派來的黑道人物，而微軟對此進行了否認，表示他們沒有威脅網景。不管如何，雙方沒有達成任何協議。

就在網景 IPO 的 15 天後，微軟毫不示弱，也推出了備受期待的 Windows 95 作業系統，其預裝了微軟自己的網路瀏覽器——IE 瀏覽器（Internet Explorer）1.0。不過 IE 1.0 的表現乏善可陳，具有諷刺意味的是，它是在安德森開發的 Mosaic 程式碼的基礎上發展而來。當然，微軟獲得了伊利諾伊大學的許可。緊接著，在 12 月 7 日，蓋茲對記者和行業分析師表示，公司將會介入並擴大自身在網路領域的影響。蓋茲聲稱微軟才是「互聯網的中堅分子」，而公司眾多舉措的其中之一就是：改進瀏覽器，使其速度更快，而且免費。

網景與微軟之間隨即打響了互聯網發展史上有名的「瀏覽器戰爭」(browser war)。雖然，在戰爭的前幾年，網景瀏覽器一度以壓倒性的優勢壓制著微軟的 IE 瀏覽器。直到 1997 年 10 月，微軟的 IE 瀏覽器已經發布到 4.0 版本，在技術上已經與最新的網景領航員一樣出色，但是其市場份額仍然只有 18%，網景占據 72%。但是，事情很快就發生了戲劇性轉變。

首先是來自投資者的用腳投票。他們意識到，微軟在作業系統上擁有壓倒性優勢，一旦在瀏覽器上發力，網景是難以抵抗的，很容易被「釜底抽薪」。結果正如他們預料的那樣，對於電腦用戶，尤其是那些新用戶來說，很少有動力去下載網景瀏覽器並安裝在 Windows 平台上。原因很簡單，IE 已經被預裝在系統中了，而且性能上也沒有任何問題。隨後，微軟在商業市場發力，彼時的大型服務提供商——包括美國在線、

CompuServe 及 AT&T Worldnet 在內——紛紛表示放棄「網景領航員」瀏覽器而改用 IE 作為首選瀏覽器。依據美國在線一封內部郵件顯示，蓋茲於 1996 年 1 月詢問一位 AOL 高管：「微軟需要出多少錢才能讓你們放棄網景而改用 IE 作為推薦瀏覽器？」

果不其然，接下來的數月，網景瀏覽器逐漸失去市場份額。公司於 1997 年第四季度爆出 8,800 萬美元的虧損，股價滑落至不足 20 美元。1998 年 8 月，IE 反而成為了最受歡迎的瀏覽器。同年 11 月，網景光芒退去，美國在線以價值 42 億美元的股票作為對價將公司收購。這也是互聯網領域的第一起重大併購事件。微軟則透過將 IE 瀏覽器與 Windows 作業系統綁定，以壟斷性的優勢在 2002 年徹底打敗網景，占據瀏覽器市場 98% 的份額。

網景的傳奇——從迅速竄升的新星，到獲得霸主地位，到大權旁落，再到恥辱般的被美國在線收購——這一切都發生在短短的不到五年時間裡。雖然轉折點在於輸掉了與微軟的「瀏覽器戰爭」，終局導致自己黯然退場，但網景的意義在於，它定義了什麼是「互聯網商業化元年」，什麼是「互聯網時代」，而網景的崛起與衰亡本身也是到來的網路時代的標誌之一。值得一提的是，2008 年 3 月，美國在線在發布網景瀏覽器的最後一個升級版後宣布，將停止旗下該產品的升級，並建議用戶轉用火狐（Firefox），這意味著網景從此徹底退出了歷史舞台。

除了網景上演盛極一時，此後又迅速衰退的商業傳奇，還有其他一些關鍵的事態進展，它們推波助瀾，共同決定了 1995 年成為當之無愧的「互聯網之年」。首先，昇陽電腦（Sun

MicroSystems）在當年 5 月推出了名稱時髦、能使 Web 頁面動起來的 Java 編程語言。Java 語言的前身是「橡樹」（Oak）語言，後者是由時任昇陽電腦的程式員詹姆斯·高斯林（James Gosling）創設，是以他辦公室外的橡樹來命名的。Oak 程式語言最初被用在家用電器等小型系統中，用以電視機、電話、鬧鐘、烤麵包機等家用電器的控制和通信。由於這些智慧化家電的市場需求沒有預期的高，昇陽電腦放棄了該項計畫。而以詹姆斯·高斯林為代表的一個 13 人的研發小組也隨即被解散。

James Gosling

前景似乎黯淡無光，然而這時，互聯網的蓬勃發展，讓包括高斯林在內的幾名原來的小組成員突發奇想，為什麼不把該技術用於互聯網呢？特別是隨著網景瀏覽器的興起，高度互動一定是未來巨大的市場。正是因為看到了趨勢，他們隨即將開發重點轉向了互聯網應用。

Java 不同於一般的編程語言。它首先將原始碼編譯成字節碼，然後依賴各種不同平台上的虛擬機來解釋執行字節碼，從而實現了「一次編寫，到處運行」的跨平台特性。與傳統型態不同，昇陽電腦在推出 Java 時就將其作為開放的技術。全球數以萬計的 Java 開發公司被要求所設計的 Java 軟體必須相互兼容。「Java 語言靠群體的力量而非公司的力量」是昇陽電腦的理念，此舉獲得了軟體開發者的普遍認同。這與微軟公司所倡導的注重精英和封閉式的模式完全不同。對此，在 1999 年出版的《大教堂與集市》一書中，作者 Eric S. Raymond 指出，相對於傳統軟體開發模式的「大教堂模式」——它是封閉的、垂直的、集中式的開發模式，反映一種由權利關係所預先控制的層級制度——還存在另外一種被稱為「集市」的模式，它是並行的、點對點的、動態的多人協同開發模式，開發者之間通常僅僅靠互聯網聯繫，在這種貌似混亂而無序的開發環境中，其實可以產生質量極高和極具效率與生命力的軟體，例如 Java 語言和 Linux 這種世界級的作業系統。《大教堂與集市》自一出版，便顛覆了傳統的軟體開發思路，影響了整個軟體開發領域，它很快便以「開源運動的《聖經》」的名義得到廣泛傳播，而 Eric S. Raymond 本人則順理成章的成了軟體開源運動和駭客文化的代言人、第一理論家。

大教堂與集市

回到 Java 上，1994 年的六、7 月間當高斯林等幾個程式員決定改變目標後，他們中一個叫帕特里克·諾頓（Patrick Naughton）的人很快就用 Java 語言編寫出了名為 HotJava 的瀏覽器。它能使原來靜止不動的 Web 頁展示活動的畫面，透過瀏覽器在客戶機上執行內容。它可以編輯生動的廣告、自動記分牌、滾動的股市行情收錄器，甚至栩栩如生的動畫。另外需要一提的是，由於商標搜尋顯示，Oak 已被一家顯示卡製造商註冊。於是在同年，他們放棄了使用 Oak 而改名為 Java。

Eric S. Raymond

Patrick Naughton

Java 的出現，得到了昇陽電腦高層的支持。在 1995 年 3 月 23 日公司的 SunWorld 大會上首次對外發布。此外，如日中天正在快速上升期的網景也宣布將在其瀏覽器中包含對 Java 的支持。第二年的 1 月，昇陽電腦成立了 Java 業務集團，專注於 Java 技術研發。

同樣是在 1995 年，如今已是兩大世界級電子商務巨頭的 eBay 和亞馬遜（Amazon）上線運營，儘管在很長時間裡它們都沒找到盈利點，但一個電子商務的新紀元已然開啟，它帶來的將是對人們購物、消費、生活方式的前所未有的改變，人類數千年來的商業行為也隨之被顛覆，以後我們會專門講述。

大陸 1995 年 1 月，開通了兩個接入 Internet 的節點，它只是中美之間部長級會談中關於加強兩國相互開放的一種交代而已，算不了什麼大新聞，但對於互聯網史而言，這一事件卻成為互聯網諸多事件的開端。像電信改革大幕開啟，大學英語教師馬雲、電信員工丁磊都決定離開公職準備闖一闖，他們分別創辦了阿里巴巴和網易；就讀理工大學環境保護專業的田溯寧預見到互聯網的商機無限，準備回中國創業；而先富起來的張樹新、萬平國等人也開始經營起 ISP（網際網路服務供應商）

的生意……用林軍在《沸騰十五年：互聯網 1995~2009》一書的話來說：「中國用 Internet 連結並追趕世界的腳步從一開始就不曾落後。」尤其是在 1995 年，「海歸、極客、商人成為互聯網創業者中的三大特色群體，他們共同成就了互聯網波瀾壯闊的畫卷。」

1995 年，確實是一個值得紀念的年分。黃舒駿就有一首《改變 1995 年》的歌，歌詞中唱道：「世界不斷的改變改變，我的心思卻不願離開從前。時間不停的走遠走遠，我的記憶卻停在，卻停在那 1995 年。」那麼，究竟是什麼力量在推動著互聯網商業勢力的湧現，又是誰在幕後一次又一次的造就創業者神話呢？

第八章

風險投資

Internet
A history of concepts

再聰明的人物，再絕妙的點子，以及再創新的項目，如果要做成企業，沒有資金一切無從談起。那資金又是怎麼來的？通常而言，它有兩種渠道：一是靠積累，比如省吃儉用下來的積蓄或幸運的繼承一筆遺產。第二是靠借貸，如向家人師長、親戚朋友借錢，或者向銀行抵押貸款。

話雖如此，但對於創業的年輕人來說，還是太難了。就像前面提到的馬克·安德森，作為一個剛畢業的學生，他有多少積蓄，又有多少可供抵押貸款的財產呢？即便好不容易向周圍人借來一些錢，夠網景創辦前期用嗎？從某種意義上講，要不是遇到了克拉克，而克拉克當時又急著尋找好的投資項目，安德森真不知該何去何從。以安德森為例，當創業者很難透過傳統的融資方法來獲得創業資金的時候，資金就成為了創業的瓶頸。然而，對於像美國這樣一個崇尚冒險和創造精神的年輕的國度來說，這不是什麼問題（也不應該是個問題），很快，一些願意以高風險換取高回報的投資人發明了一種非常規的投資方式，它就是：風險投資（venture capital investment, VC）。

風險投資和傳統的融資方式有本質上的不同。風險投資不需要財產抵押，也不需要按合約到期時還本付息。它的償還與否，完全取決於項目投資是否成功。成功了，將獲得數倍、數十倍乃至數百倍的回報；倘若失敗，那就認栽。

這是對投資者而言的，對創業者來講，創業即使失敗，對於風險投資的款項也不必背上債務。如此一來，年輕的創業者不用背上沉重的還債包袱，只管從容不迫、全力以赴就行了。事實上，從網景到雅虎再到後來的 Google、Facebook 等，全部都有風險投資者的身影，我們甚至還可以這麼說，沒有他們，就沒有矽谷神話、沒有那斯達克奇蹟。然而，風險投資究竟是怎麼來的？怎麼就率先在美國生根發芽了呢？

回顧風險投資的歷史，追根溯源，可以上推至十五世紀的歐洲。當年，哥倫布橫跨大西洋、發現新大陸，要不是有西班牙國王和義大利商人的資助，這簡直是「不可能完成的任務」。當然，天下沒有免費的午餐，贊助哥倫布可不是「善舉」，而是實實在在的「生意」——作為最早開始資本主義萌芽的西班牙，其王室對於香料、黃金尤為熱衷，他們希望哥倫布的遠航能幫助他們開拓疆土、尋找資源、創造財富，這種「不成功，無謂仁」的想法，注定了他們是最早的一批風險投資家。

不過，真正讓風險投資規模化興起、專業化發展，並最終成為一種行業的人還是喬治斯·多里奧特（Georges Doriot）。「他是現代風險投資業的創始人，是第一位經營正規的風險投資企業的專業人士。」哈佛商學院專門研究私募股權投資的喬希·勒納（Josh Lerner）教授說：「在多里奧特的大力促進與領導下，風險投資才逐步發展成為一個真正的行業。」而在《完美的競賽：「風險投資之父」多里奧特傳奇》一書中，作者斯賓塞·安特（SpencerE.Ante）寫道：「多里奧特是這個趨勢（風險投資創造新市場，提供了幾百萬個高薪職位，同時也逼迫傳統行業變得更加有效率）的預言者，他領導的社會與經濟改革打破了傳統金融業封閉固守的高牆。在這場有關企業家精神和創新的革命中，多里奧特（不管是執教、寫作、在軍中任職、做學術還是作為金融家）是毋庸置疑的先行者。」在斯賓塞·安特心目中，多里奧特的地位完全不亞於摩根、約翰·洛克菲勒或者安德魯·卡內基，他說：「我們應當像尊重那些聲名顯赫的商業巨子那樣去敬重多里奧特先生。」

多里奧特西元 1899 年 9 月 24 日生於法國巴黎。21 歲那年，他聽從父命，離開了飽受戰爭摧殘的家鄉，遠赴美國安身立命。經人介紹，他入讀了哈佛大學商學院，曾一度憑藉自己堅持不懈的努力成為該學院最有影響力和最受歡迎的教授。這段經歷對多里奧特很是重要，他的很多學生日後不是在政府身居高位，就是在商界擔任要職。「二戰」時，已經成為美國公民的多里奧特參了軍，在那裡他逐步學會了如何成為一名風險投資者。在出任軍需總部下屬的研發部門主管時，多里奧特指揮部隊研製出多項發明成果，例如防水纖維、可以抵禦寒冷天氣的鞋子與制服、遮光劑、殺蟲劑和營養豐富的野戰食品，包括戰場應急口糧。在一項機密項目中，多里奧特還負責監管一種名叫 Doron 的新產品，這一新發明是以他的名字命名的輕重量塑料鎧甲。鑒於他取得的輝煌成就，多里奧特被提升為陸軍准將，獲得了特別貢獻獎章，這是給予非戰鬥人員的最高軍事獎勵，此外還被授予大英帝國爵士勳章和法國軍團榮譽騎士勳章。

Georges Doriot

多里奧特的戰時經歷證明他擁有獨一無二的天賦：他不僅目光長遠，而且很有行動力；他精力充沛，守紀律，具有非凡的感召力，積極的把自己的偉大設想付諸於實踐。這些特質確保了多里奧特能成功當選美國研究開發公司的總裁，並在隨後的一系列項目投資中收穫頗豐。例如：1957 年，麻省理工學院兩位年輕的工程師——肯尼斯·奧爾森（Kenneth P. Olsen）和哈蘭·安德森（Harlan Anderson），創辦了數位設備公司，由多里奧特領導的美國研究開發公司向其提供了 7 萬美元的資金以換取 70% 的公司股份。肯尼斯·奧爾森想要製造出體型小巧、價格低廉且易於使用的電腦，向 IBM 公司生產的玻璃外殼的大型機發起挑戰，而當時 IBM 公司是市場上居於領先地位的電腦製造商，且是該行業內唯一盈利的企業。「這是一場完美的競賽。在奧爾森身上，多里奧特看到了工程師兼企業家的拚搏精神，他一定會帶領自己的企業走向成功。」斯賓塞·安特評寫道。為此，他在書中還特別引用了多里奧特的話來加以證明，後者說「一個有想像力的人只是有想法而已，而一個有行動力的人能夠把想法變成現實，我要尋找的就是這種有行動力的人」。奧爾森就是多里奧特要找的那種人，當美國研究開發公司賣掉手中持有的數位設備公司股權後，公司的淨資產高達 4 億美元之多——與初始投資額相比，投資回報率超過了

70,000%。

數位設備公司一役讓美國研究開發公司賺得個盆滿缽滿，也讓多里奧特聲名鵲起，其風險投資生涯正式開啟。如果說，美國研究開發公司開創了風險投資企業向高科技公司提供資金支持的先河，而這現在已經成為美國經濟發展的重要推動因素的話，那麼多里奧特無疑走在徹底改變美國經濟發展模式的時代最前線。多里奧特除了是一個卓越的商業領袖外，更是一個富有深刻洞見的思想家。例如：他在哈佛教學期間，曾不斷以實用而簡潔的話語來強調一些管理主題，像「如果可以用威士忌換取情報的話，那麼我們寧願多拿出一些威士忌。」「如果你不能把手底下的員工動員起來的話，那麼企業就沒法發展。」「永遠提醒自己：在世界上的某個角落裡，總有一些人正在生產的產品會使得你的產品被淘汰。」同時，他很早就意識到了全球化和商業領域創新的重要性。多里奧特早就明白創新是經濟發展的關鍵要素之一，相對於經濟學家，他們直到十多年後才開始對技術進步的價值做出正確的評價。作為現代風險投資業的開山鼻祖，多里奧特確實有很多值得傳承、值得借鑑的經營智慧，其中就包括那句沿用時間最長、流傳範圍最廣的話——「可以考慮對一位有二流想法的一流企業家投資，但不能考慮對一位有一流想法的二流企業家投資」。至今，很多風險投資家都以此為鑒、奉若圭臬的。

當然，光靠多里奧特一兩個人的引領、先行是不夠的，風險投資業要在美國落地，必須有適合其生長的土壤。那麼，究竟是哪些要素的組合，讓美國一躍成為開風險投資之先河、領導世界投資風向標的國家呢？

第一個原因，「二戰」後，美國取代英國主導了世界的金融業，並且在較長時間裡，美國都是資本的淨輸出國。這意味著，比起其他國家，美國有多得多的資本可以在全球範圍尋找優質項目進行投資。其中，投資於一個新興的技術公司，將它做大上市或者被其他公司收購，就成了相較於購買國債、投入股市、收購瀕臨破產公司等幾種常規投資途徑外，有機會獲得高回報收益的方式了，而這就是風險投資的對象。

第二個原因，經過羅斯福和杜魯門兩任總統的努力，美國建立起了完善的社會保險制度（social security system）和信用制度（credit system），使得美國整個社會都建立在信用基礎之上。每個人和每個公司都有一個信用記錄（「帳號」），透過其社會保險號可以查到。美國社會對一個人最初的假定都是清白和誠實的（innocent and honest），但是只要發現某個人有一次不誠實的行為，這個人的信用就完蛋了——再不會有任何銀行借給他錢，而他的話也永遠不能成為法庭上的證據。也就是說，一個人在誠信上犯了錯誤，改了也不是好人。

全美國有了這樣的信用基礎，銀行就敢把錢在沒有抵押的情況下借出去，投資人也敢把錢交給一無所有的創業者去創業。不僅如此，只要創業者是真正的人才，嚴格按合約去執行，盡了最大努力，即使失敗了，風險投資公司以後還會願意給他投資。在美國人的觀念裡，普遍信奉「失敗是成功之母」，不怕失敗，就怕不去嘗試。當然，如果創業者是以創業為名騙取投資，一經發現，他以後就不可能在美國混下去了，他的其他發展之路也會被堵死。此外，美國工業化時間長、商業機制發達、相關法律法規健全，這些也是有利於保護風險投資的。

第三個原因，美國人的價值觀，愛冒險，而且想像力豐富，樂於透過創業來提升自己的社會和經濟地位。美國的大學總體水平領先於世界，並且在理論研究和應用研究方面平衡得比較好，容易做出能夠產業化的發明創造。

像矽谷科技帶的形成離不開史丹佛大學的學術幫襯。對此，美國財經作家、前《財富》和《新聞週刊》雜誌記者大衛·卡普蘭（David A.Kaplan）的《矽谷之光》和阿倫·拉奧（Arun Rao）、皮埃羅·斯加魯菲（Piero Scarruffi）兩人合寫的編年體巨著《矽谷百年史——偉大的科技創新與創業歷程（1900～2013）》等都有論述。總之，一個有創新創業的傳統，一個有人才培養輸送的渠道，當這兩條結合在一起，使得風險投資人可以很方便的發掘到好的投資項目和人才。然而，當前述這三個原因湊到一起，就形成了風險投資出現和發展的環境。

投資高回報注定伴隨著高風險，但反過來高風險並不能帶來高回報。尤其是風險投資專門投資新興行業和技術，好比大家對搜尋引擎服務、對瀏覽器互聯網入口意義還一知半解甚至不知不覺的時候，風險投資就提前進場了，注資雅虎、網景，將它們做大做強做上市，然後自己賺得盆滿缽滿伺機推出。

但要知道，雖然風險巨大，但風險投資可不是賭博，更不是沒有方向的「瘋投」，有數據表明，風險投資是至今為止收益最高的投資方式之一，回報率在 15% 左右，要遠高於股市投資。與它齊肩的當屬私募股權投資（private equity, PE），在 20% 上下。

如果比較風險投資和私募投資，從財務和稅務上講，兩者類似，但是它們的投資對象和方式完全不同。按照吳軍在《浪潮之巔》一書中的比較：私募的投資對象大多數是擁有大量不動產和很強的現金流的企業，這些企業所在的市場被看好，但是這些企業因為管理問題，不能盈利。私募基金收購這些企業，首先讓它下市，然後採用換管理層、大量裁員、出售不動產等方式，幾年內將它扭轉虧損為盈。這時或者讓它再上市，比如高盛收購漢堡王（Burger King）後再次上市；或者將它出售，比如 Hellman & Friedman 基金收購雙擊廣告公司 Double Click，重組後賣給 Google。運作私募基金要求能夠準確估價一個問題重重的公司、具有高超的談判技巧和資金運作本領，但是最關鍵的是要能擺平勞工問題，其中最重要的是藍領工人和工會（因為私募基金一旦收購一個公司，第一件事就是賣掉不良資產和大規模裁員）。從這個角度上講，私募基金是在和魔鬼打交道，但他們是更厲害的魔鬼。風險投資則相反，他們是和世界上最聰明的人打交道，同時他們又是更聰明的人。風險投資的關鍵是能夠準確評估一項技術，並預見未來科技的發展趨勢。所以有人講，風險投資是世界上最好的行業。順便一提，全球私募巨頭、有「PE 之王」稱號的黑石集團，其聯合創始人之一的彼得·彼得森（Peter G. Peterson）曾出版了自傳 Peter G. Peterson《黑石的起點，我的頂點》，書中對私募的性質、操作手法有一定的介紹。

Peter G. Peterson

既然風險投資被認為是一幫比聰明人更聰明人能幹的事業，那麼風險投資是怎麼一個機構，是如何運作的，其從項目評估到作出決策過程又是怎樣的？

首先說風險投資錢的兩個來源：機構和個人。當然，為了讓投資者放心，風險投資公司也會拿出一部分錢參與投資。風險投資基金一般是以投資有限責任公司的形式存在與運營，股東人數不超過 499 人。為什麼是這個數字，因為根據美國法律規定，一旦一個公司的股東超過 500 人，就必須像上市公司那樣公布自己的財務情況和經營情況。而風險投資公司不希望外界了解自己投資的去處和資金的運作，以及在所投資公司所占的股份等細節，一般選擇不公開財務和經營情況，因此股東不能超過 500 人。中國也是這種情況，《公司法》規定，有限責任公司股東上限人數是 50 人。同時為了合理避稅，在美國融資的基金一般註冊在特拉華州，在世界上其他地區融資的基金註冊在開曼群島或者是巴哈等無企業稅的國家和地區。因為每一輪基金融資開始時，風險投資公司要到特拉華等地註冊相應的有限責任公司，在註冊文件中必須說好最高的融資金額、投資的去處和目的。風險投資公司會定一個最低投資額，作為每個投資人參與這一期投資的條件。比如由「矽谷風險投資之父」唐·瓦倫丁（Don Valentine）於 1972 年在矽谷成立的紅杉資本（sequoia capital），它一期融資常常超過 10 億美元，它會要求每個投資人至少投入兩百萬美元。

Don Valentine

風險投資公司每一次融資便成立一個有限責任公司，它的壽命從資金到位開始到所有投資項目要麼收回投資、要麼關門結束，通常需要十年時間，前幾年是投入，後幾年是收回投資。一個風險投資公司通常定期融資，成立一期期的風險基金。基金為全體投資人共同擁有。風險投資公司自己扮演一個稱作「普通合夥人」的角色（general partner），其他投資者稱為「有限合夥人」（limited partner）。普通合夥人除了拿出一定資金外，同時管理這一輪風險基金。有限合夥人只參與分享投資回報但不參加具體決策和管理。這種所有權和管理權的分離，能保證總投資人獨立的、不受外界干擾的進行投資。同時，為了對普通合夥人進行監督，風險投資基金要僱一個獨立的財務審計顧問和律師團隊，這兩方主體不參與決策。為了降低風險，一輪風險投資基金必須投十幾家到幾十家公司。當然，為了投十家公司，基金經理可能需要考察幾百家公司。

接著說說風險投資者們。風險投資者一般都是非常懂技術的人，不管他們本身是技術精英出身，還是自己成功創辦過科技公司。比如被稱為「風險投資之王」的、KPCB 風險投資公司合夥人和 Google 公司的董事約翰·多爾（John Doerr），他原來是英特爾公司的工程師。為了減少和避免錯誤的決策，同時替有限合夥人監督總投資人的投資和資本運作，一個風險投資基金需要有一個董事會（board of directors）或者顧問委員會（board of advisors）。這些董事和顧問們要麼是商業界和科技界的精英，要麼是其他風險投資公司的投資人。他們會參與每次投資的決策，但最終決定仍由普通合夥人來做。

再說說風險投資公司如何決定是否投資一個公司（一個產業），以及如何決定一個小公司的價值。這兩個問題要回答清楚不是一個章節篇幅能承載的，因為每一次投資的情況都不相同，為此，只能簡單介紹一下一些投資和估價的原則。

風險投資常常是分階段的，通常有：天使投資階段、第一輪到後一輪（或者後幾輪）循序漸進。天使投資階段的不確定性最大，甚至無章可循，很多成功天使投資回想起來都不知道是如何成功的。正由於這種不確定性，不少大的風險投資公司都跳過這一輪。一些更加保守的風險投資基金只參加最後一輪的投資。據吳軍博士在《浪潮之巔》一書中的介紹，有些清清楚楚的說明在下面幾種情況下不投資：①不盈利的不投；②增長不穩定的不投；③公司達不到一定規模的不投。甚至有些風險投資基金只投已經有了 12 ～ 24 個月內上市計畫的公司。

此外，對於風險投資來說，一個好的項目，第一，必須具有新穎性，是在當時別人沒想到的。第二，這個項目一旦成功，不僅能獲得現有市場，而且容易橫向擴展。橫向擴展是指產品一旦做出了，很容易低成本的複製並擴展到相關領域。微軟的技術就很容易橫向擴展，一個軟體做成了想複製多少份就複製多少份。太陽能光電轉換的矽片就無法橫向擴展，因為它要用到製造半導體晶片的設備，成本很高，而且不可能無限制擴大規模，因為全世界半導體製造的剩餘能力有限。第三，項目商業前景看好，能在未來較長時間內以幾何級數增長。第四，對產業來說具有革命性，革命是 Revolution，而不是簡單的進化（evolution），雖然英文單字只差一個字母，但意義相差千里。

John Doerr

除了給予資金上的解燃眉之急或助一臂之力，風險投資機構的進入，對於初創公司來說，還有在公司策略指導、業務模式設計、社會資源整合上提供非常多的幫助。例如：風險投資公司首先會幫助被投資的公司開展業務。眾所周知，一個默默無聞的小公司向大客戶推銷產品時，可能找不到方向，摸不著門路。

但如果有名氣大的風險投資公司從中牽線搭橋，效果就完全不一樣了。而且越是大的風險投資公司越容易做到這一點，例如紅杉資本、KPCB、Mayfield 等。風險投資公司還會為小公司請來非常成功的管理、行銷人才，這些人靠無名小公司創始人的面子是請不來的。風險投資廣泛的關係網對小公司更大的幫助是，它們還會幫助小公司找到買主（下家）。這對於那些不可能上市的公司尤其重要。比如：KPCB 早期成功的投資太陽公司後，就一直在太陽公司的董事會裡，利用這個方便之處，KPCB 把它自己後來投的很多小公司賣給了太陽。還有像 Google 收購 Youtube 一事。兩家公司都是由紅杉風險投資參透，著名投資人麥可·莫里茲（Michael Moritz）同時擔任兩家公司董事。Youtube 能成功的賣給 Google，紅杉風險投資居功厥偉。風險投資行業經過幾十年的發展，就形成了一種馬太效應。越是成功的風險投資公司，投資成功上市的越多，它們以後投資的公司相對越容易上市，再不濟也容易被收購。因此，大多數股市投資人，在選擇公司時很重要的一個參考標準就是看它背後風險投資公司的知名度。

風險投資是創業公司的朋友和幫手，因為它們和創始人的基本利益是一致的。但是通常也有利益衝突的時候。任何一個公司的創辦都不是一帆風順的，當一個被投公司可能前景不妙時，如果投資者對它是控股的，可能會選擇馬上關閉該公司或者賤賣掉，以免血本無歸。這樣，創始人就白忙了一場，因此創始人一定會傾向於繼續挺下去，這時就看誰控制的股權，更準確的講是投票權多了。當一家公司開始盈利有了起色時，風險投資會傾向於馬上上市收回投資，而一些創始人則希望將公司做得更大後再上市。投資人和創始人鬧得不歡而散的例子也時常發生，投資人甚至會威脅或趕走創始人，典型的如阿里巴巴的馬雲與雅虎的股權紛爭。

雖然有時會有爭吵、會有賭氣，但總體而言，創業者和投資者是各取所需、精誠合作的。在他們的共同努力下，互聯網的財富傳奇被一次次的譜寫，奇蹟也不斷的發生。可謂江山代有才人出，各領風騷三五年。就在人們剛迎來了互聯網商業化元年之後，很快，在「幕後英雄」風險投資者們的鼓吹下，電子商務的時代來臨了。

第九章

電子商務

Internet
A history of concepts

創建亞馬遜（Amazon）公司，傑夫·貝佐斯（Jeff Bezos）可不是靈光一現想出來的，他其實「預謀已久」。1994 年，當互聯網的機遇來臨時，貝佐斯還是華爾街一家名不見經傳的對沖基金公司蕭氏企業（D. E.Shaw & Co.）最年輕的副總裁之一。公司創辦於 1988 年，創始人是戴維·蕭（David. E. Shaw）。戴維和貝佐斯每週都會碰面，在碰面的幾小時裡，兩人會對未來技術浪潮展開討論，交換意見，貝佐斯認真記下腦力激盪後的一些想法並且針對其可行性展開了調研。有一天，戴維對貝佐斯說，我們應當利用互聯網的優勢，去做一些其他事情。這個時候，他們已經醞釀了一個想法，並把它稱為「網羅天下所有商品的店鋪」。

這或許是《彭博商業周刊》著名財經記者布拉德·斯通（Brad Stone）後來寫傑夫·貝佐斯及其亞馬遜的傳記時，用「一網打盡」做書名的由來。在這本對外暗示最接近官方版本的作品裡（與貝佐斯相熟 12 年，談話不下十餘次，在寫作過程中採訪現任和前任高管及員工就達三百多次，還包括對手、客戶、夥伴），斯通向我們深入描繪了這家公司的創新、令人瞠目的發展史，並記錄下了其發展中的每一個關鍵時刻。

Jeff Bezos

斯通寫道，在貝佐斯有了開一家「網路店鋪」的念頭後，他與蕭氏企業的應徵主管查爾斯·阿戴一同調閱了最早的網路書店地址，阿戴在測試這些老網址時還有一次購買記錄。那是一個位於加州帕洛阿爾托 Future Fantasy 書店的網址，在那買了一本《立體夢想》，作者是科幻小說大師艾薩克·阿西莫夫（Isaac Asimov），價格是 6.4 美元。兩週後，書上市了，阿戴撕開了紙箱包裝，遞給貝佐斯看。由於運輸的原因，書籍已經破破爛爛的了。那時沒人想到怎麼才能透過互聯網賣書。但敏銳的貝佐斯看到，這是一個無人開發的難得機遇。

據理查·布蘭特（Richard L. Brandt）在另一本關於貝佐斯的傳記《一鍵下單：傑夫·貝佐斯與亞馬遜的崛起》中寫道，首先在「熟悉的產品」上，貝佐斯深知誰都知道書為何物，它不像電子產品，沒有假冒或者質量不一（美國不存在盜版書），購書者無論從哪裡買書，品質都是一樣的；就「市場規模」而言，1994 年美國有 5 億冊書籍售出，總價值是 190 億美元，不得不說是潛力巨大；「競爭」呢，大的連鎖書店只有巴諾和博德斯（Borders）兩家，占市場份額的 25%。同時，因為受場地限制，大部分書店的庫存還是很有限的；「獲得庫存」方面，圖書經銷商英格拉姆和貝克 & 泰勒主導了市場，並在美國都策略性的設置了倉儲設施，能夠在兩天內把書送到；

「創建一個在售圖書的資料庫」，當時經銷商已經為進入電子時代搭好了舞台。所有圖書都被給予了一個 ISBN 編號（國際標準書號），對貝佐斯來說，「所有書籍訊息已經被精心的整理好了，可以放到網上了」；「折扣機會」，網路書店可以直接從經銷商那裡訂貨，而用不著有自己的庫存，所以在價格上有很大的優勢；至於「運輸成本」，像軟體和 CD 一樣，書是很容易按照重量標準來郵購或者走第二天送達服務的；最後一個「在線潛力」，軟體程式可以整理、查找，組織好署名和分類，讓在線查找和購買更加容易。最大的實體書店也只能儲存 18 萬種圖書，而貝佐斯知道，只要有兩台配置夠用的電腦，完全可憑藉軟體整理資料庫中的上百萬冊圖書。在分析了銷售不同產品的利弊後，貝佐斯驚異於自己的發現：圖書看起來竟然是最適合做電子商務的。就這樣，當很多人以為這個想法太過簡單，不足以開展一場變革，但天降大任於貝佐斯，他做到了，並且很快將顛覆——不只是圖書出版業。

這年春天，貝佐斯找戴維談話，並告訴他打算離開公司去創建一家網路書店。戴維說，他理解貝佐斯的衝動，並對此表示贊同，但蕭氏公司正在迅速壯大，將會和貝佐斯的新企業展開競爭。他建議貝佐斯考慮幾天。然而，就在貝佐斯多少有點猶豫，在思考下一步該怎麼辦時，他讀完了石黑一雄的小說《長日將盡》（貝佐斯是個嗜書如命的「書蟲」），講的是一個管家滿懷惆悵的回憶，在英國戰爭時期服役時的個人抉擇和事業抉擇。受此啟發，貝佐斯在其人生的重要關頭，追隨了自己的初心——創業。

老實講，要放棄華爾街優厚的待遇，而去追求一個瘋狂的夢想，而且是「在網路賣書」，這讓貝佐斯的家人覺得不可思議！家人想勸事業有成的兒子傑夫別冒險，甚至妥協到「可以在晚間或週末經營他的新網店」，但說不動貝佐斯，他態度堅決。隨後，他自己投入 1 萬元，向家人借了 10 萬元（很快又借了 14.5 萬元），作為項目創業資金。而他原本寫小說的妻子，也嫁雞隨雞，成為了公司第一個正式的會計師，來打理公司財務、開支票，並協助人才應徵。就這樣，一個在線賣書的亞馬遜公司成立了。

亞馬遜原本不叫這個名，而是叫 Cadabra，但這個想法之所以被放棄，是因為貝佐斯的律師誤聽為 cadaver（死屍）。在 1994 年 10 月末，貝佐斯查閱字典中 A 字母打頭的字，當他看到 Amazon 這個字的時候，突然靈光一現。這不是世界上最長的河流嗎；難道不能有世界上最大的書店嗎？一天早上，他走進車庫，告訴同事公司有了新名字。他似乎不想聽任何人的意見，於是在 1995 年 1 月註冊了新的網址，貝佐斯說：「它不僅是世界上最長的河流，還要比下一條最大的河流不知要大上多少倍。它可以湮沒其他任何河流。」於是，圖書零售界的「亞馬遜」就此誕生了。

雖然貝佐斯一直強調亞馬遜是一家網站，是一門新生意，但他沒有把公司設在矽谷，卻是選擇了西雅圖，這又是為什麼呢？對此，理查·布蘭特揭示了其中原因。第一，貝佐斯的很多早期僱員也是透過華盛頓州大學電腦學院的關係網獲得的，因此公司設立地必須有大量的企業家和軟體程式員人群。第二，美國不同州銷售稅不同，精明的貝佐斯考慮到了賦稅成本。第三，西雅圖靠近某個經銷書商倉庫的城市。同時還要是各大都市樞紐，這樣就能很快的把書遞送給客戶了。

從創意構想到行動實踐，貝佐斯前後用了才一年多的時間，可謂兵貴神速。在亞馬遜的發展史上，有兩個時間節點非常重要。一個是 1995 年的 4 月 3 日，亞馬遜網站完成了第一筆訂單，有了第一位顧客，後者透過網站賣了一本名叫《流動的概念與富有創造性的類比》（*Fluid Concepts and CreativeAnalogies：Computer Models of the Fundamental Mechanisms of Thought*）的書。而這位顧客的名字也因此用來命名亞馬遜西雅圖園區的一棟大樓——溫賴特。第二個關鍵的節點是 1997 年 5 月 15 日，亞馬遜以每股 18 美元的價格於那斯達克首次公開募股，募集資金約 5,400 萬美元，證券交易代碼為 AMZN。

然而，就在傑夫·貝佐斯領導著亞馬遜一路高歌猛進之際，差不多同一時間，總部設在美國加州聖荷西的一家名為 eBay 的在線交易平台（網路拍賣）也在迅速崛起。兩家公司最終在 1998 年的夏天第一次洽談合作，結果弄得不歡而散，不過這都是後話了。

eBay 的創始人是一個有著法國和伊朗血統的美國人，叫皮耶·歐米迪亞（Pierre Omidyar）。童年時，皮耶·歐米迪亞隨父母從出生的法國巴黎一同遷往美國華盛頓特區。在中學時代，他迷上了電腦編程。他所編的第一道程式是圖書目錄，為此他得到了每小時 6 美元的報酬。後來，皮耶·歐米迪亞就讀塔夫

Pierre Omidyar

斯大學（Tufts University）電腦科學專業，於 1988 年畢業。畢業後，他加盟蘋果公司的一個子公司——Claris，在那裡他編寫了 MacDraw 應用程式。1991 年，他邂逅了一位業界大亨並與其共同創辦了墨水發展公司（Ink Development Corp.），這是一個基於電子商務平台的公司，後更名為 eShop，並被比爾·蓋茲掌管的微軟公司收購。同年下半年，他加盟通用魔力（General Magic），這是一家主要研發個人手持通信器材的公司，奧米迪亞在該公司一直待到了 1996 年。

和貝佐斯創辦亞馬遜之前調研已久不同，很少有人會想到，奧米迪亞做 eBay 項目竟然是為了幫助他的未婚妻帕姆·衛斯理（Pam Wesley）完成一個小心願。

衛斯理是一名倍滋糖果（PEZ candy）玩具的發燒友，她熱衷於搜集這種只要按住玩偶頭就會彈出糖果的玩具，他們兩人即將步入婚姻的神聖殿堂。在一次閒聊中，帕姆·衛斯理對奧米迪亞說：「如果能透過網路收藏更多的倍滋糖果盒，並能在網路上和其他有共同興趣的人交流，不知該有多好！」

為了討未婚妻的歡心，奧米迪亞利用假期做了一個網站，時間是 1995 年的 9 月，網站 Auction Web（拍賣網站）正式上線，從其網站取名來看，不難發現奧米迪亞只是因為一個念頭、完全是玩票性質的，根本沒想過什麼商業模式或公司未來。利用這個平台，奧米迪亞號召人們把手中的收藏品都拿出來拍賣，而他自己上傳的第一件拍賣品是一台壞掉的雷射列印機，有人竟出價 15 美元買下了它。

隨著口口傳播，加之拍賣服務免費，這個拍賣網站的瀏覽量越來越大，到了第二年的 2 月，奧米迪亞必須得考慮伺服器升級的問題了。與此同時，他還做了一件在當時看來或許很出人意料的事情，那就是他開始向註冊會員收取費用（每筆交易收取 0.25 美元）來維持網站的運作。

在時任《紐約時報》資深編輯，之前是《時代》雜誌首席科技作家亞當·科恩（Adam Cohen）看來，「所有人都認為這個主意太糟了，因為沒有人會願意從一個陌生人手裡買一樣看不到實物的商品」。在 2002 年出版的一本名為《完美商店》（*The Perfect Store*）的書中，科恩是這樣描述的：這本書深入講述了 eBay 如何從最初作為一項嗜好建立起來的網站，到在網路世界盈利壓力下迅速成長並成為一家真正脫穎而出的企業。

完全是一場美麗的意外，因為未婚妻的一句無心之語，奧米迪亞把興趣變成了事業。隨著拍賣網站知名度越來越大，用戶越來越多，奧米迪亞開始把所有精力都投入到這個網站上，他希望能打造一個人性化的交易社區。1997 年 9 月 4 日，奧米迪亞將 Auction Web 更名為 eBay。他原本設法登記域名 EchoBay.com，但發現它已經被別人註冊了，因此將其縮短為 eBay.com。

雖然 eBay 晚於亞馬遜一年成立，但 eBay 幾乎是一炮打響，比亞馬遜更早的實現了盈利，營業收入以每月 40% 的速度狂增，利潤率更是高達 30%。到了 1997 年下半年，這家「完美商店」的發展速度讓奧米迪亞在經營方面明顯感到吃力。對他來說，制約他前進的不僅僅是未來商業策略不夠清晰，而且同行競爭也在不斷加劇。要知道當時除 eBay 外，僅在美國本土就有 150 多家類似的在線拍賣網站，而且許多都是免費的，它們在一定程度上比 eBay 這樣的收費網站更具吸引力。

因此，奧米迪亞強烈的意識到：自己能力有限，沒有把公司帶上更高一個台階的經驗，eBay 需要專業化的管理，需要引進優秀的職業經理人。

機會總是垂青那些有準備的人。在經過數輪候選人篩選後，梅格·惠特曼（Meg Whitman）出現在了奧米迪亞的眼前。梅格·惠特曼 1957 年出生於美國紐約長島。她自小家境富裕，生活舒適自在，是家裡三個孩子中最小的一個。她是個資優生，典型的學霸，只用三年時間就念完了中學，隨後進入普林斯頓大學（Princeton University）。1970 年代，當很多美國大學生在咆哮詩歌、搖滾音樂、迷幻藥丸中尋找自我的時候，惠特曼天天都認真的閱讀《華爾街日報》，她很早就表現出對商業的濃厚興趣。

Meg Whitman

1977 年，梅格·惠特曼獲得了經濟學學士學位。22 歲時，她又獲得了哈佛商學院（Harvard Business School）工商管理碩士（MBA）學位。隨後幾年，惠特曼先後在寶鹼公司（Procter & Gamble）客戶服務部門、貝恩公司（Bain &Company）舊金山分公司的管理顧問、迪士尼公司（Walt Disney Company）主管消費產品行銷副總裁、Stride Rite 鞋業公司的總裁、環球鮮花快遞公司 Meg Whitman（Florists Transworld Delivery）總裁兼 CEO、哈斯伯羅玩具公司（Hasbro Inc）學前兒童部的總經理等。不同的求職階段，讓惠特曼積累了豐富的職場履歷和管理經驗，最重要的是，她身上有著奧米迪亞看重的直視終端消費者的銷售能力，eBay 就是一個讓用戶直接在線面對面溝通、完成交易的平台。

最終奧米迪亞向惠特曼拋出了橄欖枝，而惠特曼也從 eBay 上看到了互聯網的商機。1998 年 3 月，梅格·惠特曼終於接受了奧米迪亞的邀請——她毅然辭去自己在哈斯伯羅玩具公司的工作，和丈夫以及兩個孩子舉家遷往加利福尼亞，加盟 eBay，擔任這家當時還是小型網路拍賣公司的總裁兼首席執行官。不過，在此之後，雖然出現了一次讓惠特曼遭遇能力信任危機的「宕機事件」，但 eBay 進入快速上升通道，在 C2C（消費者對消費者）的拍賣市場上，eBay 已經毫無疑問的穩居第一位。1998 年 9 月 24 日，eBay 以 18 美元的發行價格在那斯達克上市，募集資金約 5,000 萬美元。奧米迪亞顯然沒有看錯人，eBay 上市後，他成了億萬富翁，而惠特曼則當之無愧的成為了「電子商務教母」（《經濟學家》稱她為「在線跳蚤市場女王」，《時代週刊》稱她為「最具有冒險精神的新型拍賣英雄」）。

就在 eBay 上市前的幾個月，貝佐斯邀請奧米迪亞和惠特曼到西雅圖作客，以商討兩家公司合作的事宜。會議期間，雙方探討了多種合作方案，譬如 eBay 方面建議，當顧客搜尋一些稀有貨品時，可以把 eBay 的連結放在亞馬遜網上，同樣他們可以在 eBay 網上搜尋暢銷書作家的作品。但貝佐斯不這麼看，他提出了想收購 eBay。於是 eBay 高管憤然離開，他們無法接受貝佐斯開出的條件。

雖然兩家公司的談判最後無疾而終，但這並不影響在接下來的數十年，亞馬遜和 eBay 在電子商務領域的巨頭地位。直到阿里巴巴公司的出現，當它旗下的淘寶以「免費開店」模式打敗 eBay，迫使其撤出大陸市場，以及京東、當當等一大批電子商務公司的湧現和 2014 年 9 月 20 日，阿里巴巴在美國紐約證券交易所上市（成為美國股市歷史上最大規模的 IPO），世界電商江湖的競爭格局這才有所改變。不過，這些都是後話了。

不管怎麼樣，以亞馬遜、eBay 為代表，它們開啟的是人們透過互聯網實現購物、消費的全新的數位生活體驗。這種被稱為「電子商務」的技術革命，顛覆了包括銷售、支付、物流、儲存、客服、通路等多個傳統商務環節。早在亞馬遜成立當年，美國麻省理工學院媒體實驗室主任、教授尼古拉斯·尼葛洛龐帝（Nicholas Negroponte）出版了他有關資訊技術革命的未來學著作——《數位化生存》（Being Digital）。在這部劃時代的經典作品裡，尼葛洛龐帝指出，人類生存於一個虛擬的、數位化的生存活動空間，在這個空間裡人們習慣用數位技術（資訊技術）從事訊息傳播、交流、學習、工作等活動，這便是數位化生存。該書一出版就登上全美各大暢銷書排行榜的頭名，其後被譯成四十多種語言，在世界各地引起轟動。它的廣泛受歡迎，一方面，標誌著人們對互聯網的認識已經達到了空前的高度；另一方面，像電子商務這樣的互聯網新事物已開始逐漸被人熟知。

Nicholas Negroponte

然而，回顧電子商務的發展歷史，它的淵源最早可追溯至 1960 年代，當時美國不少企業採用電子數據交換（electronic data interchange, EDI）作為貿易往來、訊息溝通的應用技術，這算得上是電子商務的雛形。EDI 技術簡單理解就是將業務文件按一個公認的標準從一台電腦傳輸到另一台電腦上去的電子傳輸方法。由於 EDI 大大減少了紙張票據的作用，因此，人們也形象的將它稱為「無紙貿易」或「無紙交易」。

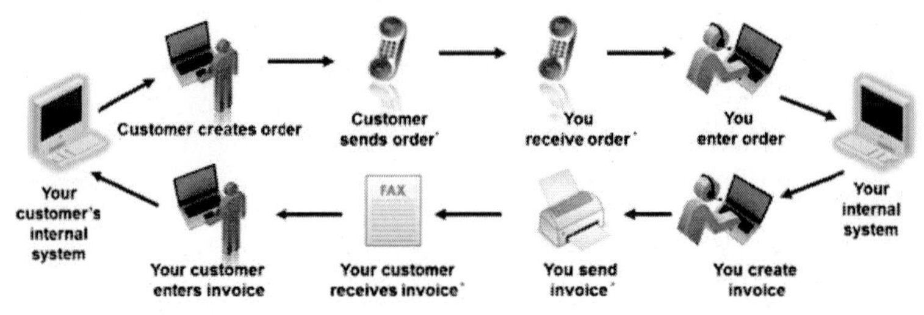

Electronic Data Interchange

到了 1970 年代，美國銀行家協會（American Bankers Association）提出的無紙金融訊息傳遞的行業標準，以及美國運輸數據協調委員會（Transportation DataCoordinating Committee, TDCC）發表的第一個 EDI 標準，開始了美國訊息的電子交換。隨著美國政府的參與和各行業的加入，美國全面性的 EDI 委員會——X12 委員會於 1980 年代初出版了第一套全面性的 EDI 標準，接著，1980 年代末期聯合國公布了 EDI 運作標準 UN/EDIFACT（United Nations Rules for Electronic Data Nicholas Negroponte Interchange for Administration, Commerce and Transport），並於 90 年代由國際標準化組織正式接受為國際標準 IDO9735。隨著這一系列的 EDI 標準的推出，人們開始透過網路進行諸如產品交換、訂購等活動，EDI 也得到廣泛的使用和認可。

不過，EDI 始終是一種為滿足企業需要而發展起來的先進技術手段，必須遵照統一標準，與普通老百姓一直無緣。而且由於網路在那時仍沒有得到充分發展，這使很多商務活動的電子化僅僅處於一種想法階段。直到後來互聯網迅速走向普及化，逐步的從大學、科研機構走向企業和普通百姓家庭，其功能才從訊息共享演變為一種大眾化的訊息傳播工具。從 1991 年起，一直排斥在互聯網之外的商業貿易活動正式進入到這個王國，從而使電子商務成為互聯網應用的最大熱點。其間，由路易斯·郭士納（Louis V.Gerstner）執掌的轉型中的 IBM 對「電子商務」概念的推波助瀾，正式吹響了新經濟範式變革的號角。

郭士納，1942 年出生於紐約長島，後畢業於哈佛大學商學院。13 年的麥肯錫諮詢公司實踐磨練，使他成為一名光芒奪目的商界奇才（他是麥肯錫史上最年輕的合夥人和最年輕的總監）。後來去管理信用卡發行商美國運通公司，在行銷崗位工作。他還曾當過菸草和餅乾生產商雷諾·納貝斯科公司的救火領導人。1993 年 4 月 1 日，郭士納臨危受命，出任 IBM 董事長兼 CEO。當時的 IBM 陷入經營困境，業務出現巨大虧損。不過郭士納到來以後，以務實、決斷的態度力挽狂瀾。在他任內，相繼推出保持公司的完整性、改變公司的經濟模式、再造業務流程以及出售缺乏生產力的資產的措施，這一策略貫穿了郭士納在 IBM 重整過程的始終。而其中一項卓有成效的成果是，

Louis V. Gerstner

IBM 公司創造了著名的「電子商務」一詞，進入二十一世紀，IBM 又提出了「智慧地球」、「智慧城市」的概念。

在郭士納 2002 年出版的自傳《誰說大象不能跳舞》（*Who Says Elephants Can't Dance*？）一書中寫道：「如果策略家是正確的，網路可以實現並支持人們和企業之間的海量通信和交易……則兩項革命肯定會出現：一個是計算，而一個就是商務。」

郭士納認為，IBM 當務之急應該順應著這股浪潮，儘快推出一系列非常實用的、以市場為導向的和高度有效的策略。結合他對趨勢的判斷，以及他所命名的公司「熊抱行動」（operation bear hug）的計畫，該計畫旨在強調聆聽客戶、聚焦市場。時間到了 1995 年，當微軟大談「以桌面為中心的未來」，Sun 公司提出「網路就是電腦」的口號，Oracle 也在談論「網路電腦」，IBM 經過努力工作，最終以客戶和 IBM 員工能夠理解的方式給輝煌的新未來定義了一個關鍵字——「電子商務」。

這個詞並不能令人印象深刻，但它似乎是一個足夠可信的名稱。公司計畫投入 5 億美元開展大型廣告和行銷活動，展示電子商務願景的價值，並且證明 IBM 擁有人才、服務和產品，可幫助客戶從新的業務運作方式中獲益。1997 年，IBM 委託總部位於紐約的廣告公司 Ogilvy & Mather 製作一系列電子商務宣傳廣告。在這些廣告中，@ 符號用紅色 e 標誌顯示，為的是反覆提醒受眾一場方興未艾的互聯網革命即將到來。

IBM 的舉措大獲成功，在六年時間內，IBM 為那些迫切希望將業務轉型為以網路為中心的「電子商務」的客戶提供了服務和產品，在該領域成為了全球領導者。到 2000 年，IBM 的業務從 640 億美元（1994 年）增加到超過 880 億美元，而且公司淨收入提高了近 3 倍。原先陷入財務泥淖的藍色大象終於翩翩起舞。

與此同時，聯合國、世界各國政府、學界、企業界，雖然它們所處的地位和參與程度不盡相同，但都對電子商務的未來充滿信心，認為它的市場潛力巨大，於是紛紛將其提到策略高度予以重視，並且以實際行動展開探索、實踐。如：1996 年 12 月，聯合國國際貿易法委員會制定通過了《電子商務示範法》，為各國電子商務立法提供了一個範本；1996 年年底，世貿組織達成了便於電子商務發展的第一個國際協議——《資訊技術協議》；1997 年 4 月，歐盟出台了《歐洲電子商務動議》，同年 7 月，美國公布了其精心構思的《全球電子商務框架》，聯合國貿發組織召開了全球電子商務專家會議；1997 年 11 月，在法國巴黎舉行了世界電子商務會議（The World Business Agenda for Electronic Commerce）；1998 年 5 月，世貿組織 132 個成員國簽署《關於電子商務的宣言》；1999 年 4 月，美國商務部發布美國政府第一部研究資訊技術對經濟影響的報告——《崛起的數位經濟》。報告稱電子商務正以每百天一倍的速度增長，到 2002 年，將達到 3,000 億美元規模……

Ogilvy & Mather eBusiness

眼看著一場數位經濟的盛宴已經到來，但就在電子商務蓬勃發展的同時，又有一項偉大的技術發明登場了。它及其一系列衍生品的出現，大大豐富了人們的數位娛樂生活，但也引起了娛樂巨頭們的警覺乃至敵意！那麼，它是什麼呢？

第十章

對等網路

Internet
A history of concepts

在 2005 年 11 月 7 日之前，香港公民陳乃明一定想不到自己會犯罪。他只不過是將三部正版電影製成 BT（bit torrent）「種子」，然後上傳至新聞討論區（BBS）供網友下載。他甚至都沒有考慮如何透過這一行為盈利，他所做的只是「開放」和「共享」，而這又何嘗不是互聯網得以迅速發展的根本原因呢？

但是，令陳乃明始料不及的是，他的這一舉動很快被香港警員鎖定。警方根據陳乃明提供的種子文件獲得了 IP 地址，據此也就等於獲知了種子的來源。

2005 年 1 月 12 日早上 7 點，香港警員帶著搜索票埋伏在陳乃明家外，當陳的妻子出門時，海關官員截住她，然後在她的帶領下進入屋內。當時，陳乃明正坐在客廳裡的一部電腦前，電腦旁赫然擺著的正是三部他上傳過的影片：《夜魔俠》（*Dare Devil*）、《全面失控》（*Red Planet*）和《麻辣女王》（*Miss Congeniality*）。

5 月 27 日，香港海關正式立案起訴陳乃明，訴其違反《版權條例》(*Copyright Ordinance*)三項罪名，及「不誠實意圖而取用電腦」三項交替控罪。10 月 12 日，此案在香港屯門裁判法院正式開庭審理。10 月 24 日，香港屯門裁判法院認為被告違反了香港《版權條例》的規定，以傳播侵權物品、損害版權持有人的罪名判處被告陳乃明三個月監禁。11 月 7 日，香港特區法院終審判決陳乃明三個月監禁。

陳乃明案件之所以備受矚目，是因為它是全球首例 BT 侵權而被提起的公訴案例。而以 BT 軟體為代表的 P2P 技術其實從一誕生就招致了眾多影音公司的強烈不滿。如早前的美國唱片行業協會(RIAA)連同環球、BMG、新力、華納、EMI 等五大唱片公司起訴 Napster 侵犯著作權，造成其 CD 銷售量減少。

到後來的以米高梅(MGMStudios)為代表的包括迪士尼、時代華納等眾多娛樂、音像公司，起訴美國 P2P 軟體發行及服務最主要的提供商 Grokster 公司和 StreamCast 公司承擔幫助侵權和替代侵權的法律責任。2005 年 8 月 29 日，美國電影協會(MPAA)宣布其開始對那些透過互聯網非法下載和交換電影的個人用戶採取行動。MPAA 從 ISP 獲得非法下載的個人用戶的 IP 地址，並對 250 多名經 P2P 文件共享網站獲得或傳播受著作權保護的作品的個人提起訴訟。與此同時，美國唱片行業協會也對 784 名涉嫌從網路非法下載音樂的網友提起訴訟。

類似的指控不絕於耳，一直到 2014 年 10 月 27 日，美國電影協會還專門公布了一份全球範圍內的音像盜版調查報告，其中點名指出了一批提供盜版下載連結的網站「黑名單」以及全球十個最大盜版音像製品市場，其中就包括來自 P2P 下載軟體——迅雷，致使後者在那斯達克股價當天急挫 7.78%。

種種跡象表明，「好萊塢」和互聯網，兩者在知識產權的角力從來沒有停止過。從已有的司法判例來看，顯然是「好萊塢」更勝一籌。至此，P2P 技術被進一步規制，它所引起的連鎖反應將會對一些互聯網上的創新技術給予致命性的打擊。受制於日趨成熟、完善和嚴密的知識產權保護體系，互聯網已然步入一條「不歸路」：一邊是 P2P 發展的前途未卜，一邊是法律介入的舉棋不定。有關 BT 及 P2P 侵權與否，究其本質無非是效率與公平、私利與公益等相互博弈的結果。就這個意義而言，它不存在對錯，只是事關合理，即在多大程度上訊息共享是被認定為合理的。當然，合理並不是一個準確的、最終的用詞，一切還將回歸到法律的層面，在法律的框架內去評判、去審查、去裁定。毫無疑問，BT 或 P2P 要合理，其前提必然是合法，P2P 產業要得到長遠發展，其首要任務便是在全球範圍內解決合法性的問題。那麼，我們反覆提到的 P2P 究竟是何物？它和 BT、迅雷軟體又是怎樣一個關係？以及 P2P 對傳統娛樂工業體系又帶來了什麼影響或者說是威脅呢？關於這一切，都得從 1998 年的某天說起。

這一年，年僅 18 歲的肖恩·范寧（Shawn Fanning）考上了美國波士頓的東北大學（Northeastern University），主攻電腦科學專業。大一時一次偶然的寢室聚會，愛好音樂的室友不停向他抱怨互聯網上低效的 MP3 音樂連結問題。這給了范寧啟發，他想那些像他室友一樣喜歡音樂的人在電腦硬碟上一定有很多歌曲，而網路可以創造機會讓他們相互交流、彼此分享。接著，他嘗試編寫這樣一個程式，它能夠搜尋音樂文件並提供檢索，把所有的音樂文件地址存放在一個集中的伺服器中，那麼使用者就能夠方便的過濾成千上萬的地址而找到自己需要的 MP3 文件。可以說完全是偶然所得，讓范寧構想出了一種後來被稱為「對等網路」（peer topeer, P2P）的技術。P2P 也是「點對點」、「夥伴對夥伴」的意思，技術上稱之為對等互聯網路。P2P 技術可以讓用戶直接連結到其他用戶的電腦，而不必經過中繼設備（如伺服器），直接進行數據或服務的交換。它的目標就是透過 P2P 軟體將處於互聯網中的人們聯絡起來，透過互聯網直接進行互動，包括進行對等計算、文件交換、協同作業、即時通信、搜尋引擎等業務。

Shawn Fanning

就這樣，范寧編寫出了一個叫 Napster 的 P2P 軟體。至於名字的由來很有意思，據說，肖恩·范寧在學校裡總是留著又捲又短的頭髮，所以同學們常用 nest（鳥巢）來稱呼他，於是范寧乾脆就取綽號的諧音，從而有了 Napster。

令范寧沒有想到的是，Napster 在 1998 年下半年剛一上線，就廣受大學生的歡迎，大家口口相傳、爭相轉告，用戶數很快就到了 12 萬。據德伯拉·斯帕（Debora L.Spar）在《從海盜船到黑色直升機：一部技術的財富史》（Rulingthe waves）中的說法，肖恩·范寧事後回憶說他並沒有意識到這對於我們來說是一種商機，他這樣做僅僅是因為他喜歡這項技術。但有時候，當機會突然而至，潮流洶湧襲來，已經輪不到年輕的肖恩·范寧單純的憑興趣做事了，他必須考慮 Napster 的商業化問題，這不僅僅是對他自己的未來負責，也是對無數用戶有個交代。

1999 年 1 月，肖恩·范寧在徵得家人同意後，正式辦理了退學手續。隨後 Shawn Fanning 在 6 月 1 日，他創辦了 Napster 網站。在它開通的最初幾個月，他瘋狂的工作。他一直隨身攜帶著筆記型電腦。不管他身處何方，無論是在觀看棒球比賽還是在吃披薩，只要腦海裡有一丁點創意，他都可以停下來工作。早期的 Napster 程式員很少，網站的主要架構幾乎是由他一人擔當。剛開張的網站也沒有像樣的辦公室，他就跑到在電腦遊戲公司工作的舅舅那裡上網，並開始為 Napster 工作。一份付出，一份回報。Napster 的市場表現成績亮眼。短短幾個月內，它就席捲了全美的各大院校，甚至消耗了某些大學的全部頻寬容量的 30%。此外，由於 Napster 操作簡單、快捷、實用，它成了網路上音樂愛好者視聽體驗必備的工具，風頭蓋過了當時其他所有的 MP3 技術而成為最流行的應用。人們發現，這種 MP3 格式的音樂聽起來跟 CD 播放的音樂一樣棒，但是前者是免費下載，而每張 CD 需要 15 美元。不僅如此，它的使用者之廣涵蓋了從正在查找古典音樂的鄉村牙醫到準備欣賞德國民謠的大學教授的各類人群。Napster 允許用戶免費下載數位音樂，這是一個革命性的變化，幾乎徹底扼殺了唱片零售店，讓唱片行業走到了崩潰的邊緣。截至 2000 年的秋天，Napster 宣稱已經擁有了超過 3,800 萬的使用者，後來在最高峰時有近 8,000 萬的用戶。

這時，嗅覺靈敏的風險投資商也盯上了范寧。他們看到了

Napster 廣闊的市場前景，也驚嘆於眼前這個大學生靠一個想法，僅憑一人之力居然造就了一個商業帝國。

就這樣，似乎就在一夜之間，Napster 紅遍了整個北美，但麻煩也隨之而來。由於音樂交換服務在法律版權、知識產權方面的先天不足，它觸及了傳統音樂製作行業的利益。這一點，作為涉世未深的大學生范寧在創業之初是始料未及的。Napster 的出現，受益的是網友，唱片業及其相關的音樂製作產業卻倒了大楣。唱片業人士驚訝的發現，幾乎所有網友都會熟練的使用音樂格式轉換軟體或者網路音樂交換服務，他們把手中的 CD 光碟轉製成 MP3 音樂，相互在網上交流。

根據美林銀行的報告，唱片業持續衰退，繼 1997 年至 1999 年三年創下年銷售額 370 億美元佳績後，2000 年唱片業的業績滑落到 350 億美元，2001 年只有 330 億美元，而同期網路音樂卻是異軍突起。

為了爭奪網上娛樂市場，世界三大傳媒巨頭——英國的 EMI 百代唱片公司、德國的貝塔斯曼（Bertelsmann SE & Co. KGaA）、美國的 AOL 時代華納（AOL&Time Warner）都推出了各自的在線音樂服務網站，但可惜，它們都無法與 Napster 競爭。巨大的商業利益導致雙方多次爆發衝突。1999 年 12 月，Napster 首次成為被告，五大唱片公司包括華納、BMG（BMG Entertainment）、百代、索尼（Sony）、環球（Universal）共同起訴 Napster。由於涉及網路服務中知識產權保護這個新生事物，案件審理一拖再拖。到了 2000 年 7 月，初審法官下令 Napster 必須先停止運作，直至官司結束為止。此後因為 Napster 上訴，被延期執行，等待上訴法院的裁決。2001 年 2

月 12 日，美國第九巡迴上訴法院作出裁決，認定 Napster 侵權，命令 Napster 停止「促進」(facilitating) 音樂作品和唱片的非法複製和傳播。如果不對所有侵權作品進行清查並從搜尋中去除，Napster 網站可能還將因此受到法律制裁。換句話說，Napster 可能被迫關閉網站。

這場官司雖未把 Napster 逼上絕路，但已讓其元氣大傷。網站不得不修改程式框架和服務流程，並將涉及版權爭論的大量音樂文件刪除。其間，貝塔斯曼在 2000 年 10 月分宣布向 Napster 進行投資，此舉震驚了整個娛樂界，因為其旗下的 BMG 唱片公司正是起訴 Napster 的五大唱片公司之一。此後，貝塔斯曼給 Napster 前後投入了 8,000 萬美元，試圖幫助它「起死回生」，因為貝塔斯曼堅信，一旦推出音樂訂購服務，Napster 將成為一支不容忽視的力量，而且推出收費的服務也有利於保護唱片公司的利益。但對於「有償下載」，用戶並不買單，Napster 也因此失去了對用戶的吸引力。有數據表明，與鼎盛時期相比，如今的 Napster 用戶瀏覽時間和數量分別減少 65% 和 31%。

身為 CEO 的范寧覺得無力繼續領導 Napster 與傳統娛樂巨頭周旋，他必須退位讓賢。2001 年 7 月 25 日，公司宣布任命康納德·希爾伯斯 (Konrad Hilbers) 為新的首席執行官，范寧退居首席技術總監 (CTO)。希爾伯斯原是 BMG 唱片公司執行副總裁兼首席行政官，之前還在貝塔斯曼有過多年的工作經歷。

范寧認為，只要找到一個既懂得經營網站業務，又在音樂工業有過任職經驗的專業人才，才能改善與傳統音樂業的溝通，網站也就有了出路。但他想得太天真了，事實上，臨陣換將並不能在短時間內根本改變 Napster 官司纏身、版權糾紛的尷尬局面，何況新任管理層還要在唱片界不斷施壓，努力說服 Napster 的用戶，使用網站提供的收費下載服務。希爾伯斯上任以來，Napster 幾經周折可收效甚微，結果就是，不僅 Napster 辛苦積累下來的用戶基數不少用腳投票轉向了競爭對手，而且網站還進行了創業以來的首次裁員。到了 2002 年 4 月，Napster 已無力支撐無奈向法院申請了破產保護。

轉機出現在 5 月 17 日，德國傳媒巨頭貝塔斯曼同意以 800 萬美元價格收購 Napster，並挽留該網站的希爾伯斯和范寧繼續留任。時任貝塔斯曼北美主席兼執行長喬爾·克萊恩（Joel Klein）表示：「我們很高興看到 Napster 在希爾伯斯的帶領下繼續前進。雖然創造出新的經營方式不容易，但 Napster 將會成為找出尊重版權、回饋藝人並且傳送娛樂價值給消費者的商業模式的先驅者。」值得一提的是，就在三天前，5 月 14 日 Napster 董事會拒絕了貝塔斯曼集團開出的 3,000 萬美元收購條件，他們盲目自信誤以為最後還能博一把，撈上一筆走人。結果，董事會錯誤的決定導致公司錯失良機，也使得范寧和希爾伯斯雙雙憤然離職。然而，在後來沒有新買家的情況下，Napster 迫於債務壓力只好同意以八百萬美元的價格成交。

雙方好不容易達成合作協議，本想著柳暗花明，網站能絕處逢生，只可惜好景不長，接下來的一連串的壞消息，差不多宣判了 Napster 死刑。首先是 2002 年 7 月 30 日，貝塔斯曼執行總裁湯瑪斯·米德霍夫（Thomas Middelhoff）離職了。米德霍夫是貝塔斯曼管理高層中少有的激進風格的領導者，在他任內，他推動了貝塔斯曼計畫出資八百萬美元幫助 Napster 實現轉型。但如今這位 Napster 強有力的支持者、老朋友的離任無疑給 Napster 一個沉重的打擊。緊接著，9 月 3 日，聯邦法院以其他債權人（也就是幾大音樂公司）反對為由，認為交易方案不適合版權糾紛的解決，最終作出裁決，禁止 Napster 被貝塔斯曼收購。隨即，後米德霍夫時代的貝塔斯曼也明確表示，公司再也沒有興趣來購買這筆資產，決定終止交易。

消息一出，無疑成了壓垮 Napster 的最後一根稻草。公司形勢急轉直下，前途又變得黯淡，最後只得申請破產保護。此後數年，Napster 雖然成功重組，但早已經不是當年顯赫一時的音樂分享服務領域的先驅企業，網站一度被一款訂閱服務以掛羊頭賣狗肉的形式套牌使用了多年。

2008 年，美國零售業巨頭百思買（Best Buy）以一億多美元的價格收購了大起大落命運多舛的 Napster，這筆交易共包括了 5,400 萬美元的現金以及 6,700 萬美元的短期債券。三年後，因投資業績不佳，百思買又把 Napster 賣給了 Rhapsody，後者是美國音樂流媒體（在線播放）的鼻祖，成立於 1998 年，它的出現開創了按月訂閱的商業模式。至此，Napster 終於壽終正寢。

Stephen D. Crocker

P2P——該技術理念被普遍認為最早是在 1969 年 4 月 7 日發表的第一份 RFC 備忘錄中出現，後者英文全稱 Request For Comments，縮寫為 RFC，意思是「徵求修正意見書」。它是由斯蒂芬·克羅克（Stephen D.Crocker）

倡導用來記錄有關 ARPANET 開發的非正式文件檔，後來演變為用來記錄互聯網規範、協議、過程等的標準文件，以編號排定（基本的互聯網通信協議都在 RFC 文件內有詳細說明。RFC 文件還額外加入許多的論題在標準內，例如對於互聯網新開發的協議及發展中所有的記錄。目前 RFC 文件是由互聯網協會（ISOC）贊助發布，並成為 IETF、Internet ArchitectureBoard（IAB）還有其他一些主要的公共網路研究社區的正式出版物發布途徑）。這也就是說，肖恩·范寧其實並非 P2P 的發明者，就像互聯網上的每一個創新進步一樣，他和他的同事們不過是把前人的研究成果、各項獨立發展的元素進行了整合，為己所用。即便如此，我們無法否認 Napster 對 P2P 技術的推動作用，以及它作為一項音樂交換服務對互聯網文化（思想）的塑造。正是因為它的橫空出世，讓「下載」（download）變成用戶習以為常的動作，讓「共享」成為網友理所當然的觀念。即使在後來的 Google 和 Facebook 時代，Napster 公司依然被金氏世界紀錄（Guinness Book of World Records）奉為有史以來增長最快的企業。當然，它的出現還使得傳統唱片工業一蹶不振，並最終導致了一連串前所未有、影響深遠的知識產權訴訟戰。

```
Network Working Group                                    A. Bhushan
Request for Comments: 114                           MIT Project MAC
NIC: 5823                                             16 April 1971

                       A FILE TRANSFER PROTOCOL

I. Introduction

   Computer network usage may be divided into two broad categories --
   direct and indirect.  Direct usage implies that you, the network
   user, are "logged" into a remote host and use it as a local user.
   You interact with the remote system via a terminal (teletypewriter,
   graphics console) or a computer.  Differences in terminal
   characteristics are handled by host system programs, in accordance
   with standard protocols (such as TELNET (RFC 97) for teletypewriter
   communications, NETRJS (RFC 88) for remote job entry).  You, however,
   have to know the different conventions of remote systems, in order to
   use them.
```

Request For Comments

其實，Napster既非最後也非最大的一股衝擊影音娛樂的浪潮，在它之後，像Limewire、Kazaa、eDonkey、Morpheus、Freenet、Miro、imesh、PPlive、eMule以及前面提到過的BT、迅雷等一大批P2P軟體應用的湧現，由它們引起的有關知識產權的紛爭從來沒有停止過。面對網路新技術的挑戰，傳統娛樂商業模式正受到越來越多的侵蝕，針對創新者的法律程序也進展緩慢，結果也不盡一致。問題的關鍵是，一方面，文化娛樂業威脅加重、危機重重，它們圍繞著「誰應當對此負責」的爭論也變得激烈非常；另一方面，消費者及其支持者越來越將唱片公司、電影公司視為「貪得無厭的壟斷者」，而把P2P開發商和服務提供者視作「英雄」，他們篤信網路應當自由、訊息應當共享。至於P2P平台一方，他們則抱著「技術中立」的立場，在邏輯上死死咬住「實質性非侵權用途」(substantial non infringing)，該原則來自美國聯邦法院審理的環球電影公司訴索尼公司(Sony Corp. of America v. Universal City Studios, Inc)的一個司法判例，用來認定在什麼樣情況下才構成著作權侵權。

毫無疑問，Napster 引發了一場曠日持久的重大論爭。以 Napster 的遭遇為典型，在 P2P 軟體的使用上有很多法律問題需要討論，但是換個角度看，被控盜版恰恰也正顯示存在大量未能滿足的需求。Napster 的驚人成功揭示了 P2P 改變互聯網的潛力——直通桌面的寬頻網路逐漸成為現實，個人電腦越來越強大足以勝任「伺服器」功能。這場熱烈討論集中反映了技術產業領域可能會出現有史以來最大的一次觀念分野和文化鴻溝，此外，它還反映出這樣一個現象：軟體開發者同法律維護者之間的裂痕越來越大。

Lawrence Lessig

勞倫斯·萊斯格（Lawrence Lessig），當今美國網路法律界最負盛名和最具原創思想的教授，一個捍衛網路自由文化的鬥士。他就在多個場合公開表示：「我們美國人是有些精神分裂的，一方面，在文化建立方面，我們鼓勵創新，重視自由；但另一方面，我們卻採納極端保護主義的版權法律架構，壟斷知識，壓制創新。」「這是一個『黑手黨』式的世界……很明顯，這樣的（知識產權保護）體系必然會阻礙創新的步伐。」「今天，法庭和大公司一道，正試圖瓜分網路空間，設立重重藩籬。就這樣，他們正在摧毀互聯網的潛能，阻止全球性的進程和經濟增長。這就是我們的未來。這告訴我們一個開放的空間是如何被關閉的。在這個封閉的空間，少數人控制著多數人的接觸；少數人控制著內容。在哪裡使用、觀看，或者進行責罵意見，或者分享內容，你都需要其他某些人的許可。公有領域化為烏有……」在萊斯格看來，那些文化上的壟斷機構——媒體巨頭、好萊塢巨頭、錄音工業巨頭以及有線電視營運商、軟體市場霸主、互聯網大公司等——這些強大的力量集結在一起，為維護自己的既得利益，正試圖透過操縱政治、立法和技術的方法來禁錮文化、抑制創新。所以像 Napster 就被早早的斷送了前途，而對於類似的互聯網創新，也大有一副咄咄逼人要致其於死地的態勢。

2000 年，賈伯斯和蘋果公司也進入數位音樂市場。當時，因為 Napster 的關係，人們有了從網路下載音樂再燒錄的習慣，但賈伯斯覺得燒錄太麻煩，他開始構思透過在線銷售和硬碟播放器的方式來改善體驗，這就是後來一戰成名的 iTunes 和 iPod，它們幫助重返後的賈伯斯迅速在蘋果確立絕對的領導地位，而蘋果公司也藉此一飛衝天，在數位設備領域重新回到了霸主地位。但問題是，賈伯斯想要在 iTunes 中按單曲出售，而不是整張唱片，定價也很低，每首正版歌曲 99 美分。音樂公司就很生氣，極力阻止，甚至彼此採取攻守聯盟一致對外。但可惜，這次他們碰到的對手是有著「現實扭曲力場」的賈伯斯。於是，一些唱片公司妥協了……

所以，萊斯格的擔心並非杞人憂天，這將會是一場力量懸殊的鬥爭。如果萊斯格所言正確，那麼用不了多久，互聯網就將不再屬於大眾，而被少數工業巨頭們所瓜分，將由他們設立重重警戒和關卡。1961 年出生的萊斯格，他的使命就是阻止和延緩這一切的發生。迄今為止，萊斯格出版了《*CODE 2.0*：網路空間中的法律》、《思想的未來：網路時代共識領域的警世喻言》、《免費文化：創意產業的未來》等作品，並參與發起了「創作共享」

（creative commons）運動，該項運動旨在鼓勵作品發行紙裝版本的同時，在網路上發布電子版，允許全球讀者在遵守協議框架下免費閱讀和自由傳播。它是針對數位作品的開放共享和保護原創者權利的一種新型授權方式。為了表彰萊斯格對網路自由文化、技術創新所作的貢獻，《紐約客》雜誌將他稱為「互聯網時代最重要的知識產權思想家」。《商業周刊》不但在 2000 年、2001 年連續兩年將他列為「互聯網最具影響力的 25 人」陣營，與亞馬遜的貝佐斯、eBay 的 CEO 惠特曼等人共享殊榮，同時也將他比喻為「數位世界的保羅·李維（Paul Revere）」，後者是美國獨立戰爭時期的一名愛國志士。

Richard Stallman

John Perry Barlow

在勞倫斯·萊斯格之外，還有兩個人互聯網的思想者值得一提。第一位是理查·斯托曼（RichardS tallman），他是美國的自由軟體運動精神領袖、GNU 工程的發起者以及自由軟體基金會（Free Software Foundation）的創立者。他最大的影響是為自由軟體運動豎立道德、政治及法律框架。他被許多人譽為當今自由軟體的鬥士、偉大的理想主義者。在《免費文化：創意產業的未來》的大部分靈感都來自他以及自由軟體基金會的啟發。事實上，當我讀到斯托曼的著作，尤其是《自由軟體，自由社會》（斯托曼的代表作）裡一系列文章的時候，我深切的認識到，今天我所闡釋的理論觀點，斯托曼早在幾十年前就已經想到了。」另一位是號稱「網路遊俠」的約翰·佩里·巴羅（John Perry Barlow），他是自由派的電子前線基金會（Electronic Frontier Foundation）的發起人之一，全球最著名的駭客、一個搖滾歌手。他的立場比萊斯格更激進，他曾在一次 P2P 開發者的大會上說：「在互聯網上同法律打交道的唯一辦法就是明目張膽的無視法律的存在……我希望在座的諸位把自己看作是獨立革命時期的革命者，按照自己的想法設計軟體，不要去理會法律在說什麼。」他的代表作也是成名作當屬那篇《賽博空間獨立宣言》（*A Declaration of the Independence of Cyberspace*）。

究竟，關於技術、法律和娛樂該有怎樣一個未來之路，是零和博弈，還是共贏合作？不少專家學者提出了自己的看法，比較主流的有《說話算數：技術、法律以及娛樂的未來》的作者威廉·費舍爾（WilliamW. Fisher，哈佛大學法學院的知識產權法教授，也是網路法學界同樣聲名顯赫的「伯克曼網路與社會研究中心」（Berkman Center for Internet and Society）的主任）、《數位時代，盜版無罪？》的約翰·岡茲（John Gantz，IDC 首席研究員）和傑克·羅徹斯特（Jack B. Rochester）等，他們建議採取一種新型的補償體系，將作品的使用率折算成相應稅收分配給相應的版權人，這麼做，無非是力圖在數位內容創作者、文化

William W. Fisher

娛樂公司、媒體行業協會、網路營運商、內容供應商和終端消費者之間找到一個均衡點（儘管這個「均衡」不是數學上的一個最佳值），讓數位內容在 P2P 技術下合法且公平的被共享和使用。在這個意義上，他們的智識貢獻將幫助正在面臨版權紛爭的美國娛樂產業走出困境。然而，眼下的危機尚未解決，一場巨大的風暴即將到來。

Jack B.Rochester

John Gantz

第十一章

互聯網泡沫

Internet
A history of concepts

都說股市是經濟的櫥窗，那麼，那斯達克（NASDAQ）指數無疑代表了互聯網、高科技等新經濟的櫥窗。

那斯達克，英文全稱 National Association of Securities Dealers Automated Quotations，意思是「國家證券業者自動報價系統協會」。1971 年，由國家證券業者協會（National Association of Securities Dealers, NASD）創立。它的出現，既是世界第一個允許投資人透過電話和互聯網進行交易的電子證券交易市場，也是目前全球第一大證券交易所。一般來說，在那斯達克掛牌上市的公司以科技型企業為主，如我們耳熟能詳的微軟、蘋果、英特爾、網景、雅虎、戴爾、思科、亞馬遜、eBay、Google、推特（Twitter）、臉書（Facebook）等。

前面提到過，1995 年以網景公司上市為代表，互聯網正式進入商業化紀元。此後數年，一大批懷揣創造財富或改變世界夢想，敢於冒險、勇於行動的大學生們，在風險基金和投資銀行的資本助力下，以在傳統工業時代不可思議的發展速度，年紀輕輕就能將一個可能還處在風險極高的創業期，利潤微薄甚至還虧損的企業做上市。在這批名單中，就包括了亞馬遜、eBay、Youtube 等。

Nasdaq

然而，這並不影響投資者對它們的熱烈追捧，「互聯網概念股」在當時是一個極具誘惑力和充滿無限想像空間的投資題材，不僅僅是華爾街陷入瘋狂，那些科技和商界精英也被網路股取得的驕人的股價表現衝昏了頭腦。例如英特爾公司創始人之一、董事長安迪·葛洛夫（Andy Grove）曾發出了網路時代的警世名言：「趕快跳上互聯網的高速列車，否則你將死無葬身之地。」當時還處於虧損狀態的亞馬遜更是義無反顧，其創始人傑夫·貝佐斯當時稱：根本沒時間考慮所謂的「泡沫問題」，他覺得也沒必要向市場解釋為什麼會出現虧損，因為他還有更多有價值的事情去做。「每天早晨醒來的第一個念頭是，互聯網用戶以每年 2,300% 的速度在增長，其中必定蘊含巨大商機，亞馬遜也要以每年 23 倍的速度向外擴張。」甚至還有專家稱：網路經濟 3 年等於工業經濟 70 年。

Andy Grove

在中國，互聯網從一開始遵循的就是國外的融資體系，這固然與第一批互聯網創業者很多都是從國外留學歸來有關，也跟當時的風險投資體系與民營互聯網企業並不匹配有關。以前的風險投資機構更偏重於有形產品的製造，對互聯網公司的關注力度並不夠大，這迫使互聯網企業從誕生的那一天起，就將融資的眼光轉向了海外。而來自大洋彼岸那斯達克網路股的飆升對於網路股投資起到了明顯的帶動作用，人們對網路經濟的前景表示了前所未有的憧憬，這一年無論在股民，還是各大業內外媒體間，尤其是專業的股評媒體，一個對大多數人來說還很陌生的名詞「網路股」開始被熱情的傳頌著。為此，有一個憂傷的、理想就是要為生活賦予意義並「依靠寫作獲得榮耀」的年輕媒體人——許知遠，為了試圖呈現出媒介與時代精神之間激動人心的關聯，還專門出了一本集子，取名《那斯達克的一代》。

資本的流動天生有逐利性。由那斯達克引發的示範效應，使得「互聯網概念」投機熱潮迅速在除美國外的歐洲以及亞洲國家的股票市場竄紅。於是，上千億美元的資金湧入股市，搶購當時僅有的幾十支互聯網公司的股票。有數據顯示，1999 年至 2001 年間，在互聯網泡沫高峰時期，全球共有 964 億美元風險投資進入互聯網創業領域，其中 80% 也就是將近

780 億美元流入了美國。在全部一萬多筆風險投資交易中，有 7,000 多筆來自美國。僅 1999 年上市的互聯網公司就有 190 多家，使得在那斯達克交易所上市的網路公司總數增加到了 279 家。由於投資者看好科技股，因此在那斯達克綜合指數中占一半以上的電腦和網路股，1999 年的上升幅度高達 103.8%。也是在 1999 年，這些新上市的網路公司當年就創下 7,000 多億美元市場資本總值的歷史紀錄，占了這個新興產業市場總值的一半以上。

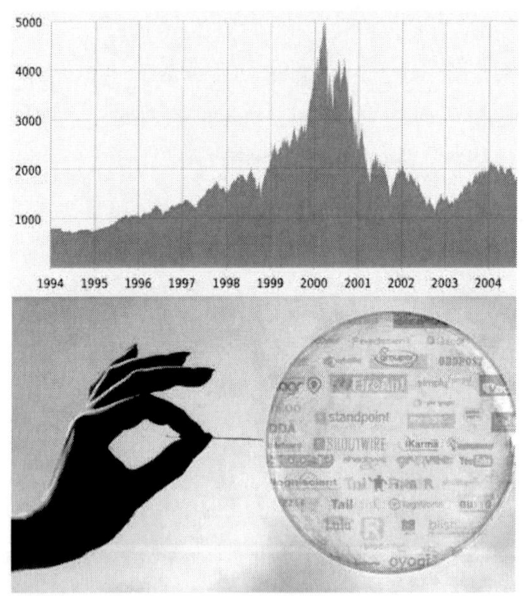

Dot-com bubble

當時美國的投資者發現了一個有趣的現象：很多新創公司千方百計貼上網路標籤，以便自己能夠輕易的獲得風險投資，然後加大公司支出，大量擴張員工特別是銷售人員，提高公司營收。典型的做法是，有的索性就在公司名字後面加上 dotcom，有的在公司名字前面加上 i 或者 e，以表示公司是同網路有關的。一旦某個公司同網路掛上鉤，不管這家公司是賺是賠，不論其主營業務是什麼，股價都很容易被炒得「直上雲霄」，發行新股時也會被搶購一空。雅虎 1998 年總收入兩億美元，利潤總額 2,500 萬美元。進入 1999 年後，雅虎的股票市值已經接近 380 億美元，超過了波音公司。而 1997 年才公開上市的亞馬遜，到 1999 年 10 月收入為 3.56 億美元，但 1998 年年底，其股票價格飆升了 2,300%。甚至像網景這樣一個從成立到上市不到兩年，沒掙過一分錢的公司，也居然站到了 IT 巨頭微軟的對立面，以致一度上演了「瀏覽器大戰」。

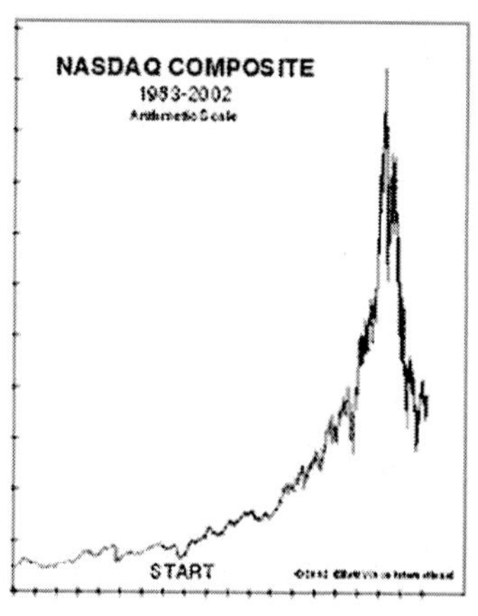

Dot-com bubble 2

然而值得一提的是，美國資本市場之所以對網路股如此捧場、青睞有加，這與美國政府推出的新經濟計畫是分不開的。1998 年 4 月 14 日，美國商務部發布《浮現中的數位經濟》（*The*

Emerging Digital Economy）報告，該報告核心觀點有兩個。第一，資訊技術在實現「高增長、高就業、低通膨」中將起著舉足輕重的作用；第二，互聯網將是新經濟主要的驅動引擎。正如彼時的美國總統比爾·柯林頓在著名的「網路新政」講演中指出：「Internet 是未來經濟的重要特徵」；「由網上貿易帶動的需求暴增，以及由此產生的高工資的高技術崗位將刺激經濟繁榮並創造更多的就業機會」。時隔一年後，1999 年 7 月，出於對此前那份報告所引發的廣泛關注和熱烈討論的回應，美國商務部發布了「續集」——《浮現中的數位經濟 2》（*The The Emerging Digital Economy II*）。

THE EMERGING DIGITAL ECONOMY

Project Director: Lynn Margherio

Dave Henry, Economics and Statistics Administration
e-mail: dhenry@doc.gov

Sandra Cooke, Economics and Statistics Administration
e-mail: scooke@doc.gov

Sabrina Montes, Economics and Statistics Administration
e-mail: smontes@doc.gov

Contributing Editor: Kent Hughes, Office of the Secretary

For further information, contact:
Secretariat on Electronic Commerce: 202-482-8369
U.S. Department of Commerce
Washington, D.C. 20230
http://www.ecommerce.gov

The The Emerging Digital Economy II

該份報告的主題是：資訊技術如何轉型美國經濟。文中指出，電子商務和 IT 產業以爆炸性的速度增長和變化，改變了美國人工作、消費、通信和娛樂的基本方式，並考察了這種發展及 IT 產業作為美國創紀錄的持續增長、低通膨和高收入工作創造背後的驅動力。同時，美國《未來學家》12 月號封面專題「展望 1999 年」談技術時的第一條就是：「今後三十年將發生一場幾乎會給生活的一切領域帶來變化的技術革命。將會出現諸如供大多數人使用的個人數位助理等創新產品、消滅遺傳疾病的基因療法、器官複製和機器人服務員。」

就這樣，隨著投資氣氛從熱鬧轉向狂熱，以互聯網為代表的新經濟更是一路高歌猛進、風光無限，特別是從 1998 年 10 月起，那斯達克指數從 1,500 點一路上揚，持續攀升，到 2000 年 3 月 10 日，那斯達克指數已突破 5,000 點大關，並創下 5,132 點的歷史最高紀錄。

在這期間，一些媒體首先聞出了個中的「異味」，他們撰文警告大眾，那斯達克已形成了比重過大的網路股板塊，而且很多估值過高，潛在風險加劇。1999 年 12 月底，摩根斯坦利首席全球投資顧問畢格斯更是語出驚人：在美國資本市場上，科技、網路和電子通信股票已經高出其合理價格的 45% ～ 5% 時，他預言，科技股的泡沫終有一天要破滅，投資人對科技股的信心過高，科技產業的獲利表現實際上不可能達到這種高度的預期。然而，更多投資者對於「盛世危言」採取置若罔聞的態度。他們在尋求一夜致富的機會，因為篤信「新經濟」的「錢」程似錦，為此爭先恐後的掏錢買一支不盈利公司的股票，只為賭它的美好未來，這真有點「我拿金錢賭明天」的勇氣。與此同時，之前積蓄起來的樂觀心態仍在膨脹：「眼球經濟」炒熱了互聯網，風險投資到處找人幫他們花錢，凡是沾點互聯網「貴族血統」的股票似乎都能扶搖直上。互聯網公司在被資本和大眾的寵愛下，花起錢來自然變得揮霍無度，胡亂「燒錢」的舉動無所不在。比如精心訂制商業設施，為員工提供豪華假期等。支付給高管和員工的是股票期權而非現金，在公司 IPO 的時候馬上就變成了百萬富翁；而許多人又把他們的新財富投資到更多的網路公司上面。一時間，美國所有的城市都在建造網路化的辦公場所以吸引互聯網企業家，紛紛謀求成為「下一個矽谷」。

可惜好景不長，到了夢境醒來、恢復理性的時候了。2000 年 4 月，受美聯儲調高利率及微軟遭地方法院拆分這兩大事件的影響，互聯網公司的夢魘終於降臨了。2000 年 4 月 3 日至 4 日，兩日內那斯達克指數暴跌 924 點，跌幅超過 20%，創造了那斯達克歷史上的跌幅之最。在短短的一個多月時間裡，那斯達克指數從 5,084 點狂瀉至 1,300 多點。此後三年內，又連續跌至 825.8 的歷史最低點。那斯達克的全面崩盤，引發了一系列連鎖反應：統計顯示，美國有 200 多家互聯網公司倒閉，千百億美元資產灰飛煙滅，其中，思科市值從 5,700 多億美元跌至 1,600 百多億美元，雅虎從 937 億美元下跌至 97 億美元，亞馬遜從 200 多億美元下降至 42 億美元。新浪股價一度跌至 1.06 美元，搜狐跌至 60 美分，網易在上市的當天就跌破了發行價，更是因為股價一度長期低至 1 美元以下而差點被停牌。

2000 年，又稱為「千禧年」，在《新約》的《啟示錄》中原本隱含的末世的意味，但在互聯網，它已經被跨世紀的喜悅和期待所取代。這一年，在經歷了此前眼花繚亂的聒噪和肆無忌憚的狂歡之後，徹徹底底的成了互聯網公司的苦命年。出來混，總是要還的。此時，全世界的網路公司都接收到了來自資本意志的信號：資本已經對互聯網的浮華失去耐心。

新 IT 經濟「點石成金」的神話轉眼間灰飛煙滅，那斯達克指數的連續下挫，嚴重打擊了投資者的信心，使得靠風險投資為生的新興互聯網業遭受滅頂之災，但災難並沒有就此停止。就像傾倒的西洋骨牌一樣，2000 年的之後幾年，互聯網業的危機很快波及處於產業鏈上下游的電信製造業和運營業。許多通信企業股票下跌，盈利狀況惡化，紛紛宣布裁員，整個訊息通信產業步入了前所未有的寒冬之中，成為重災區。上萬億美元的金融資產在泡沫破滅中化為烏有，股市成了千百萬投資者的煉獄，他們不得不蒙受巨大的經濟損失。如果說，在 2000 年之前，融資與上市是互聯網企業的主旋律，那麼，現如今，裁員和倒閉則成了對它們的懲罰與詛咒。從美國那斯達克爆發的科技泡沫危機，影響波及全球，全世界互聯網產業冰火兩重天、寒氣逼人。

科技泡沫破了，許多創業者一夜致富的夢想也破了。那麼，究竟是什麼原因讓紅極一時的互聯網經濟從天堂跌至地獄？有人說：「都是資本惹的禍！」然而，深入一步反思後發現：資本在泡沫的膨脹和破滅中只起了推波助瀾的作用，泡沫破裂的真正原因還在於互聯網企業自身。正如《互聯網週刊》在回顧 2000 年互聯網泡沫時分析指出：「2000 年 .com 企業面臨著這樣的形勢：你可能在明天醒來發現自己坐在財富的巔峰，也可能今夜睡去就永遠被市場拋棄。這，也許就是資本的力量，或者從更本質上說是互聯網的力量。」

Larry Roberts

國外著名科技部落格 TechCrunch 創始人兼主編的麥可·阿靈頓（Michael Arrington）認為千禧年互聯網泡沫的根本原因在於，所有人只關心營業額，但對用戶和頁面瀏覽量卻從不重視，想盈利自然也成為了天方夜譚。更令人咋舌的是，當時似乎整條華爾街的分析師都將營收作為判斷一切的標準，並以此對 IT 公司估值，他們絲毫不會考慮這家公司是否虧損，或者虧多嚴重，他們始終認為股價僅與營收掛鉤。這種投資判斷標準極易誘發道德風險，最明顯的例子就在於當時所有公司都在不擇手段從事以提升營收業績為唯一目的的交易。如，A 公司從 B 公司購買廣告或其他產品，簽訂價值 500 萬美元，時長 24 個月的合約。而 B 公司再從 A 公司購買一批產品，簽訂價值 400 萬美元，時長 18 個月的合約。股票經紀人對這種交易尤為開心，無論利潤情況如何，只要交易達成他們便會擊掌慶祝一番。又比如：初創公司從風險投資公司融資 1 億（或以上）美元，然後儘快轉換為公司支出，如聘請各類員工尤其是銷售人員，不擇手段、不惜一切代價提高公司營業額。在迅速申請上市後再賣出股票，使其確保一夜致富。

除只關心營收數據的前置邏輯錯誤外，像概念代替經營、跟風險投資機盛行、產業鍊條斷裂都是導致互聯網泡沫破滅的原因。

概念代替經營。市場熱的時候，什麼概念都是美好的；市場冷的時候，什麼概念都是虛幻的。例如 .com 和 e 標籤。市場好的時候，什麼樣的商業模式都是黃金；市場差的時候，什麼樣的商業模式都像垃圾，如 B2C、C2C。然而光有眼花繚亂的概念是不夠的，必須有實實在在的經營。以互聯網慣用的「免費」模式為例，不可否認，它在一定程度上對推廣服務、提高用戶認知發揮很關鍵的作用，但免費畢竟不是根本的出路。對一個長期生存發展的產業而言，盈利還是當務之急，但問題是免費客觀上培養了用戶的依賴心理，即只對免費的感興趣，一旦收費，就用腳投票改換另一家。所以，那些為了保持用戶量的互聯網公司只能長期的舉著免費的大旗，為了維繫公司運營，只能依靠資本市場不斷輸血，這樣一來，無異於飲鴆止渴，結果容易走上發展的死循環。都說「天下沒有免費的午餐」，換句說法理解，有道是：免費的早餐、免費的午餐，最終必然導致「最後的晚餐」。

跟風險投資機盛行。「一哄而上」、「紛至沓來」最能形容那段時期的投資氛圍。基本上，網路泡沫危機是企業跟風炒作的必然結果。為了加以「借鑑」，人們把互聯網產業中人家的概念不加分辨地「包裝」到自己身上，搖身一變，就跟上了潮流和時下資本的熱點。不管誰是第一個利用互聯網賺錢的人，只要能用同一種模式產生利益，或者哪種模式能更容易融到資圈到錢，創業者就會抱著投機試試看的心理去嘗試。

產業鍊條斷裂。從一般的經濟規律分析，一個產業的興盛需要產業中的各個環節準確定位、合理分工，需要產業各方透過合作發揮自身的優勢，實現社會資源的最優配置。然而在互聯網發展熱潮中，這一規律沒有得到遵循。在互聯網大潮湧動之初，來自訊息產業各個環節的力量迅速介入其中，聚集了人類經濟史上罕見的人氣，成為資本市場的寵兒。但遺憾的是，在互聯網產業發展的進程中，網路、內容、軟體等環節各自為政、競相為王、贏家通吃。而免費服務使得互聯網企業的付出得不到相應的回報，企業最終難以為繼。產業鏈的嚴重斷裂，使得整個訊息科技產業難以實現盈利和良性循環，進入了只能靠不斷燒錢才能維繫運營的「死胡同」，泡沫破滅便是早晚的事了。

當然，倘若我們從更為宏觀的視野去分析這場泡沫危機，美國政府的金融監管體系難辭其咎。美國經濟在大蕭條後迎來了連續 40 年的增長，金融業此時被嚴格監管。但是在 1970 年代，遭遇了兩次石油危機，也為美國帶來了高通貨膨脹。1982 年，雷根政府為了振興經濟，開始放寬對儲蓄貸款銀行的限制，允許他們動用儲蓄存款進行風險投資，於是金融業迎來了爆發式的發展，投行的春天來了。但是在 1980 年代末，上百家儲蓄貸款公司倒閉，無數人損失了一生的積蓄。這應該算是第一次金融危機。但是貪婪和盲目的逐利並沒有因此消退，人們依然繼續在房地產和股市中期待投機盈利。

監管機構繼續放寬甚至撤銷了監管機制。於是引來了發生於 1990 年末的第二次大危機，也就是我們說的互聯網泡沫。由於無人監管，投資銀行會推銷他們明知毫無前途的互聯網公司，分析師則肆意鼓吹以吸引客戶購買從而獲得提成。很多當時被稱為極具潛力的科技股，事後在資本市場上被貶得一文不值。券商、投行他們當面說一套，背地裡做的又是另一套。欺騙投資者，吹捧和虛高成為了主旋律，泡沫自然就產生了。可以說，缺乏有效監管的投資銀行對互聯網股票過度追捧，加速了這場金融危機的爆發。

然而，互聯網泡沫破碎後，股市的不景氣讓投機者們又重新把目光聚焦到了房地產，瘋狂和逐利沒有停下，一場更大的危機就此埋下伏筆。鑒於科技泡沫破裂，萬億市值蒸發，導致美國經濟出現短暫性的衰退。時任美聯儲主席艾倫·葛林斯班（Alan Greenspan）生怕美國在他的手上陷入衰退，便試圖透過推行流動性貨幣政策（不停的降息）從而製造出虛假繁榮的經濟現象。2001 年至 2011 年，美聯儲連續 13 次減息，聯邦基金利率接近零水平。美聯儲的降息政策極大的刺激了房地產業和信貸消費的發展，由此帶來的財富效應極大的推動了美國經濟的增長。然而，降息太多，隨後的加息步伐又太慢，低利率刺激了抵押貸款和過度消費，造成了房地產泡沫的膨脹。此外，毫無危機治理經驗的美聯儲並沒有嚴格的監管制度。央行降低了抵押貸款的標準，以至信用狀況不佳的貸款人以極低的成本透過貸款得以購買房屋，從而引發了 2008 年次貸危機。

Alan Greenspan

葛林斯班很無奈的表示：「從我們的經驗中總結出，沒有一項低風險、低成本的緊縮貨幣政策能可靠的遏止泡沫的發展，但有沒有一種政策至少能縮小泡沫的規模和它的附帶後果？到目前為止，答案是沒有。」於是美聯儲開始嘗試用一個泡沫對抗另一個泡沫，用一句話來說，就叫「拆東牆補西牆」。

那麼，難道互聯網泡沫破滅對後世一點積極的意義都沒有嗎？事實並不盡然。至少，至此之後，每隔一段時間，互聯網和高科技業界都會有「泡沫來臨」的警報響起。就在本書寫作的 2014 年至 2015 年期間，警報聲明顯趨緊。例如：被視為矽谷最明智，且備受尊敬的風險投資人比爾·格利（Bill Gurley）對矽谷敲響了警鐘。他指出，當前的投資環境令他想起了 1990 年代末的科技泡沫，「矽谷承擔的風險越來越大，這是自 1999 年以來前所未有的」。他把原因歸結為「大部分投資人無所畏懼，每個人都很貪心」。對於格利的這番話，有「數位化時代的預言家與鼓吹手」之稱的《連線》（Wired）雜誌給出的評價是：「終於有人說出了人們的擔憂，他讓一部分矽谷人長舒了一口氣！」比爾·格利是風險投資公司基準資本（benchmark capital）的高級合夥人，曾對 Uber、在線餐廳預訂服務商 OpenTable，及免費房地產估價服務網站 Zillow 等多家初創企業進行投資。基準資本同時還是閱後即焚應用 Snapchat 和商家評論 Yelp 及多家矽谷初創企業的投資方。

聯合廣場風險投資基金（Union Square Ventures）的弗雷德·威爾森（Fred Wilson）對同行的這一觀點表示認同。他說：「我們投資的一些公司，每月燒掉的現金多達幾百萬美元，這種燒錢節奏讓我感到不安。」威爾森投資的項目包括 Twitter、網路簽到 Foursquare、社交遊戲 Zynga、輕部落格 Tumblr。

Bill Gurley

矽谷知名風險投資大師安德森·霍洛維茲基（Andreessen Horowitz）則表示，現在的新創科技公司燒錢速度驚人，一旦市場形勢變化，許多公司將會「蒸發」。他在 Twitter 上寫道：

「市場必定會扭轉方向，我們將會發現誰在裸泳。」霍洛維茲基是網景瀏覽器創始人，也是以他名字命名的風險投資機構的合夥人，他投資的著名網路公司包括圖片社群網站 Pinterest、Foursquare，以及閃購網站 Fab 等。

Fred Wilson

甚至在較早時期的 2012 年，支持「泡沫論」觀點的美國 Broadsight 科技諮詢公司創始人阿倫·帕特里克（Allen Patrick）曾為互聯網泡沫擬定了十條「確認標準」：①大公司為收購新事物買單；②有人預警泡沫產生；③科技公司的前僱員創業時會沒有任何理由的獲取投資；④為了創業公司，會有大量投資基金公司逆向誕生；⑤公司僅憑 PPT 介紹就可獲得資助；⑥ MBA 們紛紛離職，自己創業；⑦出現大市值公司上市；⑧銀行為新事物炒作市場，開設創業基金，將養老的錢投到裡面；⑨計程車司機開始向你建議買此類股票；⑩受寵的新生事物開始購買傳統公司。帕特里克認為，按照這套標準，當下矽谷的情形與 1999 年互聯網泡沫破滅前的局面如出一轍。

但也有相對持樂觀論調的一方。如《經濟學人》雜誌指出，新一輪的科技泡沫日益逼近。但公眾無須對此恐慌，因為這一輪科技泡沫主要體現在私有市場，最終的破壞性也將遠遠弱於 2000 年時的科技泡沫，此外，大公司的雄厚經濟實力也能夠抵制相關的破壞性影響。還有美國風險投資公司 Y 孵化器（Y Combinator）合夥人、被尊稱為「矽谷創業教父」的保羅·格雷厄姆（Paul Graham）就認為不存在投資泡沫，新興公司無須為業務模式擔憂。他說：「目前的確有很多失敗的新興公司，但這並不是泡沫的定義。一般來說，泡沫是指大量資金投向失敗的新興公司，這種情況現在並未發生。」

有人悲觀謹慎，有人樂觀豁達，雖然出發點不同，但殊途同歸，都不希望歷史重演。但也有的人就從這次泡沫危機中覓得了商機。當他振臂一呼，拋出一個概念，突然，互聯網界似乎集體看到了重生的希望，並且就此與過去訣別……

Paul Graham

第十二章

互聯網 2.0

Internet
A history of concepts

Web 2.0

2004 年 10 月 5 日，對矽谷乃至全球互聯網業界而言，是一個不平凡的日子。這一天，在美國加利福尼亞舊金山的日航酒店（Hotel Nikko San Francisco）召開了首屆 Web 2.0 大會（Web 2.0 Conference，2006 年更名為「高峰會」，Summit）。會議邀請到了包括傑夫·貝佐斯、馬克·安德森、勞倫斯·萊斯格、約翰·多爾、瑪麗·米克爾（MaryMeeker）、摩根斯坦利的互聯網分析師，2010 年跳槽至知名風險投資公司 KPCB，因每年發布的《互聯網趨勢報告》儼然成為業界的一個風向標，故被《巴蘭週刊》稱為「互聯網女皇」（Queen of the Net）」、馬克·庫班（Mark Cuban，先後創辦了 Micro Solutions 和 Broadcast.com，後者以大約 60 億美元的價格賣給雅虎，成為億萬富翁，現為 NBA 小牛隊的老闆）等在內的一批互聯網業界突出的企業家、思想家和投資人。

Web 2.0Summit

承辦本次會議的是一家名叫奧萊利的媒體公司（O'Reilly Media,Inc），他們主要透過圖書出版、雜誌、在線服務、調查研究和會議等方式傳播科技界創新者的知識，公司成立於 1978 年。蒂姆·奧萊利（Tim O'Reilly）是這家公司的創始人和 CEO，同時也擔任著本屆大會的主持。說起奧萊利這個人，可謂爭議不小、褒貶不一。有人盛讚他是「矽谷的意見領袖」、「趨勢布道者」，以及自由軟體和開源軟體運動強有力的支持者；也有人責罵他更像一個經過精心策劃、商業包裝靠兜售觀念發財的「彌母騙術師」（「彌母」一詞最早出自英國著名科學家理查·道金斯（Richard Dawkins）所著的《自私的基因》（*The Selfish Gene*）一書，其含義是指在諸如語言、觀念、信仰、行為方式等的傳遞過程中與基因在生物進化過程中所起的作用相類似的那個東西）而非「矽谷天才」，其中，有篇經典文章就出自白俄羅斯人、新銳的科技責罵家葉夫根尼·莫洛佐夫（Evgeny Morozov）之手，題目叫《奧萊利的「詞媒體」帝國》（*The Meme Hustler: Tim O'eilly' Crazy Talk*）。

Tim O'Reilly

和奧萊利同台搭檔主持的叫約翰·巴特利（John Battelle），我們在介紹「搜尋引擎」時曾提到過這個人。巴特利記者出身，是《搜》一書的作者，他參與創辦過兩本有名的雜誌《連線》和《產業標準》，同時他還是聯邦傳媒（Federated Media Publishing）的創始人和 CEO。

Evgeny Morozov

除了他們兩人所在的公司，還有一家叫 Media Live 的國際公司也參與了會議承辦。經過事前討論，三方決定本次大會的主題為：「網路作為平台」（Web as a platform）。然而，「平台說」很快被一個更新、更簡潔的概念取代，也正因為如此，從 2004 年開始，每年一屆的高峰會成了引爆世界互聯網產業趨勢的重要策源地，而且，大會最重要的推動者奧萊利也就名正言順的成為了「Web 2.0 之父」——沒錯，這個概念正是 Web 2.0。

沒有更多資料顯示 Web 2.0 究竟是如何從無到有、橫空出世的。從已有的文獻，也就是蒂姆·奧萊利為事後進一步總結和提煉首屆 Web 2.0 大會，於 2005 年 9 月 30 日發布的《什麼是 Web 2.0 ？》（*What Is Web 2.0:Design Patternsand Business Models for the Next Generation of Software*）一文中，他回憶

道：「Web 2.0 的概念開始於一次會議中，展開於 O'Reilly 公司和 MediaLive 國際公司之間的腦力激盪部分。作為互聯網先驅和 O'Reilly 公司副總裁的戴爾·多爾蒂（Dale Dougherty）注意到，同所謂的『崩潰』迥然不同，互聯網比其他任何時候都更重要，令人激動的新應用程式和網站正在以令人驚訝的規律性湧現出來。更重要的是，那些倖免於當初網路泡沫的公司，看起來有一些共同之處。那麼會不會是互聯網公司那場泡沫的破滅標誌了互聯網的一種轉折，以至於呼籲 Web 2.0 的行動有了意義？我們都認同這種觀點，Web 2.0 會議由此誕生。」

按照奧萊利的分析，2001 年秋天科技泡沫的破滅標誌著互聯網產業發展的一個轉折點。許多人斷定互聯網被過分炒作，事實上網路泡沫和相繼而來的股市大衰退看起來像是所有技術革命的共同特徵。股市大衰退通常標誌著蒸蒸日上的新技術已經開始占領中央舞台。假冒者被驅逐，劣幣驅逐良幣，而真正成功的故事將展示它們的力量，同時人們開始理解了是什麼將一個故事同另外一個區分開來。

奧萊利的意圖（邏輯）再清楚不過。首先，他對「互聯網泡沫」中「部分互聯網公司」和「互聯網整體產業」作了區分，這就好比因噎廢食，錯的不是食物，而是進食的方法和節奏。同樣道理，互聯網泡沫的爆發是對陳舊的、理應被淘汰的部分科技產業的一種懲罰，屬於正常的市場機制調整範疇，互聯網整體向前發展的趨勢不會改變。其次，他用一個簡單易記但語義不清的語詞 Web 2.0 作了標識，把當時一切新生的、廣受歡迎的，並且有幸躲過互聯網泡沫劫數的網站 / 應用盡收其中，至此，很自然的將 1.0 劃為過去，把 2.0 視作將來，不得不承認，這種未必考究但清晰有效的界線劃分，讓互聯網人士很輕鬆的告別不堪的噩夢般的過往，重啟想像、重新出發。最後，透過一次主題鮮明、議程精心設置的產業大會，鄭重其事的拋出 Web 2.0 的概念，爭取與業界達成普遍共識，以便儘快恢復因互聯網泡沫破裂之後行業的信心，讓過去趕快翻篇。

在會議召開當天，奧萊利作了主題發言。在開篇，他探討了為什麼一些企業能夠在互聯網泡沫中生存下來，而其他企業卻最終失敗，並對當時的一些增長迅速的創業企業進行了研究。然後他提出「互聯網作為一個平台」的理論，其核心意思是：網站不再純粹是個「空間」，而是一個個通往各式服務的「入口」，用戶被置於網站的中心位置，被賦予更大的訊息生產、傳播的權力。他們提交的內容將被網站接受和有效管理，並且這些內容是服務的主體。當然，內容不再是簡單的 BBS 論壇灌水一類的，而是實實在在的資訊、訊息和基於各種媒體的娛樂內容。值得一提的是，「互聯網作為一個平台」是奧萊利構建 Web 2.0 理論體系的首要原則，其餘的還有：利用集體智慧、數據是下一個 IntelInside、軟體發布週期的終結、輕量型編程模型、軟體超越單一設備和豐富的用戶體驗。

奧萊利的演講獲得了與會者的認可，被大會組織者寄予厚望的新概念 Web2.0 迅速在業內得到傳播。然而，究竟是什麼原因讓會議大獲成功，讓 Web 2.0 這麼快深入人心呢？難道僅僅憑藉著奧萊利出色的演講，或者，是被莫洛佐夫稱為的「舉止入時、談吐流利、善於自我推銷，還能從哲學角度看世間一切……在矽谷，他的智慧之所以令人高山仰止，大半可以歸功於一個簡單的事實：他比一般的技術創業者多讀了許多書」？

其實不然。在奧萊利準備這次演講前，或者說在打算策劃一個商業性質的高峰會前，早有不少新興網站、技術應用體現了那個被奧萊利隆重介紹出來的 Web 2.0 的特徵。相關例子有：Google AdSense、BitTorrent、Napster、Flickr、Digg、Delicious、Blogging、Wikipedia、Bloglines 等。也就是說，在奧萊利及其這次會議推出 Web 2.0 的概念時，人們已經非常熟悉這些新銳的、優秀的網站和軟體應用，並且從中看到了它們可能引爆的流行，現在，則由奧萊利這樣一位布道者，以美好的未來、炫目的前景，還有光鮮亮麗的詞語帶領著「劫後重生」不久的矽谷同行們相互慰藉、尋找希望。

時間倒回至 1997 年 12 月，程式員約恩·巴格爾（Jorn Barger）創辦個人網站 Robot Wisdom Weblog，內容涉及政治、文化、書籍和技術等方面，但這不是重點，重點是，他首次創造了「網路日誌」（weblog）一詞——它所指代的是一種由個人管理、不定期張貼新文章的網站。網站上的帖子通常根據張貼時間，以倒序方式由新到舊排列。這種提倡用戶個人書寫、自主發布以及自我管理的訊息傳播方式，與奧萊利主張的 Web 2.0 核心原則不謀而合，即去中心化、分享協作、群體智慧。

雖然對於究竟誰是「網路日誌第一人」存在爭議，除巴格爾之外，還有的說是網路企業聯合組織的先驅之一、脾氣暴躁的戴夫·維納爾（Dave Matt Drudge Winer），甚至是《紐約時報》認為的「部落格創始人」、同時又是網路遊戲專家的賈斯丁·哈爾（Justin Hall），

Matt Drudge

但不管怎麼樣，網路日誌在隨後十多年經歷了迅速的發展期，在 2007 年，正值「weblog 誕生十週年」的年分，用戶人數便早早的突破了一億多。

1998 年 1 月，隨著一起驚天事件被揭露，讓網路日誌頓時吸引來了傳統主流媒體的目光，也成就了一個人、一個網站和一種新媒體報導方式——他是馬特·德拉吉（Matt Drudge）和他獨立運營的新聞聚合網站「德拉吉報導」（Drudge Report）。

Matt Drudge

1 月 17 日的深夜，馬特·德拉吉向他的世界各地的近 5 萬名新聞郵件訂戶發送了一個令人窒息的訊息，這個訊息也同布放到了網站上。「在最後一分鐘，星期六（1 月 17 日）晚上六點，新聞週刊雜誌槍殺了一個重大新聞。這條新聞注定將動搖華盛頓的地基：一個白宮實習生與美國總統有染。」德拉吉解釋說：「《新聞週刊》記者麥可·艾西科夫逮住了他平生最大的一條新聞，但就在見報前幾個小時，這條新聞被《新聞週刊》的高層扼殺了。」誰也不知道德拉吉的消息來自何方。很多人認為，消息很可能來自《新聞週刊》內部人員。但德拉吉管不了這麼多，他決定賭一把，於是，他就在這條新聞的題頭寫了「世界獨家新聞」幾個字眼。

德拉吉的故事迅速傳播。很快有人將德拉吉的報導轉貼到一個個網上新聞組中。星期一早晨，德拉吉報導更新了新聞，第一次直呼莫尼卡·萊文斯基的芳名，並指出她就是現任總統比爾·柯林頓的情人，並提供了萊文斯基的簡歷。星期二晚上，德拉吉揮出了致命的重拳：聯邦調查局特工手中有電話錄音，進一步證實了有關白宮緋聞的報導。錄音中顯示，萊文斯基告訴他的小姐妹，她有一條深藍的裙子上沾有柯林頓的精液，她將永遠不會洗這條裙子。

這邊德拉吉報導已經熱熱鬧鬧的進行跟蹤報導了，但包括美聯社等各大通迅社、《華盛頓郵報》、《紐約時報》、《華爾街日報》和《洛杉磯時報》等美國主要的全面性大報仍然對外保持沉默，顯得無動於衷。直至後來，才開始後知後覺的進行深入調查。一場史無前例的白宮緋聞追逐戰才正式揭幕。到 1998 年 8 月，迫於壓力，柯林頓最終承認緋聞，並向美國人民道歉。

無疑，這一起白宮緋聞讓德拉吉和他的個人網站聲名鵲起。1998 年 6 月 2 日，德拉吉走上了美國新聞俱樂部的講台。一個互聯網上一度「聲名狼藉」的莽漢應邀向全美新聞界的精英發表演講，這本身就是新聞。路透社當天就此事播發的特稿標題為「德拉吉單騎勇闖『虎穴』」。但不可否認，新聞史上這一仍在發展的章節的特殊的意義在於，一種嶄新的自媒體正在崛起，無論人們以傳統的眼光對於這種新媒體及其從業人員如何評價。就在德拉吉報導總統柯林頓性醜聞後的第 6 年，美國《聖荷西水星報》（*the San Jose Mercury News*）記者、美國網路新聞學創始人、首屈一指的科技專欄作家丹·吉摩爾（Dan Gillmor）出版了《草根媒體》（*We the Media*）。因為他本人是美國新聞記者中最早開始使用網路日誌，並透過它發布訊息的記者中的一員，所以由他來述說在網路日誌新工具的衝擊下，所引起的新聞生產與消費方式的深層轉變再合適不過。在書中，他指出新興的草根新聞記者掌握住發球權，實時把新聞播送給全球閱聽大眾已經成為可能，有了筆記型電腦、手機，以及數位相機，讀者搖身一變成為記者，他們改變新聞的形式，從演說形式變成對話形式。有必要一提的是，策劃和出版該書的還是奧萊利的媒體公司。

另外在 1999 年 5 月，皮特·莫霍爾茲（Peter Merholz）在其自辦的網站 Peterme.com 上在 peterme.com 上寫了一句話，內容大致如下：「我決定 weblog 念成 wee-blog，或者簡稱 blog。」莫霍爾茲並沒把這行玩笑似的文字當回事，並將它放到個人主頁的側欄上。現在，他肯定明白，這行十來個字的句子為何如此舉足輕重。因為無心之舉，莫霍爾茲成了第一個創造並使用 Blog 一詞的人。

同樣是在這一年，麥格·胡里安（Meg Hourihan）和埃文·威廉姆斯（Evan Williams）為自己的公司——Pyra 實驗室（Pyra Labs）設計出網路日誌軟體，隨後借鑑莫霍爾茲的思路，將其命名為 Blogger，當然，他們未曾預料到這個軟體會帶來一場革命。在 Blogger 之前，真正寫網路日誌的僅有一類人，就是居住在像矽谷這類地方的電腦高手。這種改變順理成章的讓 Blogger 創始人成為科技界的傳奇，極大的改變了全世界人們在互聯網上溝通的方式。如今，它已成為全球最主要、使用數最多的網路日誌服務平台。2003 年，Google 公司收購了 Pyra 實驗室連同 Blogger。

Dan Gillmor

Evan Williams

至於網路日誌與中國的淵源始於 2000 年，當時只有一小部分程式設計師或從事互聯網前線研究的專業人士使用了這種工具。直到 2002 年，一個名叫方興東的知名 IT 評論人和合作者王俊秀率先將 Blog 翻譯成「部落格」(寫部落格的人自然是「博主」)。此後，他本人還起草了部落格宣言，將「部落格」比喻成「資訊時代的麥哲倫」。在宣言的最後，方興東高呼：「部落格文化能引領中國向知識社會轉型，部落格關懷能開啟一個負責的時代。」再後來，方興東專門成立了類似 Blogger 網站的「部落格中國」，並於 2005 年獲得了 1,000 萬美元的風險投資，在最巔峰時「部落格中國」全球排名 60 多位，當時方興東還喊出「一年超新浪，兩年上市」的壯志，只可惜，最後功虧一簣、泯然眾人，他也從「壯志滿滿」成了「壯志未酬」。但他仍然被公認為「大陸部落格之父」。事實上，客觀上也因為他的大力宣傳，部落格被更多網友熟知，也被大眾更廣泛的使用。經過幾年發展，部落格不僅僅是一種網上寫寫文章、發發牢騷的私人行為，更是代表著一種以個人為中心、可參與公共討論的新數位生活方式。2005 年，這一年是中國的「部落格元年」，人們因為了解部落格，也因此對 Web 2.0 有了更直觀和形象的理解。

不僅僅是部落格，奧萊利在舉例說明 Web 2.0 時代全面來臨時，還提到了「維基百科」(Wikipedia)。這是一項最能直接體現 Web 2.0 理念下集合群體智慧、協作生產的典型產品。奧萊利寫道：「維基百科是一種在線百科全書，其實現基於一種看似不可能的觀念。該觀念認為一個條目可以被任何互聯網用戶所添加，同時可以被其他任何人編輯。無疑，這是對信任的一種極端的實驗，將埃里克·雷蒙德（Eric Raymond）的格言（源自開放原始碼軟體的背景之下）:『有足夠的眼球，所有的程式缺陷都是膚淺的』(*with enough eyeballs, allbugs are shallow*)運用到了內容的創建之中。維基百科已然高居世界網站百強之列，並且許多人認為它不久就將位列十強。這在內容創建方面是一種深遠的變革。」

正如我們前面多次提到，更多時候，奧萊利是以其敏銳的洞察和高超的造詞藝術讓 Web 2.0 深入人心、如痴如狂，但他並不是這種理念的創造者。就拿維基百科這項應用來說，早在 1992 年 9 月 12 日，互聯網先驅之一的里克·蓋茲（Rick Gates）就曾討論建立人人都可以編輯的「互聯網百科全書」，取名為 Interpedia。可惜，當時各方面條件均不成熟，尚處於概念創意階段。9 年後的 2001 年 1 月 15 日，吉米·威爾斯(Jimmy Wales)和拉里·桑格（Larry Sanger）共同推出了真正意義上的互聯網百科全書——維基百科。

在《紐約時報》的一篇專題報導中，吉米·威爾斯這位「維基百科之父」被援引描述為「一個舉世聞名卻不是億萬富翁的互聯網企業家」，但這並不影響威爾斯想透過架設一個平台實現「人人都能書寫歷史」的宏大遠景。

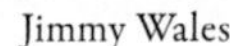
Jimmy Wales

Larry Sanger

威爾斯對於「任何人都可以編輯的在線百科全書」這個概念非常迷戀。他從小是看著父母的貼滿了書籤的世界百科全書長大的；在讀研究生時，他開始對當時蓬勃發展的開源軟體運動產生了興趣。2000 年，他聘請學者拉里·桑格來幫他創建這個線上百科，這就是維基百科的前身 Nupedia，桑格擔任主編。可惜 Nupedia 經營狀況很不理想，步履維艱，其運作資金主要來自威爾斯創辦的一個名叫 Bomis 的介紹娛樂和成人內容的男性入口網站來提供。後來，在桑格的建議下，威爾斯也在免費的開源百科全書中看到了更大的「文化試驗」機遇，為此幾乎投入了自己的全部精力。2001 年 1 月，他註冊了 www.wikipedia.org 和 www.wikipedia.com 的域名。整個項目於 2001 年 1 月 15 日上線，因此，這一天也被稱作「維基百科日」。而桑格也順理成章的成為了「維基百科的聯合創始人」。

與許多互聯網企業家一樣，在一開始，威爾斯無意創立一個企業——他只是想創造一個很酷的東西。在一開始，維基百科的運營完全是想到哪做到哪。當時，威爾斯與羅漢為了省掉一些房租，搬到了佛羅里達的聖彼得堡。他必須用 Bomis 那邊賺到的錢來維持維基百科在坦帕的伺服器。創業初期，威爾斯依然認為，他的免費百科全書能為他帶來巨大的財富。

2001 年起互聯網熱潮褪去時，威爾斯還沒來得及把維基百科建成一個可盈利的企業。此後，他陷入了一個窘境——維基百科成為了一個「叫好不賺錢」的項目，依賴於固執的志願者的支持，而他們絕不會支持在維基百科上刊登廣告。然而，隨著維基百科的發展，威爾斯發起了一場精明的品牌轉變。2003 年 6 月，他為維基百科創建了一個非營利的基金會。2004 年，在接受科技資訊網站 Slashdot 的採訪時，他公開發表了自己的發展目標，這使得未來的維基百科完全脫離開了 Bomis 這個略微丟臉的根基（但不可否認，該色情網站為維基百科早期發展提供了必要的資金支持）。他當時說：「我們要做的就是讓這個世界上的每一個人都可以免費的獲取人類所有的知識。」與威爾斯的觀念向左的科技資訊作家，《網友的狂歡》、《科技眩暈》等暢銷書的作者安德魯·基恩（Andrew Keen）分析說：「威爾斯不過是一個幸運的隱晦色情傳播者罷了。」不過，威爾斯崇高的目標在 2005 年讓他得到了一次在 TED 演講的機會。此後，U2 的主場波諾親自邀請他加盟在達沃斯舉行的世界經濟論壇。

在這次旅途中，威爾斯的知名度和影響力迅速得到了提升。他理想中的互聯網——一個不被企業或政府的私人利益禁錮的世界——得到了許多人的響應。此外，他還登上了《時代》雜誌所評出的「2006 年最具影響力的一百個任務」的榜單。在參加達沃斯論壇的第二年，威爾斯獲得了「全球青年領袖」的稱號。哈佛大學的法律係教授、哈佛大學伯克曼互聯網與社會研究中心的創始人之一喬納森·齊特林（Jonathan L. Zittrain）評價說：「吉米促生了人類知識史上最偉大的創造之一，他也一直因此在高調的宣揚此事。我們不應該去嫉妒他。我覺得他也是憑著直覺摸索著走到今天的，因為這樣的事情並沒有先例。」

Julian Assange

如今，維基百科已經有了全世界 285 種不同語言的版本，每個月有超過兩百億的瀏覽量和約 5 億多個獨立訪客。它是世界上瀏覽量排名第 5 的網站，僅次於 Google、雅虎、微軟和 Facebook，同時遙遙領先於亞馬遜、蘋果和 eBay。據相關人士估算，如果維基百科要刊登廣告，其價值最多可達五十億美元。而維基百科的出現，也給了澳大利亞人朱利安·阿桑奇（Julian Paul Assange）啟發，後者借用了維基百科的「維基」名號，在 2006 年 12 月創建了一個透過公開來自匿名來源和網路洩漏的文件檔，旨在讓政府、組織在陽光下運作，把重大新聞和事件真相告知公眾的互聯網平台——「維基解密」（WikiLeaks）。雖然名稱和維基百科都有「維基」，但阿桑奇多次強調，維基解密並沒有使用過維基百科的技術，該網站也是從創立時曾允許讓用戶互動編輯，但隨後轉型為傳統的單向集中發布模式，並不再開放用戶進行評論或編輯。關於阿桑奇和他維基解密的更多故事可以閱讀他的自傳《阿桑奇自傳：不能不說的祕密》（*Julian Assange: The Unauthorised Autobiography*）和《維基大戰前傳：阿桑奇和他的駭客戰友》（*Underground:Tales of Hacking, Madness, and Obsession on the Electronic Frontier*）。而對於威爾斯來說，他嚴厲的責罵了阿桑奇濫用維基的稱號，他擔心自己遭這類極端的自由人士的牽連，在多個場合公開表示「維基解密並不是一個典型的維基網站」。

WikiLeaks

即便如此，我們不可否認從部落格到維基（不管是「百科」還是「解密」）乃至其他種種新產品，它們都無一例外完美的詮釋了什麼叫作為平台的互聯網、如何利用集體的智慧、怎樣實現豐富的用戶體驗等。正如維基解密的存在，在眾人拾柴火焰高的合力下，短短幾年，維基解密便接二連三爆出了驚人新聞：2008 年 8 月，發布的文件檔包括美國軍隊在阿富汗戰爭中的裝備購置和保養支出，以及其在肯尼的腐敗事件等。

2010 年 4 月，在一個名為「平行謀殺」（collateral murder）的網站上公開了一段 2010 年 7 月 12 日美國軍隊在巴格達空襲時，美國空軍飛行員在巴格達利用阿帕契直升機攻擊及殺死包括數名伊拉克記者在內的無辜平民的影片。同年 7 月，維基解密再次發表阿富汗戰爭日記，內容包含逾 76,900 百份關於阿富汗戰爭文件檔，在此之前這些文件檔都未曾公開。同年 10 月，維基解密和主要商業媒體公司合作，又公開了逾 40 萬份文件檔，稱為「伊拉克戰爭紀錄」。這使得每起在伊拉克，以及跨越伊朗邊界的死亡事件的地點，都可以在地圖上找到。2011 年 4 月，維基解密開始公布與被關押在關塔那摩海灣拘留中心的囚犯有關的 779 份機密文件檔。一直到 2013 年，它參與報導了史諾登事件和「稜鏡」計畫。

為此，像《紐約客》雜誌特約撰稿人詹姆斯·索羅維基的《群體的智慧——如何做出最聰明的決策》，被譽為「數位經濟之父」的唐·泰普斯科特的《維基經濟學：大規模協作如何改變一切》、《宏觀維基經濟學》、《連線》雜誌撰稿人傑夫·豪的《眾包》以及被業界譽為「互聯網革命最偉大的思考者」、「新文化最敏銳的觀察者」的克萊·舍基寫的《認知盈餘：自由時間的力量》、《人人時代：無組織的組織力量》等，這些作品都紛紛為 Web 2.0 唱響了讚歌。事實上，從引爆「觀念革命」到成為「業界共識」，Web 2.0 只用了短短兩三年時間。那麼，究竟 Web 2.0 是不是一種有效的商業模式，抑或不過是一個虛幻的流行口號？誰又是它的集大成者呢？發展至今，Web 2.0 還給互聯網業的發展帶來了什麼呢？答案就在 Facebook 上。

第十三章

社群網路

Internet
A history of concepts

Mark Zuckerberg

Warren G.Bennis

David Fincher

2003年的某一天，酒吧，馬克·祖克柏（Mark Zuckerberg）和他的女友。

不知因為出於哪個話題，兩個人的對話開始有了點火藥味。然而，不像一般男孩子懂得憐香惜玉適可而止，會甜言蜜語加溫柔攻勢，祖克柏就像美國領導力學大師華倫·班尼斯（Warren G.Bennis）筆下《極客與怪傑》（*Geeks & Geezers*）一書中典型的「極客」，身為一個「電腦宅男」，獃子味濃厚、書生氣十足，他不僅絲毫沒有哄女朋友的意思，而且還變本加厲，滔滔不絕、自說自話起來。一會兒說技術，一會兒說理想，一會兒說女友的不是，一會兒又指責他人的不是，總之，沒有一句話是能讓對面的女孩回心轉意、雨過天晴的。結果，女孩就對祖克柏說了如下這番話：「聽著，你會很成功，會很有錢。但是，你這輩子都以為女孩們不喜歡你，是因為你是個技術怪胎。我想讓你知道，這不是真的——原因是你是一個混帳。」

在 2010 年 10 月北美上映的電影《社群網路》（*The Social Network*）中，導演大衛·芬奇（David Fincher）以這樣的場景開篇，再現了全球最紅的社群網站 Facebook 的崛起，以及其創始人祖克柏的「暗黑」發家史。故事從 2003 年馬克·祖克柏在酒吧被女友拋棄講起，喝得爛醉的祖克柏回到寢室，當晚就入侵了哈佛大學的資料庫，把非法獲得的在校女生照片和姓名貼在了自己的網站 Facemash（砸臉），以此來讓男生票選出哪個更漂亮和性感。儘管這個公然有侮辱性和性別歧視的票選美女活動，使得祖克柏在各女權主義團體中臭名昭著，但也正是因為這個不經意間、偶然所為的舉動，直接成就了後來用戶人數近十四億的世界社群網路霸主——Facebook。電影改編自 2009 年出版的暢銷書《*Facebook*：關於性、金錢、天才和背叛》（*The Accidental Billionaires: The Founding of Facebook, a Tale of Sex, Money, Geniusand Betrayal*），作者是美國財經暢銷書作家本·麥茲里奇（Ben Mezrich）。

The Social Network poster

不過，就這部電影，作為當事人的祖克柏在一次接受美國哥倫比亞電視台（CBS）專訪時，當被問及對《社群網路》電影有什麼看法時，他半開玩笑的說：「看看影片中他們哪些部分做得對，哪些做得不對，是一件很有意思的事情。我認為他們選的那些獨特的 T 恤是對的，我想我真的有那些 T 恤，另外他們選的涼鞋也是對的。」一陣幽默回答過後，祖克柏話鋒一轉，接著說道：「但很多基本的事情他們都錯了，像我創辦 Facebook 的動機是為了追求女孩。他們完全沒有考慮我女朋友的實際情況，甚至在創辦 Facebook 之前我就已經開始和她約會了。」另外像祖克柏創辦 Facebook 是剽竊了別人的創意，祖克柏在回應時表現出了惋惜的意味，他說：「他們讓整個訴訟看起來像 Facebook 歷史的一部分。我幾乎花了兩個星期來應對訴訟，我們感覺都很糟糕。」不過事後來看，有一點祖克柏食言了。他曾經對《紐約客》雜誌明確表示他不會看《社群網路》，但電影上映後，他還是悄悄走進了影院——單就某些場合的「言不由衷」，祖克柏倒是和電影裡的他的風格十分相似。

在麥茲里奇的傳記版本裡，馬克·祖克柏更多的被塑造成是一種處心積慮、性格孤傲、卑鄙無恥的負面形象。當然，基於圖書改編的電影自然延續了這一主基調。然而，《*Facebook*：關於性、金錢、天才和背叛》這本書的素材來源，主要出自 Facebook 的競爭對手 ConnectU 聯合創始人愛德華多·薩瓦林（Eduardo Saverin）那邊，後者曾與祖克柏聯合創辦了 Facebook，但後來兩人為爭奪公司治理權力，兄弟反目，還經歷了冗長的官司糾紛。另外，書中還援引消息人士的說法，證實 Facebook 前任總裁，也是 Napster 的聯合創始人之一的肖恩·帕克（Sean Parker）在會議室與祖克柏發生摩擦及涉嫌毒品被捕之後引咎辭職（暗指帕克是被以不正當手段排擠出 Facebook 的）。

Eduardo Saverin

Sean Parker

然而，在另外一個版本中，祖克柏可不是這樣一個腹黑的角色。在大衛·柯克帕特里克（David Kirkpatrick）的《*Facebook* 效應》（*The Facebook Effect*）中，祖克柏被形容為是以惡搞「態度平和、談吐緩慢、時常沉默、高度自信」的人，他身高只有 172 公分，但總是抬頭挺胸自信滿滿。柯克帕特里克認為，這很容易在電影中被塑造為一個憤世嫉俗的孤傲角色。另外，大衛·柯克帕特里克聲稱：「《社群網路》這部電影確實有一些真實的內容，但也有太多的錯誤，太多根本性的誤導。」例如：電影說祖克柏創建 Facebook 是為了討女人歡心，這完全是汙衊，徹底的誤導。其實，祖克柏之所以創建 Facebook，是因為他想改變這個世界，讓用戶樂享其中。事實上，他已經做到了。另外，祖克柏並不是倫理和道德上有瑕疵的人，他不是像外界所說的那樣，會對威脅其權力的人毫不留情。雖然柯克帕特里克的這本書被許多讀者責罵為「枯燥乏味」，但由於作者對眾多與 Facebook 有關的內幕人士，其中就包括祖克柏本人進行了採訪，所以報導相對官方、嚴謹和全面。當然，這句話的意思並不代表著，他所寫的一定就是事實。

但不管如何，人們無法否定祖克柏的反叛性，他仍然是「海盜船」的船長：曾經入侵哈佛大學伺服器發布備受爭議的 Facemash；商業名片上寫著「我是 CEO……賤人」等另類語言；員工在聯誼會上喝得酩酊大醉；蔑視投資方紅杉資本（sequoia capital），穿著睡衣同對方會面；身價三百四十多億美元，太太是美籍華裔，蜜月中與妻子當街吃麥當勞；生活規律，每週工作四十多個小時，喜歡旅遊，有年輕人的活法和朝氣；苦練中文和語法，等待著機會把 Facebook 帶入市場……這就是祖克柏，一個偶然成為社群網路王子的祖克柏，既自負又天真，既多愁善感又英氣逼人，但其本質是一位富有創造力和行動力的夢想家。

我們之所以對馬克·祖克柏及其 Facebook 花不短的篇幅介紹，並且試圖透過兩本書的比較來盡可能展示多面的祖克柏，概是因為在 Web 2.0 公司中，Facebook 是最具代表性和集大成者的一家。如今的 Facebook 遠不止是一個所謂的「社群網站」，而是從「社群網路」起家的社群平台。在這個平台上，用戶不僅可以真實社交生產內容，而且還可以互動開放提供服務。

它和社群網站的鼻祖 Friendster 有著非常大的不同。在 Friendster 上，包括今天絕大部分交友網站和所謂的社區網站，用戶都可以選擇一個虛擬的臉書，而在這個臉書背後可能是一個完全不同的人，用《紐約客》雜誌那幅經典的漫畫標題來講，「在互聯網上，沒人知道你是一條狗」（On the Internet, nobodyknows you're a dog）。

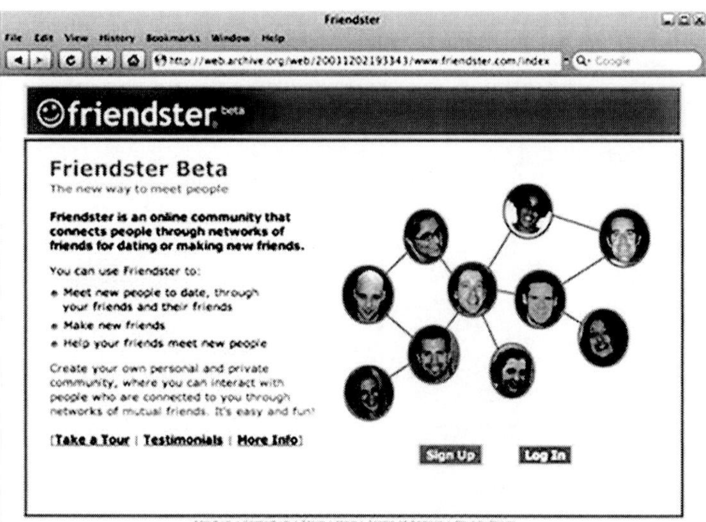

Friendster

Friendster 創立於 2002 年，比 Facebook 還要早兩年。在高峰時期，這個社群網路的用戶人數曾遠遠超過一億人，據說當時矽谷每三個人中幾乎就有一個人在使用 Friendster，在 Facebook 出來前，它是最大、最火爆的社群網站。但很可惜，後來由於註冊人數超過伺服器負載的規模，致使網站運行緩慢甚至無法登錄，招致了很多用戶的不滿。不僅如此，其管理層為了解決用戶激增導致的技術障礙，竟然開始對用戶行為進行限制以便減負，錯誤的決策再加上較差的用戶體驗、速度太慢等原因，讓用戶徹底離開。以 2004 年為分水嶺，Friendster 此後迅速衰落。

"On the Internet, nobody knows you're a dog."

On the Internet, nobody knows you' re a dog

Facebook 起初就提倡真實社交，它只對在校大學生和教授開放（當然，後者不是它的重點發展對象），網站要求只有那些擁有 .edu 郵箱帳號的人才能申請註冊、登錄，一旦他們畢業或其他什麼原因離開學校了便不再擁有校方的郵箱，這樣就意味著不能再使用 Facebook 服務。Facebook 根據大學和大學的專業院係把用戶分成不同組別，一個人加入某個組別後，自然能得到其他同學的真實訊息（包括性別、年齡、照片、電話、地址等），而無法直接獲得其他大學學生的資料。這樣一來，網路上的熟人交際圈就形成了，它為在校的正值青春騷動的大學生們交朋友、談戀愛提供了便利。有人曾經這麼說，他們當初使用 Facebook 的動機就是為了找性愛（young people need sex）。

Chris DeWolfe & Tom Anderson

關於滿足慾望這一點，在若干年後得到了佐證。《商業周刊 / 中文版》有一篇文章叫《大開手戒：移動 APP 點燃慾望野火》，其中在分析移動 APP 如何吸引眼球、快速上位，獲得用戶青睞時，它結合了網上流傳甚廣的移動互聯網五條「黑色定律」再加以創作、發揮，總結出了十條定律，它們分別是：①一切不以泡妞為目的的社交應用都是耍流氓；② 3G 的殺手級應用就是 Girl（女人）、Game（遊戲）、Gamble（賭博）；③原始需求是最強的產品驅動力；④ LBS 其實是 Location Based Sex；⑤技術並不能代替人的孤獨感；⑥智慧型手機是人的身體的延伸；⑦指尖即快感；⑧得屌絲者得天下；⑨機器比人更善解人意，人只是善解人衣；⑩移動 APP

打開了人性的潘朵拉盒子，從事互聯網的都是社會學家和心理學家。《基度山恩仇記》有句名言：「上帝給了人類有限的力量，但卻給了他們無限的慾望。」小到互聯網創新，大到人類社會進化，慾望是不可遏止的生產力。這是小公司的創業機會，也是用戶的狂歡時刻，是高科技行業一波波熱潮的商業邏輯，也是江湖格局不斷變化的遊戲規則。Facebook 一經推出便獲成功，它有其必然的社會和消費行為學的道理。然而，這不是說只要打情色、性愛的擦邊球就萬事大吉了。像早於 Facebook 一年成立的 MySpace 就因為屢屢違規犯忌，活生生的被「安全問題」給擊垮了。2003 年 7 月，湯姆·安德森（Tom Anderson）和克里斯·德沃爾夫（Chris De Wolfe）在矽谷創辦了 MySapce。這是一家主打青少年、音樂交友的社群網站，它的迅速崛起，大半部分歸功於搶占了 Friendster 的用戶，曾一度是世界排位前三的社群網站。2005 年 7 月，傳媒大亨默多克的新聞集團以 5 億 6 千萬美元收購了 MySpace 的母公司 eUniverse，正式接管 MySpace，但 MySpace 的衰落也就此開始。直到 2011 年，默多克投資失敗，無奈以 3,500 萬美元的價格賤賣 MySpace，可能到現在連他本人都還納悶，這中間究竟發生了什麼，MySpace 為什麼行的時候很行，說不行就突然不行了？尤其和 Facebook 相比，曾經一度強盛到可以收購對方的 MySpace，怎麼越到後來越不中用，越被拉開差距了呢？

按照《華爾街日報》記者、普立茲獎獲得者朱麗亞·盎格文（Julia Angwin）的分析，加速 MySpace 失敗的原因是它太過自由，「虛擬帳號」、「匿名性」等寬鬆環境導致色狼、網路霸凌以及其他惡意分子有機會戴著面具從事違法勾當。在她所寫的《誰偷走了 MySpace》(*Stealing MySpace*)一書中，專門有兩個章節對 MySpace 在言論監管和色情審查上的不力(或「不作為」、「少作為」)給予了責罵。如第 19 章「性感和色情之間」，說的是透過 MySpace 被色情業「發掘」的女孩數不勝數，甚至專門有獵頭公司的專職人員利用 MySpace 搜尋有潛力的女生。第 20 章「網聚天下淫魔」，有真實案件為例，MySpace 成為了滋生約會強姦、一夜情等不法行為的溫床。

沒錯，回顧 MySpace 的商業史，它在社群網路領域比 Facebook 更有先發優勢，在社區運營上積累了大量音樂和流行文化資源，被收購後又有新聞集團大力支持，遺憾的是，種種優勢疊加在一起反而將其拽入泥淖。除了上面提及的原因外，朱麗亞·盎格文還指出：默多克骨子裡對互聯網的抵制和新聞集團根深蒂固的傳統媒體思維給 MySpace 造成了最大負擔。正如《環球企業家》在一期題為《誰「殺死」了 *MySpace*》的文章中分析道：「儘管創始人克里斯·德沃爾夫曾發誓永遠不做廣告，但被默多克收購後，廣告在 MySpace 上流行開來。在馬克·祖克柏堅持 Facebook 不必急於賺錢而是保持有趣和酷的時候，MySpace 因為承擔著母公司作為上市公司的業績壓力，開始按新聞集團的廣告模式運行。由於 MySpace 頁面上充斥著大量廣告，加劇了頁面混亂程度並傷害了用戶體驗，同時也讓頁面載入更慢。後來，MySpace 還開闢了諸如音樂、影片、遊戲、體育、新聞和時尚等內容頻道。這使其定位逐漸模糊，既像 Friendster 這樣的社群網站，也像雅虎入口網站，甚至還像 Youtube 影片網站和 Flickr 相冊。以致在 2010 年 10 月改版時，越來越像媒體的它乾脆將自己徹底定義為社會化娛樂網站。」

事實上，就像人們如今看到的那樣，MySpace 已將核心轉移到內容上，希望透過人際關係進行內容傳播和消費；而非像 Facebook 那樣將社區關係鏈作為核心，在此基礎上尋求更多商業模式。這種平台產生內容，再透過用戶獲得廣告和其他增值收入的思路與傳統媒體模式無二。當產品思路都是圍繞於廣告而非用戶時，顯然不是真正的社群網路。如 Facebook 將成功建立在十四億用戶的行為價值，而非任何媒體資源。

另一方面，朱麗亞·盎格文認為 MySpace「抄襲網路中一切最優秀創意」的做法既助推了 MySpace 很快崛起，也拖垮了 MySpace 後續不利，許多人對 MySpace 的最初和最深刻的印象就是花哨和混亂——頁面排版從色彩到布局都顯凌亂，大量圖片與文字湊在一起，而且到處都是導航按鈕，反而更容易讓人迷失。沒錯，花哨的個人頁面一定程度上確實引發了 MySpace 熱潮，但這不是社群網路的本質。一部分年輕的重度用戶忙於裝點自己的頁面，希望引人注意，但更多用戶對於這些複雜頁面載入所需的漫長時間越來越不耐煩。曾經 Friendster 的頁面載入需要 2、30 秒，MySpace 只需 2、3 秒；後來變成 MySpace 頁面載入要 2、30 秒，Facebook 只需 2、3 秒。

這便是 MySpace 含糊不清最終淪為青少年音樂文化主導的定位，而且在這個網上，人們似乎容易忽略交流與互動的重點，而急於表現自我，每個人都在大喊大叫「快看我有多酷」。於是 MySpace 的下場自然是：大部分人（包括我）遇到這一群不走尋常路、張揚個性特立獨行的小年輕後，通常會感到不適，眉頭一皺，然後選擇離開。

朱麗亞·盎格文在《誰偷了 MySpace》中還向我們介紹說

MySpace 的兩位創始人克里斯·德沃爾夫和湯姆·安德森，他們在創立 MySpace 之前，曾涉足電腦駭客、網路色情、垃圾郵件和間諜軟體等多個領域，另外再加上默多克長久以來的「小報」（如《太陽報》、《世界新聞報》）情結——種種跡象表明，MySpace 不是被外人「偷」了，而是被自己「毀」了。

反觀 Facebook，它一門心思把產品做酷、做好，它不需要弄明白用戶在 Facebook 上做什麼，它要做的只是打造一個開放性的平台，讓用戶自由發揮、自行解決就可以了。這便是 Web 2.0 的精髓所在，也是對奧萊利提出的「互聯網作為平台」最準確的理解與適用。一般假的、只是打著旗號的 Web 2.0 公司，自己一方面提供平台，另外一方面思維還停留在 Web 1.0 時代，自己同時是內容和服務的供應商，在和用戶爭利。從這個角度看，Facebook 無疑是做到了 Web 2.0 的最高境界，鮮有人可及。

在 2013 年出版的《平台策略——正在席捲全球的商業模式革命》一書中，兩位作者陳威如、餘卓軒指出：「平台連結兩個（或更多）特定群體，為他們提供互動機制，滿足所有群體的需求，並巧妙的從中營利的商業模式。……一個成功的平台企業並非僅提供簡單的渠道或仲介服務。平台模式的商業精髓，在於打造一個完善的、成長潛能強大的『生態圈』。它擁有獨樹一幟的精密規範和機制系統，能有效激勵多方群體之間互動，達成平台企業的願景。」不管是 Friendster，還是 MySpace，又或者是 Facebook，它們都是符合「平台模式」的公司，它們都連結兩個以上群體，彎曲、打碎了既有的產業鏈，從而建立起一個「平台生態圈」。當然，一個平台的建立需要定位多邊市場、激發網路效應、築起用戶過濾機制、設定「付費方」和「被補貼方」、賦予用戶歸屬感、開放式策略和管制式策略選擇、決定關鍵營利模式等步驟，然而成敗得失，在於運用之妙，存乎一心。

社群網路的出現，讓互聯網從早先一種發布訊息、發送電子郵件和出售書籍的「推媒」，發展成為運用創造力和集體智慧的動態網路——訊息不再靠 Push，而是利用搜尋引擎透過關鍵字「拉取」(pull) 訊息；到了社群網路上，則乾脆「追隨」(follow)——關注你朋友所關注的。倘若給這個階段添加標籤，無疑是：知識共享、集體協作、互動參與、開放合作……而且社群網路往往以平台優勢、協同效應和規模經濟顛覆原有相關產業的價值鏈，是一種「破壞性的創新」。然而，眾多社群網站如雨後春筍般的出現，除了得益於科技界發力、資本界助力外，還同網路科學的研究為依託不無關係。

說到社群網路，最自然聯想到的就是「六度空間」(six degrees of separation) 理論，它又被稱作「六度分隔理論」、「小世界效應」等。簡單講，該理論即你想要與這個世界上任何一個陌生人產生聯繫，實際上最多只需要經過六個人。它原本是一個數學領域的猜想，但早在 1967 年，哈佛大學的心理學教授斯坦利·米爾格拉姆 (Stanley Milgram) 就嘗試去驗證它而做過一次「小世界實驗」(或者稱為「連鎖信件實驗」)。在實驗中，他將一些信件交給自願的參加者，要求他們透過自己的熟人將信傳到信封上指明的收信人手裡，實驗結束了之後他發現，在 294 封信件中有 64 封最終送到了目標人物手中。而在成功傳遞的信件中，平均只需要 5.5 次轉發，就能夠到達目標人物手中。在 2001 年，科學家鄧肯·瓦茲（Duncan Watts）就做過一些後續的驗證實驗。他從 13 個國家招募了 18 個目標人。從愛沙尼亞的檔案檢察員，到澳大利亞的警察，再到紐約的教授，他選擇了盡可能多元化的目標。而後他在全美招募了 6 萬人向這 18 個目標發送電子郵件，結果發現這些郵件一般都透過 5 至 7 個人送達了目標。實驗選取的人物職業多元化是為了盡可能的保證得到數據的代表性。同樣的，在 2008 年，微軟根據 MSN 的用戶分析也統計出類似的數據，一個人通向另一個陌生人的連結是 6.6 個人。而 Facebook 和米蘭大學也合作過關於「六度空間理論」的新研究成果：他們已經確定世界上任何兩個獨立的人之間平均所間隔的人數為 4.74。Facebook 的研究樣本是一個月內瀏覽 Facebook 的 7.21 億活躍用戶，超過世界人口的 10%。

Stanley Milgram

Duncan Watts

事實上，在 1960 年代至二十一世紀初的頭幾年，網路科學研究一度流行隨機宇宙、六度分隔、弱關係、小世界等幾個理論，而相關代表作品，且相對通俗易懂具備科普價值的有：鄧肯·瓦茲的《六度分隔》、《小小世界》，馬克·格蘭諾維特的《鑲嵌》，尼古拉斯·克里斯塔基斯與詹姆斯·富勒合著的《大連結：社會網路是如何形成的以及對人類現實行為的影響》，羅賓·鄧巴的《你需要多少朋友》，馬克·紐曼（Mark Newman）的《網路引論》（*Networks：An Introduction*），納西姆·塔勒布的《黑天鵝》、《隨機漫步的傻瓜》，斯坦利·米爾格拉姆的《對權威的服從》（當然，你也可以從湯瑪斯·布拉斯《電醒人心》的傳記中了解這位二十世紀最偉大心理學家的人生傳奇）。

Albert-Laszlo Barabasi

到了 2003 年，美國物理學家艾伯特 - 拉斯洛·巴拉巴西（Albert-Laszlo Barabasi）透過《連結：商業、科學與生活的新思維》（*Linked: How Everything IsConnected to Everything Else and What It Means forBusiness, Science, and Everyday Life*）一書，開啟了「複雜網路」研究的新時代。

巴拉巴西提出了一個叫「無尺度網路」的概念，這是一種遵循冪律分布的網路類型。冪律分布是一條沒有峰，且不斷遞減的曲線，它最突出的特徵是大量微小事件和少數非常重大的事件並存。打個比方，如果某個星球上的居民身高遵循冪律分布，那麼表現出來的現象是，大多數人非常矮，但偶爾有極個別的長得非常高，哪怕高到幾百米也屬正常。於是，無尺度網路就像航空交通系統一樣，很多小機場透過幾個主要的交通樞紐連結在一起，簡單講：網路中大多數節點只有很少幾個連結，它們透過少數幾個高度連結的樞紐節點連結在一起。同樣的例子還包括，時尚圈引爆潮流的往往總是那麼幾個加V的大咖，科技圈互聯網主要的連結指向特定比例的網頁，學術圈文獻引用總是限定在各自領域的一些學者……巴拉巴西不否認複雜網路源於對帕雷托80/20觀點的昇華，同時，他認為「富者越富」是複雜網路的先發優勢（這意味著複雜網路是誕生「窮者越窮」、「弱者越弱」等馬太效應的系統）。當然，不管網路究竟有多大，有多複雜，生長機制（總是會不斷添加節點）和偏好連結（連結數更多的節點更容易被選擇，因而又產生更多的連結）這兩大定律支配著真實網路的結構與演化。

從冪律分布到無尺度網路，巴拉巴西一方面拓展了複雜網路研究的疆界；另一方面也幫助人們更深入理解互聯網的結構特徵。例如：互聯網既不是扁平化，也不是分層化，而是無尺度網路化，它的典型特徵便是在網路中的大部分節點只和很少節點連結，而有極少的節點與非常多的節點連結。這種結構是生態化的，具有自組織、自協調、海耶克所謂的「自生自發」的性質。節點與節點雖然只是隨機連結，表面上看呈現無組織狀態，但放在大世界尺度看，卻呈現出統計學上的冪律分布。又如，以後我們會提到，前《連線》雜誌主編克里斯·安德森（Chris Anderson）提出的著名「長尾理論」實際上是對冪律分布在商業模式上的闡述。在同名的《長尾理論》（*The Long Tail: Why the Futureof Business is Selling Less of More*）一書中，安德森揭示出少數大熱門產品構成短頭，而大量小批量產品構成長尾，互聯網將推動經濟重心從前者轉向後者。

由於《連結》出版於2003年，當時還沒有Facebook，

MySpace 也要到 8 月分才成立，所以巴拉巴西研究的「社會網路」只是社會中的人際網路，而沒有現成的、代表性的社群網站拿來參考。即便舉例那些互聯網，也只是 Web 1.0 時代雅虎收購 Google、AOL 吞併時代華納、網路病毒等。但不可否認，巴拉巴西的成名作《連結》和他在 2010 年出版的《爆發：大數據時代預見未來的新思維》（*Bursts: The Hidden Patterns Behind Everything We Do*）對推動網路科學研究的蓬勃發展起到了至關重要的作用。如今，巴拉巴西是全球複雜網路研究權威，公認的「無尺度網路」創立者。

當年，著名社會學家，西班牙人曼紐爾·卡斯特（Manuel Castells）在他那本雄心勃勃的著作《網路社會的崛起》（*The Rise of the Network Society*）中，系統且不無創見的描繪了「資訊時代網路社會的完整樣貌」。卡斯特指出，權力正從國家向網路轉移，舊的國家結構崩潰了，與之伴隨的是無序網路組織力量施以新模式的行為和新形式的社會組織。而社群網路時代的到來，正引起了三種現象的突然興起：身分日益多元化（identity disaggregation）、地位日益民主化（statue democratization）以及權力日益分散化（power diffusion）。這是兩位互聯網研究員馬修·弗雷澤（Matthew Fraser）和蘇米特拉·杜塔（Soumitra Dutta）在《社群網路改變世界》（*Throwing Sheep in the Boardroom*）中的研究結論。然而，正當社群網路正風生水起之際，一種內涵上能涵蓋它、外延上包括了它的新型在線媒體又出現了。

Manuel Castells

第十四章
社會化媒體

Internet
A history of concepts

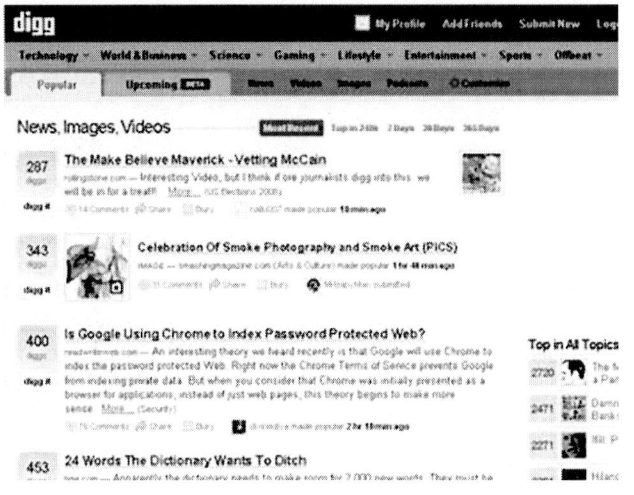

Digg

2007 年 5 月 1 日，一名用戶在 Digg.com 上發布了一個連結，該連結指向一篇記錄著可破解高清晰 DVD 版權保護密碼的部落格文章。迫於索尼、微軟、英特爾和各大電影製片公司稱其違反版權法的壓力，以及「不撤下這個連結就去死」的通牒，Digg 的網管在第一時間刪除了該連結。不曾想，此舉激起了 Digg 用戶的強烈反對，他們不斷發布連結與網管鬥法，而網管只能忙著刪帖、封 ID。眼看事態不斷升溫，Digg 向用戶發表聲明，網站必須在法律範圍內運作，否則公司面臨關門大吉的風險。但這支匿名用戶大軍的戰鼓已經敲響。他們顯然發現這是件很酷的事，一個共同的目標立刻產生了。用戶們完全無視網管的存在，很快用這段非法密碼淹沒了整個 Digg 網站。Digg 成立於 2004 年 11 月，總部位於美國加利福尼亞州舊金山。這是一家以科技為主的資訊站點，用戶可提交新聞給 Digg，透過算法自動將新聞顯示於首頁上。它的 Kevin Rose 創始人為凱文·羅斯（Kevin Rose）和傑伊·阿德爾森（Jay Adelson）。

這個 Digg 網站「用戶暴動」的故事後來被查倫·李（Charlene Li）和喬希·貝諾夫（Josh Bernoff）寫在《公眾風潮：互聯網海嘯》（*Groundswell: Winning ina World Transformed by Social Technologies*）一書的開篇。兩位作者是全球知名互聯網研究機構 Forrester 公司的研究員，他們的這本書最早出自公司從 2006 年開始的一份調研報告《社會化計算》，該報告深入研究了早期社會化網路行為，如部落格、維基百科、網路社區等今天被統一稱為 Web 2.0 的網路現象。本書則更像是報告的增訂版和實踐版，如同兩位作者在書中寫道：「有很多關於部落格、社區、維基的書和文章，但是企業決策層卻不知從何入

Kevin Rose

手。我們希望給客戶也給全世界，在整個趨勢上帶來清晰的遠景。不是管中窺豹，而是一整套明確的策略建議。」

Jay Adelson

而對於 Digg 這次突如其來的事件，他們認為這其實是一種風潮的縮影，它預示著一場革命時代的到來，「人們透過網路技術，在與人互動的過程中獲得彼此想要的東西，而不再透過企業這種傳統渠道獲得。而這，已然成為一種社會趨勢」。作為社群網路研究的權威人士，李和貝諾夫注意到，當聯合利華透過專屬社區，找出年輕男士的重要話題；當 Mini Cooper 借助品牌追蹤找出新訴求，針對老客戶而非潛在客戶做行銷，讓口碑和業績飆升；昂安永會計師事務所利用 Facebook 上的職業群，與社會新鮮人進行對話，成功吸引職場新秀，每年為自己應徵大學畢業生多達 3,500 名；當 50 位惠普主管親上火線，在部落格寫文章、響應讀者問題，以深度對話取得客戶信任；當寶鹼的女性衛生用品不靠打廣告，而是成立少女社區，專門解決少女的成長問題，成功虜獲顧客心……種種跡象表明，在網路時代，企業的一個全新課題便是學會駕馭「社會化媒體」。

網上曾一度流行一個段子——大叔說：小妞，別鬧，我可是有官銜的人；小妞答：大叔，別鬧，我可是有微博的人。對話頗具諷刺意味，看過的人不禁會心一笑。話裡的意思很簡單，某怪叔叔估計是垂涎他人美色，狗仗權勢欲用官威嚇人。而這名女孩除了有不畏權貴、威武不能屈的勇氣外，更多的是一份智慧和靈氣，她打蛇打七寸，拿捏對方的軟肋恰如其分，人家怕什麼（公開、曝光）她就提什麼（微博發布）。試想，如果她說，「我可是有防狼噴霧劑的人」，效果又會怎樣，保不准反而激起大叔的征服欲。

和查倫·李反映的美國的情況類似，倘若從微博的應用切入，它也形象的反映了當今社會化媒體的成長力、輻射力和影響力。正如當年「911 事件」突發，第一個報導的竟然不是《紐約時報》、《華盛頓郵報》、CNN 等傳統媒體，而是部落格。而更早之前，一個叫「德拉吉報導」的個人部落格率先捅出柯林頓和萊溫斯基的緋聞案。而發生在 2011 年的「723 溫州動車事故」也是由一個 ID 名為 @ 羊圈圈的博友發布的，一條求助微博，全文為：「求救！動車 D301 現在脫軌在距離溫州南站不遠處！現在車廂裡孩子的哭聲一片！」事實上，在接下來持續數日的救援過程中，微博一直起著工作聯絡、訊息發布、現場直播的作用。同樣的，這場面讓人聯想起汶川地震、玉樹地震發生後，人們透過微博、QQ、MSN 等網路發布尋人啟事，四方相助、八方支援，積極募捐救災，類似的案例有很多。至於透過互聯網，引發網路監督、產生網路輿情、推動網路問政等，類似的例子更是不勝枚舉。

這裡的「微博」，是微型部落格（Micro Blog）的簡稱，它是一種透過關注機制（用戶關係）分享、傳播以及獲取簡短實時訊息的廣播式的在線媒體平台。其最早也是最著名的微博當屬美國的 Twitter（譯為「推特」）。2006 年 7 月，Twitter 由埃文·威廉姆斯（Evan Williams）、傑克·多西（Jack Dorsey）、比茲·斯通（Biz Stone）和諾亞·格拉斯（Noah Glass）四人聯合創辦。根據資深數位商業觀察者、《紐約時報》科技版專欄作家尼克·比爾頓（Nick Bilton）撰寫的《孵化 *Twitter*：從蠻荒到 IPO 的狂野旅程》（*Hatching Twitter: A True Story ofMoney, Power, Friendship, and Betrayal*）一書，這家偉大的公司表面看起來光鮮亮麗——從一個看似簡單、沒有人真正知道它有什麼用、今後如何走向的創意，發展到一種讓各界名流和革命者都使用上癮的移動互聯應用。更為重要的是，它成功的締造了一個新的矽谷帝國——但它的背後並非你想像的那樣，在利益分配、觀念衝突、權力得失面前，曾經的戰友、好夥伴不斷上演著關於金錢、權力、友誼和背叛的故事。的確，它具有好萊塢商戰電影的情節。

Biz Stone

Jack Dorsey

Noah Glass

其中多西和威廉姆斯當過 CEO，但依次遭鬥爭被迫退出；而取了 Twitter 這個名字的格拉斯對公司早期發展貢獻巨大，但被排擠著徹底消失在了 Twitter 的圖景中，成為了「隱形的創始人」。

前面提到過，早在 1999 年，埃文·威廉姆斯就與麥格·胡里安共同創辦了 Pyra Labs，推出了著名的在線部落格服務 Blogger。2003 年，Pyra 被 Google 收購，一年之後埃文·威廉姆斯就離開了 Google，並開始創辦自己的播客服務 Odeo。2005 年，傑克·多西與威廉姆斯相遇，被後者所僱擔任程式員一職。但是 Odeo 的結局並不好，蘋果發布了帶 Podcast Store 的 iTunes 以後，Odeo 的死亡命運也就此注定了。

Odeo 失敗之後，威廉姆斯、多西、多西的一個朋友比茲·斯通，以及當時同為 Odeo 創始人之一的諾亞·格拉斯四人共同創辦了 Twitter。Twitter 的創辦亟需協同合作，而包括創始人在內的創始團隊都有著自己的算盤。威廉姆斯「路徑依賴」希望做得更像 Blogger，多西想要推倒重來，而格拉斯更傾向於做成一款溝通工具。合夥人之間的紛爭就此埋下，很快矛盾就激發。關於他們之間的分分合合、恩怨情仇，除了看比爾頓的《孵化 *Twitter*》一書外，還可以參考閱讀創始人之一的比茲·斯通的自傳《一隻小鳥告訴我的事》(*Things aLittle Bird Told Me*)。2013 年 11 月 7 日，Twitter 在紐約證券交易所上市。上市當日，發行價為每股 26 美元的 Twitter 股票以 45.1 美元的高價開盤，並最終報收 44.94 美元，較發行價大漲了 72%，公司市值高達 245 億美元。相較兩年前 Facebook 上市當天險些破發的窘境，Twitter 的表現堪稱完美，而它現在是北美乃至全世界最受歡迎的微部落格應用和社交媒體。此外，它首創的讓用戶更新消息不超過 140 個字元（包括標點符號）的做法也啟發了其他的模仿者，如中國目前最大的微博應用「新浪微博」，後者也於美國時間 2014 年 4 月 17 日登陸那斯達克，成為全球範圍內首家上市的中文社交媒體。

這裡一再出現一個關鍵字:「社會化媒體」(social media)，有時又稱為「社交媒體」。它是怎麼樣一個媒體，同傳統媒體相比，它有哪些特點，和我們前面提到過的社群網路相比，它又有什麼區別呢？按照維基百科的定義，是人們用來創作、分享、交流意見、觀點及經驗的虛擬社區和網路平台。社會媒體和一般的社會大眾媒體最顯著的不同是，讓用戶享有更多的選擇權利和編輯能力，自行集結成某種閱聽社區部落。社會化媒體能夠以多種不同的形式來呈現，包括文本、圖像、音樂和影片。簡單的說，社會化媒體可以理解為「能互動」、「可對話」的媒體，其有兩個關鍵字，一是 UGC（user generated content，用戶生產內容），二是 CGM（consumer generated media，消費者自主的媒體）。以此概念，社會化媒體除了人們熟悉的部落格、推特、微博外，還包括播客、維基、書籤、影片分享、圖片共享、群組、IP 語音、協作工具等應用。

把社會化媒體與社群網路作區別，有一個叫魏武揮的新媒體研究者提出，辨別的關鍵點在於：「你這個網站，首要注重的，是人，還是訊息？」注重人當屬社群網路，注重訊息則是社會化媒體。「前者偏向網路屬性，屬於關係圖譜；後者偏向媒體屬性，屬於興趣圖譜。」他在《社會化媒體的社群網路之路》和《社會化媒體 VS 社群網路》兩篇文章中指出：它們的交集都在於，使用者都是「行動者」，而不是單純的訊息接受者（受眾）。這種行動包括一個簡單的「轉發」或者「分享」，也包括稍許複雜一點的原創和評論。但它們的差異也是很明顯的。

Social Media Landscape

以作為社會化媒體代表的新浪微博為例，用戶之所以成為用戶，首先第一位的是訊息滿足。在有足夠的訊息滿足度之外，用戶開始動用諸如私信的工具互通往來，形成一個社交網。用戶之間的社互動動，相對於個體的新聞訊息獲取而言，比例應該是很低的。社群網路比社會化媒體更勝一籌的地方在於：對用戶的了解。以 Facebook 和 Twitter 為例，你就可以發現其中的區別：Facebook 上的用戶不厭其煩的介紹自己，Twitter 上的用戶寥寥幾句還不見得可靠。

另外，社會化媒體歸根到底還是媒體，商業模式還是「傳統廣告」的套路：展示類。但對用戶缺乏足夠的了解，網站很難分揀用戶，形成有效的廣告受眾區隔。而社群網路則不同，仍以 Facebook 為例，除了傳統廣告之外，還可以透過一些第三方插件來增加收入。

總之，在魏武揮看來，社群網路是有「壟斷化」、「集中化」趨勢的，因為人的精力有限，不可能同時在很多個社群網路平台上成為重度使用者（heavy user）。社群網路一定是呈水平化態勢展開的，這個業態呈現的是一種馬太效應的法則，強者越強，弱者越弱。它同時也是一種漩渦式內斂的結構，它的最大期望在於人對於這個平台的長時間黏著而不離開。社會化媒體則是一種訊息的渠道，人們利用它去獲取自己感興趣的訊息，對自己的黏著程度究竟如何倒不是最重要的，歸根到底，它的存在價值在於「找訊息」。

當然，我們還可以從單向與雙向的關係產生方式、使用者間彼此關係的親疏程度、使用者之間互動的目的、使用者的參與程度、訊息的產生與集中程度及流動方式這五個方面再深入比較社會化媒體與社群網路。

社會化媒體是使用者之間可以僅是單向的關係（follow），彼此間的關係無須由實體世界的人際關係出發。互動的目的大多基於對特定主題、內容、事件、興趣的關心，因此使用者間的相互參與程度較淺（隨機的交談，或基於主題性的討論），也不頻繁。訊息的產生集中於少數的使用者，流動方式以一對多傳播為主。

社群網路則是：使用者間為雙向的關係（一方提出邀請，另一方需要確定兩者間的關係才成立），且彼此的關係出發於實體世界的人際關係如親人、同事、朋友比例較高。互動的目的也大多在於維繫或增進原有的關係，因此使用者間的相互參與程度較深，互動亦較頻繁。而訊息的產生較為分散，流動方式以一對一或是小群體間交流為主。

兩者加以比較，倘若以用戶行為的深入度與黏性度來說，社群網路由於有真實的人際關係與雙向的關聯為基礎，因此比起僅為單向關注且以「訊息」與「名人」為主要吸引力的社會化媒體來得穩定、深入。

Antony Mayfield

自 2007 年美國傳播學學者安東尼·梅菲爾德（Antony Mayfield）在《什麼是社會化媒體》（What isSocial Media?）一文中首提「社會化媒體」（並將其定義為一種給予用戶極大參與空間的新型在線媒體）一詞以來，大量湧現的社會化媒體（應用）帶給政府治理、企業經營、組織管理全新的挑戰，當然背後也蘊含了機遇。每個人，不僅僅在生活、工作上感受到了前所未有的變化，而且也日漸意識到新媒體對自身的影響，並且不得不直視現實、思變創新。一個全新的社會化媒體時代已然到來！

社會化媒體對於當下的影響率先表現在商業行銷領域。自奧萊利媒體公司（O'Reilly Media）總裁兼 CEO 蒂姆·奧萊利最早提出「病毒行銷」這一概念以來，社會化媒體常被用來傳播一個個創意十足、饒有趣味的影片、短文等「病毒」，對此，行銷學界也在實踐中不斷豐富其內涵外延。

譬如：美國著名的電子商務顧問拉爾夫·威爾森（Ralph F. Wilson）博士將一個有效的病毒性行銷策略歸納為六項基本要素：①提供有價值的產品或服務；②提供無須努力的向他人傳遞訊息的方式；③訊息傳遞範圍很容易從小向很大規模擴散；④利用公共的積極性和行為；⑤利用現有的通信網路；⑥利用

別人的資源。同時他強調，一個病毒性行銷策略不一定要包含所有要素，但是，包含的要素越多，行銷效果可能越好。而在《病毒循環》（*Viral Loop: FromFacebook to Twitter, How Today Smartest Businesses Grow Themselves*）這本號稱「迄今為止最權威的利用社會化媒體開展全球病毒行銷案例大全」的作品中，作者紐約大學新聞學教授、《富比士》雜誌前高級編輯以及 Forbes.com 網站記者的亞當·潘恩伯格（Adam L. Penenberg）講述了包括 Netscape、Ning、Hotmail、eBay、LinkedIn、PayPal、Flickr、Youtube、Facebook、MySpace、Twitter、Digg 等一系列耳熟能詳公司的病毒行銷案例。「這些企業之所以能夠成功，離不開身後『病毒循環』的支持。」潘恩伯格寫道：「所謂『病毒循環』，是指將產品的病毒性與功能性相結合。簡單來說，是指公司依靠用戶吸引用戶來實現增長。」當然，梳理其理論淵源，潘恩伯格說的「病毒循環」可追溯至 1950 年代的直銷模式。只不過一個透過網路傳播，一個借助面面交流；一個注重趣味性，一個貴在實用性；兩者傳播人數都可以是複利式增長，但前者速度要更迅速（幾何級指數傳播）、更具爆炸性（病毒性效果）——潘恩伯格認為，病毒更適合在沒有任何摩擦力的互聯網「生長」，在那裡，足夠多的點擊率就能將一條訊息傳播給數千萬人。從這個角度講，不妨說病毒循環就是直銷行銷的 Web 2.0 版。

如果將視線再放到更早時期，在 1999 年，由里克·萊文（Rick Levine）、克里斯多福·洛克（Christopher Locke）、道克·希爾斯（Doc Searls）和戴維·溫伯格（David Weinberger）四人合著的《線車宣言》（*The CluetrainDavid Weinberger,*

Christopher Locke, Rick Levine and Doc SearlsManifesto）中，從開頭第一句「市場就是對話」到最後一句「我們正在覺醒，互相建立聯繫。我們在觀望，但我們絕不等待」，整整 95 條軍規，也是互聯網重啟商業想像的 95 條宣言。透過這些充滿智慧和啟發意義的警句，人們懂得互聯網時代下從市場到行銷到管理到領導力再到組織架構，都起著天翻地覆的變化：互聯網推平了世界，訊息不對稱效應在遞減，企業結構正變得扁平化，客戶行銷正歷經範式轉變，產銷合一衝擊著傳統的供銷體系，領導力更需要透明、公平、對等的品質，商業文化不再高高在上而是追求幽默、坦率、真誠，企業與客戶間要多溝通與對話而不是從前的灌輸與說教，要追隨潮流、擁抱變化避免一成不變、故步自封……這些與其說是互聯網這個新媒介帶來的變化，不如說是互聯網精神融入商業社會後必然的結果。

David Weinberger, Christopher Locke, Rick Levine and Doc Searls

到了社會化媒體階段，這叫「人人參與的力量」、「無組織的組織秩序」，而它們正是由互聯網引爆的社會生活、文化娛樂、商業經濟等領域的革命。而這本書對互聯網商業思維的啟蒙，其歷史地位和理論貢獻不亞於尼葛洛龐帝的《數位化生存》或唐·泰普斯科特的《數位化成長》。

話又說回來，很多時候病毒行銷（或潘恩伯格筆下的「病毒循環」）被視為互聯網企業的經典行銷途徑。對此，我們熟悉的網景公司創始人馬克·安德森在一次活動上對病毒行銷的理解值得借鑑。他說，「病毒行銷」中的「病毒」為主，而「行銷」為輔。他提出，大多數企業家都低估了病毒行銷的難度。「你沒有辦法拿一個已經開發出的產品，點一點滑鼠，選擇去『病毒行銷』它。人們過於憧憬這一方式的原因是：如果做得對的話，公司甚至不用在廣告或者行銷人員身上花錢。然而，病毒行銷的關鍵在於，該產品的核心功能必須是有一些『病毒』的特質的。例如：Dropbox 的功能是讓人們分享文件，這就隱含了一個意思，即一名用戶將與另外一個用戶分享文件，而這另外一個用戶就有可能是一個新用戶。Spotify 則在音樂領域達到了同樣的效果。當人們使用某樣產品時，他們會鼓勵身邊的其他人也去使用。但這並不是簡簡單單的說在產品上加一個按鈕叫『去告訴朋友吧！』就可以了的。」安德森的結論是，「病毒行銷」的關鍵還是要在產品上下功夫。

病毒行銷概念之外的就是一個相對中立化的社會化行銷的概念。根據陳亮途在《社會化行銷：人人參與的行銷力量》書中給出的定義，是指：利用社會化媒體，如部落格、論壇、微博、社群網路等進行的行銷。和傳統媒體行銷，諸如電視投放廣告、報紙上刊登文章、戶外播放影片最大的區別，其實並不是「媒介」本身，而是在於過程。按照陳亮途的理解，企業和品牌要變成社會化品牌（social brand），跟消費者「社交」起來：聊天、互動、玩遊戲、開玩笑，放下身段，讓品牌活在人群裡，成為一個鮮活的品牌（living brand）。這實際上等於重新定義了企業與消費者的關係。過去，一賣一買，一個傳播一個接收，單純的商業交易；現在，有來有往，消費者既是受眾也是傳播者，轉變成了朋友聯絡。這也就是社會化行銷的特徵所在，我的理解是：重視自媒體，傳播模式不再是「一個大喇叭」，而是「人人麥克風」；平等、自由、禮貌的對話；去中心化，不能單打獨鬥，要聚合資源，講求整合行銷；培養與建立和客戶的關係;鼓勵創造，讓用戶更多的參與到行銷活動中來;最後，回歸人性，突出個性，照顧個體差異，把行銷落實到每一個人。誠如該書的副標題所寫，「人人參與」，這也正是社會化行銷的「力量所在」、「厲害之處」。

除了行銷範式的轉變，社會化媒體還在哪些方面產生深遠影響了呢？還是查倫·李，她在《公眾風潮》之後很快在2010年寫出了《開放：社會化媒體如何影響領導方式》（*Open Leadership: How Social Technology Can Transformthe Way You Lead*）一書。書中開篇就提到了「卡特利娜」颶風後，美國民眾對「有關部門」拋出的質疑與非議——為什麼這個國家沒有更多的應急準備？

為什麼這個世界上最富有的國家的公民在災難確鑿無疑的發生後，被拋棄了長達數日之久？後者矛頭直指美國紅十字會，關於它的各種詆毀謾罵、流言蜚語不絕於耳。但人們看到了事情的開頭，未必猜到它的結果。隨後的發展是，該紅十字會聘用溫迪·哈曼作為首席社交媒體經理，全權負責危機公關與善後事宜。具體細節不表，但成效甚好，用查倫·李的話來說：「這個故事的迷人之處在於，美國紅十字會開始參與社交媒體活動是為了控制它，但是隨著時間的推移，他們意識到更好的方式是開放，並與社群網站上的用戶互動。」在這樣一本「關於領導者如何透過開放獲得成功的書」中，李的觀點認為，開放是一種態度，是一種方式，也是一種策略，其目的是幫助公司透過新媒體技術變得更加高效、果斷，從而獲得更多收益。她向人們展示了新媒體時代下管理者所需面臨的課題：要麼開放，要麼滅亡！

持同樣觀點還有美國數位行銷專家、W2 集團及銳思博德國際公關主席的拉里·韋伯（Larry Weber），他在《無處不在：社會化媒體時代管理面臨的變革與挑戰》（*Everywhere: Comprehensive Digital Business Strategy For TheSocial Media Era*）書中提出，社會化媒體的應用不再專屬於公司的市場行銷部門——它不應當只是一個新行銷的工具，還可以成為推動組織乃至行業變革的觸媒（或一種行為模式）。對此，韋伯寫道：「社會化媒體已然滲透到了公司的產品銷售、客戶服務、產品創新、人力資源、財務審核、發展規劃以及經營管理等各個方面。」 在韋伯眼裡，如果之前對社會化媒體的研究更多停留在數位行銷層面，即側重「社會化行銷」，那麼現在該是到強調「社會化企業」的時刻了。後者是指那些積極的在企業經營的過程中把社會化媒體作為一種生存方式的企業，它們透過挖掘利用參與式網路的多重功能來實現自己的目標。

從社群網路到社會化媒體，它們雖然各有側重，但很多時候殊途同歸，都極其注重溝通、互動、對話的工具屬性。從政府到企業到各類組織乃至個人（自媒體），在今天這個時代，他們不得不越發重視和依賴這些新媒體平台。

尤其，當突然發現智慧型手機人手一台（甚至好幾台）成為街機，當各類移動終端被廣泛使用時，正如拉里·韋伯那本書的書名所揭示的那樣——一個移動化的社交媒體時代已經「無處不在」！

第十五章
移動互聯網

Internet
A history of concepts

一個生活在美國密蘇里州的人感覺自己病了，他可以透過自己的移動設備聯繫一位在印度的醫生。他（或）她為你診斷和治療，花費的費用卻只有在美國看醫生的幾分之一——也許只有 5 ～ 10 美元。

位於維吉尼亞州的一所普通中學，有超過 85% 的學生在 iPad 上做作業，而且他們發現這個設備對科學、英語和算數特別有用。平板電腦就是為主動學習而創造的。這個螢幕可以聽從指令，顯示相關內容。在教科書中，學生們可以讀到維多利亞瀑布的文字介紹，並看到它的照片。在數位教材中，他們可以看到瀑布從懸崖傾瀉而下的情景，聽到它的聲音，並且可以隨心所欲的探究它，穿過尚比西河滿是鱷魚的水流以及瀑布下的地層結構。

奧盧——這座距北極圈 125 英哩、擁有 14 萬人口的芬蘭城市。它是歐洲的「生活實驗室」之一，整個城市都在實驗新技術。2006 年，他們在公車、餐廳、車站和劇院裝置了 1,500 百個標籤。市民運用近距離無線通信技術選擇公交時刻表和地圖。他們只要將手機對著演出海報搖一搖，就可以了解到更詳細的訊息。在學校，學生們觸碰標籤就可以了解到課表、作業、食堂菜單和每日通知等訊息。近距離無線通信技術使獲取訊息格外容易，並且最終的趨勢實現電子標籤化，讓紙張消失。

移動互聯技術也在助力開發中國家。在肯尼，一套稱為 M-Pesa 的移動支付系統可以讓缺少銀行、ATM 機、固定電話和互聯網路的邊遠地區進行商務活動。在中東，移動技術和社交媒體對「阿拉伯之春」運動起到了推波助瀾的作用。

而在大陸，人們對移動科技的漸進性認識，不斷拓展其應用的邊界和想像的空間。早在 2004 年某報推出了第一家手機報，引起各類媒體躁動；引發其他報業同行的上網熱，一時之間，手機報熱潮迅速席捲市場，它還被許多人視為報紙復興的希望；等手機報稍微冷了一陣，手機影片業務開始興起，如果你的記憶足夠好，在隨後的日子裡，像手機小說、手機音樂、手機影院、手機短劇等各類「新生玩意兒」將粉墨登場，然後又很快消失無蹤。11 月 11 日，每年的這一天原本是一個再普通不過的日子，可它先是被中國的網路與校園文化包裝成為「光棍節」，然後又從 2009 年起硬是被中國電子商務巨頭阿里巴巴旗下的天貓憑空創造成了「網購狂歡節」，從此一發不可收拾，每年的這一天交易額屢創新高。在 2014 年的 11 月 11 日，天貓的支付寶全天成交額為 571 億元，其中，移動占比 42%，達 243 億元，而去年同比僅為 15%。

現在回過頭去看，當時很多技術和應用都很不成熟，初創階段難免顯得有些幼稚。但事實證明，業界的判斷方向是對的：不管智慧與否、多大程度智慧甚至第幾代通信標準，以手機為媒介，嘗試其特性、應用和產業上的對接，必將創造出一個巨大的通信消費市場。曾經的 3G 如今的 4G，冬去春來，事實上我們已然進入速度更快、性能更高、技術更強乃至應用更多的移動互聯時代。

對於它的描述，有人稱其為「第五次浪潮」。像美國微策略公司的董事長兼首席執行官麥可·塞勒（Michael Saylor）在《移動浪潮》（The MobileWave: How Mobile Intelligence Will Change Everything）一書中，提出從資訊技術發展的角度來劃分，人類社會經歷了五次訊息處理的浪潮：第一浪，大型電腦；第二浪，小型電腦；第三浪，台式電腦；第四浪，互聯網個人電腦；而第五浪，正是移動互聯網。如美國知名智庫移動未來研究院執行長，同時也是媒體郵報傳播集團媒體研究中心主管的恰克·馬丁（Chuck Martin），他在《決戰第三螢幕：移動互聯網時代的商業與行銷新規則》（The Third Screen: Marketing to Your Customers in a World Gone Mobile）和《決勝移動終端》（*Mobile Influence:the New Power of theConsumer*）兩部專題作品中把智慧型手機稱做「第三螢幕」，它相對於作為「第一螢幕」的電視和作為「第二螢幕」的個人電腦，並以其引起文化、商業、互動體驗、消費行為、生活方式上的變化視為「一種革命」。相比之下，「前兩次革命都黯然失色」 。在馬丁看來，之所以第三螢幕引起的是質的、突破性的變化，原因在於人們與移動終端（智慧型手機）之間是一種充分互動的關係——拿到眼前式的（這裡有個形象的比喻，在客廳躺在沙發觀看電視是「後靠式」的，身體前傾盯著電腦螢幕是「前傾式」

的）。「這種互動是貼近性的、個性化的，而且時刻在線的。」

Jeffrey Zeldman

當然，還有稱 Web 3.0 的。早在 2006 年初，著名的 Web 設計師之一、Web 標準的創建者傑弗瑞·澤爾德曼（Jeffrey Zeldman），他在一篇旨在責罵 Web 2.0 的部落格文章中「以彼之道，還施彼身」提出了 Web 3.0 的概念。不過，對於這個差不多屬無心插柳的產物，在受到越來越多關注的同時，也成為越來越多爭論的焦點。例如 2007 年 8 月 7 日，Google 總裁埃里克·施密特出席某論壇時被與會者問及 Web 3.0 的定義，埃里克·施密特首先開玩笑的說：「Web 2.0 只是一個行銷術語，而你剛才正好發明了 Web 3.0 這個行銷術語。」隨後他談及了自己的理解：「Web 3.0 創建應用程式的方法將不同。到目前為止 Web 2.0 一詞的出現主要是回應某種叫作 AJAX（Asynchronous JavaScript and XML，指的是一套綜合了多項技術的瀏覽器端網頁開發技術）的概念……而對 Web 3.0 我的預測將是拼湊在一起的應用程式，帶有一些主要特徵：程式相對較小、數據處於網路中、程式可以在任何設備上運行（PC 或者手機）、程式的速度非常快並能有很多自定義功能，此外應用程式像病毒一樣的擴散（社群網路、電子郵件等）。」而到了 2010 年 11 月 16 日，在 Web 2.0 高峰會上，「網路女皇」瑪麗·米克爾指出 Web 3.0 可以理解為「由社群網路、移動設備和搜尋（social networking, mobile and search）所組成的新一代網路」。總之，一個稱謂、各自表述的現象到今天仍在繼續。

在有限的文獻裡，我們無從得知「移動互聯網」概念究竟最早是被誰，或是哪一家公司提出的。但互聯網發展至今，對於它的定義、特徵以及帶來的「顛覆性的變革」，業界已達成普遍共識。

移動互聯網，簡單講是一種透過智慧移動終端，採用移動無線通信技術獲取互聯網業務和服務的新興業態。移動著要實現互聯互通，前提得是移動智慧終端的普及。譬如：當 iPhone 手機成了街機，當三歲小孩都會玩 iPad，當營運商逐步淘汰 GSM 技術並提出 3G 甚至 4G，當手機應用 APP 層出不窮、包羅萬象，當更多傳統產業開始對接移動技術，當人們無論是生活娛樂還是工作學習都日益依賴手機……我們可以說，移動互聯時代來了。

其中智慧終端占比最重的首推智慧型手機（smart phone），它之於移動浪潮的地位和作用，好比當年家用電腦的普及對於推動互聯網發展的歷史意義。為什麼這麼說呢？智慧型手機相對於功能機（feature phone）有諸多獨特的功能，例如網路（可保持一直在線）、定位（精準位置查找）、攝影（影片分享的前提）、計算能力（相當於一台小型電腦）、影音（可以觀看高畫質影片，包括廣告）、重力感應（可辨識方向、被搖動及其他使用者做的動作）、觸控螢幕（對於觸摸及手勢非常敏感）、便攜（隨時隨地跟隨用戶）、語音（通話、語聊）等，為手機實現各種用途打下基礎。同時，也不容忽視的是，越來越多應用程式（APP）、增值移動業務的出現，讓一機在手，越來越覺得得心應手、無所不能，因此也越加寸不離手。這是對用戶而言的。從商家的角度來看，移動科技驅使他們走向一個空前徹底的「從實時到隨時」的時代，無時不在、無處不在、無所不能，這便是移動互聯產業極具想像力和爆炸力的地方。

Feature phone smartphone

從歷史上看，日本其實算得上最老牌、最具先發優勢的「移動的帝國」。日本是目前全世界移動互聯網運營最豐富的國家，其移動互聯網產業一直走在世界的前列。用 UC 優視董事長兼首席執行官俞永福的話來說，日本是移動互聯網發展最早的地區，也是移動互聯網對用戶生活和習慣的影響最廣泛、改造最深入的地區。像 SP 模式、二維碼、手機錢包等均由日本首創，該產業長期處於「發展大國」、「先進國家」行列。例如由日本最大的電信營運商 NTT DOCOMO 在 1999 年 2 月推出 i-mode 模式，簡單講，就是用戶按流量結算，享受各種手機上網服務，包括發郵件、收看新聞資訊、接受氣象訊息、轉帳查詢、訂車票機票、網上購物等。放在同一時代橫向比較，當時，史蒂夫·賈伯斯才剛回到蘋果，公司百廢待興；Google

公司剛從 PE 拿到融資；世界其他地區用戶尚處於認知的混沌期，連互聯網都還沒消化好，不知道移動互聯為何物。可日本早已在路上了。

如同當年英國用堅船利炮打開清朝沿海門戶，中國從此進入了長達百年、暗無天日的屈辱史。西元 1853 年 7 月 8 日，一支由美國東印度艦隊司令馬修·佩里所率領的四艘戰艦組成的艦隊，奉命前往遠東，與日本商談開國問題。但結果是戰火連綿、武力威脅、大開殺戒、喪權辱國，歷史上稱之為「黑船」事件。雖然同樣是簽訂一系列不平等條約，但歷經痛苦的日本竟置之死地而後生，很快透過一場堅決的明治維新實現了民族復興。令人奇怪的是，日本人不僅沒有把佩里當作侵略者，反而將其作為促使日本開放改革、富國強兵的恩人來紀念。

當然，這只能說明日本具有吸取一切世界長處為我所用的意識和體制，但並不能解釋怎麼就使得移動互聯網得到長足發展、遙遙領先於世界列強了。換言之，在本書中差不多每一次互聯網發展的顯著進步都是由美國帶動起來的，為什麼偏就移動互聯網不是呢？原因很簡單，美國是生活在車輪上的國家，他們每天上下班是開私家車，雙手被綁在了方向盤上，而整個亞洲不管是日本、韓國、中國，還是印度、印尼，出行都是以公共交通工具為主的國家。所以這些用戶每天其實大概有兩到三個小時是在公共交通工具上，沒有其他事情能做，主要就是拿著手機在玩。一個生活方式的原因，導致整個亞洲在手機上的業務比美國的業務要快得多。舉個例子，2007 年、2008 年如果來美國看移動互聯網，會發現美國的手機都是「傻大笨粗」，就是個單純的通信工具，而同期日本的手機、韓國的手機則設計得很酷，因為手機被看作是人的裝飾。美國的 PC 互聯網很發達，所以移動互聯網至多就是個補充。而在整個亞洲，很多地方是跨越式發展的——PC 互聯網還沒有發達起來，移動通信就迅速發展起來了，導致整個移動互聯網對它而言就是互聯網。另外，結合財經記者曾航在《移動的帝國：日本移動互聯網興衰啟示錄》一書的歸納，日本是一個患有「加拉巴哥症候群」（比喻與世隔絕，孤立發展）的國家，它的許多產業都 NTT DOCOMO、KDDI 和軟銀移自成體系，這其中又以移動互聯網產業最為典型。就這樣，「移動的帝國」逐步建立。然而，曾航也指出，在主要已開發國家中，還沒有像日本的營運商那樣影響甚至主導移動互聯網行業發展的現象。

而由 NTT DOCOMO、KDDI 和軟銀（Softbank）移動三大營運商三份日本市場的格局與聯通、電信極其相似。更為重要的是，這兩個國家的移動營運商都對移動互聯網的市場起到了非常重要的作用，並且仍具有舉足輕重的話語權。

iPhone 6plus Galaxy note4Lenevo

如果說移動互聯網的興起離不開智慧型手機的普及，那麼，智慧型手機的擴張則離不開蘋果 iPhone 系列手機的發行。據美國市場調查機構 Gartner 統計，隨著大螢幕 iPhone 6 和 iPhone 6 Plus 的成功發布，美國蘋果公司重返全球智慧型手機行業第一的寶座，緊隨其後的後四位是韓國的三星（Samsung）、聯想、華為、小米。這五家公司的智慧型手機占據全球接近 60% 的市場數額，從某種意義上說，移動互聯網快速發展到今天，這些手機生產廠商功不可沒。

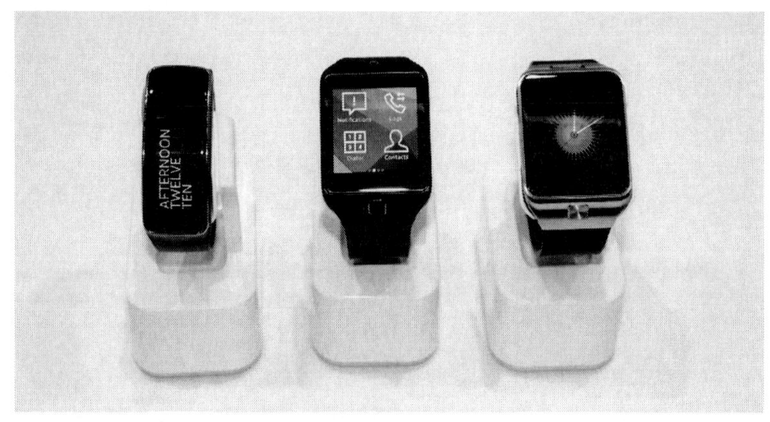

Samsung Gear 系列

以蘋果為例。故事得從 1985 年的夏天說起，彼時作為公司創始人之一的史蒂夫·賈伯斯（Steve Jobs）因為與董事會觀點分歧、意見不合，而被公司無情的驅逐出局。每位董事都投票同意將賈伯斯從管理職位上拉下馬，並進行公司重組。無奈，賈伯斯只好跑到投資人邁克·馬庫拉（Mike Markkula）那裡痛哭流涕，訴說衷腸。然而，勝負已判、大局已定！這或許是賈伯斯人生路上的第一次失利，且敗得慘烈、輸得精光。此後 15 年，賈伯斯就像古代歷史上越王勾踐一般，臥薪嘗膽，君子報仇，十年不晚。如果對那些風風雨雨和是是非非的日子進行簡單的梳理，那就是賈伯斯隨後創建了「復仇之作」的 Next 公司，成立用來「消遣」的創業公司 Pixar。結果無心插柳柳成蔭，重金投入、媒體追捧下的 Next 終究沒給賈伯斯帶來好運，而他很少花心思的 Pixar，卻因為一部名叫《玩具總動員》的動畫片一戰成名，這直接促成了他在 1997 年重掌蘋果大權、東山再起——當然，成功趕走賈伯斯後的蘋果公司也不見得好多少，曾一度遭遇危機，產品市場占有率節節敗退，公司董事會最後不得不考慮請回賈伯斯，委以重任希望能扭轉頹勢。

Mike Markkula

Michael Moritz

回歸後的賈伯斯果然不負眾望，以其對創新和設計的極致追求，領導著蘋果從此創新不斷、進步不止，其 i 系列產品每一推出，便令大眾驚豔不已，瘋狂追捧。「時間有限，我們不應該為別人而活，活著是為改變世界。」賈伯斯如是說。這恰恰反映了他近乎偏執的性格，而那句「活著就為改變世界」也成了後來一本關於他傳記的中文版書名，作者傑弗里·揚（Jeffrey S. Young）和威廉·西蒙（William L.Simon），原著名為 *iCon Steve Jobs: The Greatest SecondAct in the History of Business*。順帶一提，有關賈伯斯的傳記如同蘋果產品的銷量一樣多，代表性的著作有：沃爾特·艾薩克森（Walter Isaacson）的《史蒂夫·賈伯斯傳》

（*Steve Jobs: A Biography*）、麥可·莫里茲（Michael Moritz）的《重返小王國：賈伯斯如何改變世界》（*Return to the Little Kingdom:Steve Jobs, thecreation of Apple, and how it changed the world*）、Brent Schlender 和 Rick Tetzeli 合寫的《成為史蒂夫·賈伯斯》（*Becoming Steve Jobs*）等。

後來的故事，人們再熟悉不過。iMac 的大獲成功、iPod 的一鳴驚人、iPad 的持續熱賣，iPhone 的一機難求，賈伯斯除了是一個成功的企業家之外，更是引爆新媒體革命、引領新技術趨勢的靈魂人物，尤其在眼看著微軟日顯老態，蓋茲準備把餘下精力投身慈善之際，賈伯斯成為了當今科技界真正的王者、焦點所在。他讓蘋果公司再次處在引領全球科技界的浪潮之巔，一直到今天。而回顧蘋果公司的發展史，距離上一次獲得如此這般榮耀已經過去 20 多年。1977 年 4 月，賈伯斯在美國第一次電腦展覽會上展示了蘋果 II 號樣機，蘋果 II 號在展覽會上備受關注，訂單紛至沓來。1980 年 12 月 12 日，蘋果公司股票公開上市，在不到一個小時內，460 萬股全被搶購一空，當日以每股 29 美元收市。按這個收盤價計算，蘋果公司高層產生了 4 名億萬富翁和 40 名以上的百萬富翁，賈伯斯作為公司創辦人排名第一。由於在普及個人電腦中發揮的關鍵作用，以及蘋果在華爾街的成功上市，年僅 25 歲的賈伯斯成為了科技界的第一紅人，要知道賈伯斯首次登上報紙頭條時，比馬克·祖克柏成名時還要年輕許多。

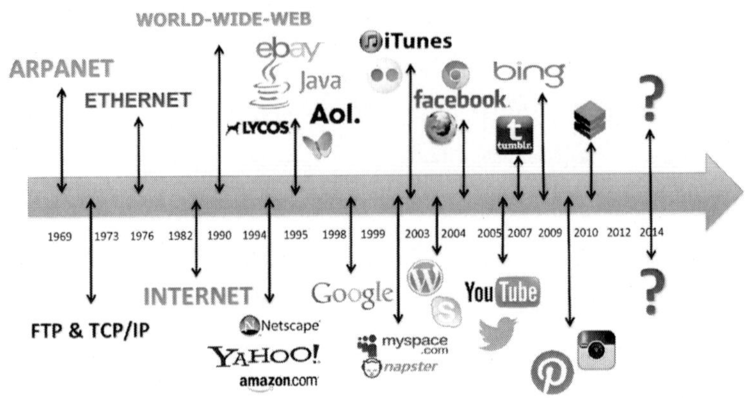

history of the internet-timeline

然而天妒英才，病魔不斷折磨著賈伯斯，也一度讓人們擔憂蘋果公司的未來。2011 年 10 月 5 日，賈伯斯因病逝世，享年 56 歲。但在他身後，有頂尖的供應鏈管理專家蒂姆·庫克（Tim Cook），有首席產品設計師喬納森·伊夫（Jonathan Ive），還有一手締造蘋果零售體系的榮·強森（Ron Johnson，2011 年 11 月已從公司離職）、Mac 掌門人鮑勃·曼斯菲爾德（Bob Mansfield）、財務大管家彼得·奧本海默（Peter Oppenheimer）、行銷大師菲爾·席勒（Phil Schiller）等幾大虎將主持大局，蘋果公司依然穩健上行。正如前面提到的，蘋果 iPhone6 及 Plus 系列，依舊獲得了全球「果粉」的追捧，銷量節節攀升，藉此重新獲得了世界智慧型手機占有率第一的寶座，而這正是在接替賈伯斯出任新 CEO 的庫克時期完成的。就在寫作本書時，同

Steve Jobs

樣在後賈伯斯時代、庫克任內，蘋果即將推出全新的智慧手錶 Apple Watch，還未正式發售，但網上預訂量已超一百多萬塊。

Tim Cook

總之，蘋果的 iPhone、三星的 Note、小米的手機等，這些智慧型手機快速的迭代更新，越來越輕薄的外觀設計以及強大豐富的功能搭載，給用戶帶來的是集個性化、一站式、多樣性、生態圈等一體的移動生活體驗，「移動智慧改變世界」，這已經不是一句口號，而是一個實在的基本判斷。幾家歡喜幾家愁，曾經傳統功能機時代的王者——Nokia，在經歷此前輝煌的 12 年後，從 2008 年起迅速走向衰落，無力回天，終於在 2013 年被微軟以 38 億歐元（約合 50 億美元）的價格收購其旗下大部分手機業務。

Nokia & Micrsoft

智慧型手機對訊息通信革命帶來了新的飛躍，成為接入移動互聯網的最主要端口，因而也成為互聯網巨頭們兵家必爭之地。但即便如此，這不等於說移動互聯網的全部就只有智慧型手機了，事實上，除了智慧型手機，像筆記型電腦、平板電腦、超級本、PDA 掌上電腦、車載 GPS 導航與多媒體以及 2013 年左右興起的潮物可穿戴設備（關於可穿戴設備我們會在後面專門介紹），它們都是擁有接入互聯網能力，並且搭載各種作業系統，可根據用戶需求訂製化各種功能的移動智慧終端。

例如：2007 年 4 月，英特爾（Intel）向業界推出了其最新的處理器晶片 ATOM，並提出了基於該晶片的 MID 產品概念。MID 也就是 Mobile Internet Device 的簡寫，意思是「移動互聯網設備」。這是一種體積小於筆記型電腦，但大於手機，同時又比上網本更易攜帶的移動互聯網裝置，按照英特爾的說法，它能夠提高高端客戶辦事效率、滿足隨時隨的上網需求、用著舒心、長時間享受 PC 似上網樂趣的頂級口袋電腦。按英特爾設計 MID 的初衷，主要為滿足用戶隨時上網，同時便於攜帶的需要。作為便攜移動 PC 產品，採用 4 ～ 10 英寸的螢幕，作業系統可以是 Windows、Linux、Android 等。當時，英特爾雄心勃勃，把 MID 視為搶占移動互聯網策略要地的祕密武器，只可惜到

MID Intel

頭來事與願違，用美國《電腦世界》（*Computer World*）雜誌的分析文章來說，MID 是剛剛起程，還是已到末路（Mobile Internet Devices: Just getting started or dead in thewater?）。不過，這是另外一個話題了，我們只是想強調兩點。第一，移動終端可不僅僅只有智慧型手機；第二，許多 IT 巨頭和互聯網公司都在覬覦移動互聯這塊大蛋糕。

Mobile Internet

現在的問題是，移動互聯網對商業模式產生什麼深遠的影響呢？換句話說，出現了哪些新的玩法。

Alex Rampell

首當其衝一個便是 O2O。Online to Offline，通常理解是線上線下的互動，讓互聯網成為線下交易的前台。早在 2011 年 8 月，一個名叫亞歷克斯·蘭貝爾（Alex Rampell）的人，他是在線支付和推廣平台 TrialPay 的創始人兼 CEO，他透過對 Groupon、OpenTable、SpaFinder 等公司研究，發現它們都是線上交易、線下消費的電子商務模式，即 Online to Offline，至此，O2O 概念被正式提出。

在《O2O：移動互聯網時代的商業革命》這本系統研究 O2O 的著作中，張波以著名電商網站一號店為例，指出個人消費者拿著手機透過二維碼識別軟體對著一號店的商品的二維碼電子標籤進行識別，然後解析到指定網址，針對二維碼指向的商品網頁，完成線上下訂單的交易支付。這其實是 Offline to Online（線下行銷，線上交易），難道它就不是 O2O ？

此外，根據張波的觀察，至少還有 Offline to Online to Offline（線下行銷到線上交易再到線下消費）和 Online to Offline to Online（線上交易或行銷到線下消費體驗再到線上消費體驗）兩種模式。前者舉例說明，每年年初，三大電信營運商都會開展「預存話費 ×× 送 ××」的活動來吸引顧客，這個模式基本就是線下行銷，在線上完成交易，然後手機客戶再到線下完成消費體驗。例如：他在線上玩一款遊戲，該遊戲的道具有麥當勞某款套餐；他在遊戲中買了麥當勞道具，該遊戲讓他在線下的麥當勞實體店能吃上該套餐，然後再回到線上玩這款線上遊戲，的確線上那個麥當勞道具也已經被使用了，而且他在線上角色的能力大增。

不管是亞歷克斯·蘭貝爾定義的模式，還是張波提出的玩法，O2O 作為移動互聯網中一種新型商業模式，連結兩頭虛實互動，線下是現實世界，線上是虛擬世界，而行銷、交易和消費體驗三個基本商務行為將兩者連結。當然，二維碼技術是

O2O 實現虛實連結的密鑰，其技術的進步對 O2O 發展有著極為重要的推動作用。二維碼是用某種特定的幾何圖形按一定規律在平面（二維方向上）分布的黑白相間的圖形記錄數據符號訊息，據相關專家估算，其整條產業鏈已經達到數千億元（也可以計算在移動互聯網產業總量內）。值得一提的是，二維碼正是源自「移動的帝國」——日本。

誠如《移動浪潮》的作者塞勒所講：移動智慧技術就像曾經推動工業革命的「電力」，它將推動訊息革命超越傳統訊息處理侷限的臨界點。移動技術將促使很多公司用軟體替代原有的實體產品和服務。軟體版本的產品和服務將會有超越原實體產品的新功能，而且這些軟體產品和服務的製造成本將會更低廉。工廠將不復存在，分銷網路將不再必需，實體商店也將消失。生產成本將急遽下降。如果曾經的軟體是「固態」的，因為你只能在桌邊使用，那麼，移動技術讓軟體擺脫束縛，成為無處不在的「氣態」。

移動互聯網的發展讓整個時代經歷著前所未有巨大、深刻的變革，並客觀上在構建一個全新的數位世界。這裡，科技在換代、媒介在延伸、人文在更新。如果我們從網路、硬體、軟體和應用四個角度來看，網路科技的創新進步是非常明顯的。例如：對網路而言，先後經歷了移動網路取代固網、數據業務取代話音業務和無所不在的物聯網三個階段；在硬體方面，則是智慧型手機取代功能機、Pad 取代 PC 和時下的多屏競爭；在軟體領域，智慧 OS 取代 Symbian，移動 OS 取代桌面 OS 以及移動 APP 取代 PC 應用；最後是應用層面，也是 3 個階梯——通信的移動化、媒體的社會化和世界的網路化。不難發現，換代的科技，其「出風口」正是全球一體化、多媒體融合的移動互聯網業務。

2014 年 5 月 29 日，AllThingsD D11 大會上，瑪麗·米克爾發布了她最新的、作為業界一個風向性標的《互聯網趨勢報告》。報告中，米克爾總結道：「移動端的巨大勢能將為增速逐漸下降的互聯網提供動力，而在線影片則將是推動移動數據增長的動力來源。2013 年全球互聯網用戶數量增長了 9%，作為對比，2012 年的數字為 11%。未來這種增長還將繼續減速。移動端網路流量占全球互聯網流量的比例以每年 1.5 倍的速度增長，這一增速沒有延緩的趨勢。」移動行業增長迅速，接著它又補充道：「過去幾十年，增長主要集中在可穿戴智慧設備和智慧型手機方面。預計未來幾十年內，可穿戴設備及新的設備類型，如無人駕駛汽車等將成為新的增長點，並且引發一場個人數據的革命。」是的，移動互聯網時代，我們怎麼能不提及酷炫的可穿戴智慧設備？

第十六章

可穿戴設備

Internet
A history of concepts

美國時間 2012 年 6 月 27 日，在舊金山莫斯考尼會展中心（Moscone Center），正進行著 Google 公司一年一度的開發者大會（Google I / Oconference）。這一天，Google 已經先後推出了新版 Google+、小尺寸平板 Nexus 7 以及全新的安卓 4.1 作業系統。現在，人們等待著 Google 的聯合創始人謝爾蓋·布林來發布一款更為重磅的產品。

此時，大螢幕開啟。上萬名參會者盯著影片，他們看到一個身著滑翔羽翼的飛行員從高空墜下，隨後將手中的包裹轉交給地面的人員，後者騎著自行車，穿過沿途喧鬧的人群，最終駛入莫斯考尼會展中心。等待他的正是謝爾蓋·布林。

這些畫面都實時呈現在了會議現場的大螢幕上。目睹整個過程的人們，能清楚的聽到畫面中飛行員跳下飛機後在耳邊響起的呼呼疾速的風聲，能清晰的看到騎車者穿過擁擠的人群時路人迴避的慌張表情，彷彿身臨其境。而這一切要得益於兩個人隨身佩戴的「未來裝備」。人們屏住呼吸，等待布林來揭開它們的神祕面紗。

Google Glass

布林走到舞台中央，滿臉抑制不住興奮。他打開包裹，取出物件，動作一氣呵成，然後他鄭重的向現場展示公司最新的科技成果：Google 眼鏡！布林發言時情緒激動、語氣激昂，他的講話被台下的歡呼聲和掌聲數次打斷。人們驚喜之餘對這款產品給予了極高的認可。他們意識到，隨著 Google 眼鏡的推出，一個隨身穿戴、實時在線的虛擬生活已然成真，這也是布林想要引領的新時代——如同科技作者馬特·霍南（Mat Honan）在《連線》雜誌發表署名文章稱：「2013 年的大部分時間我都帶著 Google 眼鏡，我成了眼鏡混蛋（Glasshole），躲在螢幕後觀察著這個世界。但我並不是孤獨的，至少不會孤獨很久，因為未來也在向你的臉和你的手腕進發。它也許還會在你的衣服裡。在不久的未來，你的全身上下都可能被未來科技所覆蓋。」

雖然被稱為眼鏡，但 Google 眼鏡最開始並沒有鏡片，只有鏡框。在眼鏡上邊緣的一側有一塊微型電腦螢幕，當佩戴者傾斜頭部或輕觸鏡框時，就會啟動該螢幕。用戶可以使用語音命令，或輕觸和滑動鏡框一側的觸摸板來滾動瀏覽螢幕或執行操作。Google 眼鏡一經推出，便引起了世界的廣泛關注，並迅速成為當時最炙手可熱的潮流物品，不過要獲得它代價可不菲，Google 眼鏡的售價是 1,500 百美元，這個價格可以購買一台配置不錯的蘋果 Macbook 筆記本。與此同時，伴隨著 Google 眼鏡在一小部分有移動工作需求的專業人士圈裡率先流行使用開，「可穿戴設備」也頓時成為流行語，被各大媒體競相報導。

Smart Watch 智慧腕錶

Nike+ FuelBand

在接下來幾年，各大科技公司意識到可穿戴設備可見的行業趨勢和市場潛力，紛紛投入重金布局這一領域，並相繼開發了不少產品。如索尼公司推出了 Smart Watch 智慧腕錶、三星推出了 Gear 系列智慧腕錶和手環。不僅如此，傳統企業也順勢而為，湊了把熱鬧。像全球最大的體育用品生產商耐吉公司生產了一款名為「Nike+ FuelBand」的智慧健身腕帶。它可以支持心率、脈搏監控及藍牙功能。

Smart Device

事實證明，馬特·霍南當初的預言是準確的。一系列打著智慧旗號、以可穿戴為賣點的設備接二連三的出現在市場中。除可穿戴智慧眼鏡、可穿戴智慧手錶、可穿戴智慧腕帶外，還有可穿戴智慧項鍊、可穿戴智慧靴子、可穿戴智慧手鐲，甚至連可穿戴智慧文胸都有了。而一向引領科技產品趨勢、目前係全球最大規模 3C 產品（即電腦（computer）、通信（communication）和消費類電子產品（consumerelectronic））交易會的國際消費電子展（International Consumer Electronics Show，CES），自 2013 年起便增設了可穿戴設備的展示區，而且從參展廠商、展示區域、展銷類別上看，逐年呈增加的趨勢。

CES 大會

回顧可穿戴設備的發展史，它從相對陌生到競相談論前後不到兩年時間，潮流引爆點當屬 Google 眼鏡。2012 這一年也因此被稱作「可穿戴智慧設備元年」。然而往前追溯，可穿戴設備的設想早在 30 年前就被提出了。當時它真的 Smart Device 是一個聞所未聞的概念，而一個名叫阿萊克斯·彭特蘭（Alex Pentland）的人正是在無線網路、移動手持設備等一片空白的情況下啟動了名為「可穿戴計算」的項目，而後來在可穿戴領域聲名鵲起的科學家，比如一代電子狂人史蒂夫·曼恩（Steve Mann），以及負責 Google 眼鏡開發的薩德·斯塔那（Thad Starner），都是彭特蘭的學生。事實上，除了 Google 眼鏡，彭特蘭還領導了如今被廣泛應用的人臉識別技術，以及基於 GPS 的定位技術的研發。鑒於卓越貢獻，彭特蘭被業界尊稱為「可穿戴設備之父」。

Larry Roberts

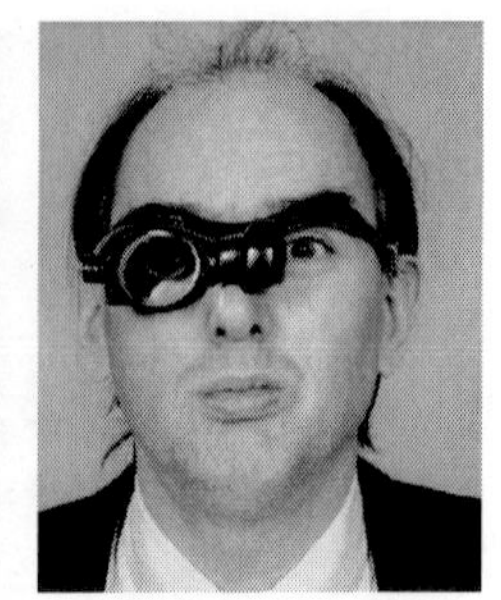

Larry Roberts

1976 年，彭特蘭進入麻省理工學院的心理學係攻讀博士學位，師從認知科學家惠特曼·理查茲（Whitman Richards）。當時的他在學校裡是一個異類：一頭沙子色的頭髮，大家都親切的稱呼他 sandy。白天他研究人類心理學，晚上在充滿各種高級機器人的人工智慧實驗室裡研究人機對話。

經過十年的不懈努力，1986 年，彭特蘭參與創辦了 MIT 媒體實驗室、亞洲媒體實驗室（坐落在印度理工學院）和未來健康中心等重要機構，並創辦了自己的第一個實驗室——現已成果卓著的 MIT 人類動力學實驗室。彭特蘭以自己畢生所要做的事情為其取了一個溫暖而意義深遠的名字：「凝望人類」（looking at people）。

在近 30 年的執教生涯中，他培養出了 50 餘位博士，其中一半成長為該研究領域的領軍人物，四分之一成為創業公司的創始人，四分之一成為業界相關領域的中堅力量。彭特蘭的實驗室孵化出了 30 多家高科技企業，比如專注於社會測量的 Sociometric Solutions 公司。另外，在彭特蘭的「可穿戴設備」項目中，目前最引人注目的是一款叫作「社會計量標牌」的可穿戴設備。這個設備僅有卡片大小，配備了測量佩戴者運動的感測器、捕捉聲音的麥克風、檢測附近同類設備的藍牙，以及記錄面對面交流的紅外線感測器。

這款設備他研發了近 15 年。在它的幫助下，彭特蘭所能掌握的你的訊息，已經遠遠超過了你所說的話傳遞出來的內容。比如：在打撲克時，這款設備 10 次有 7 次可以很準確的判斷某人是否在牌桌上要詐；佩戴設備的人能夠在 5 分鐘內預測談判中的贏家，而且正確率高達 87%；這款設備甚至可以用在男女之間的約會上，閃電約會還沒有開始，它就能非常準確的預測出這次約會是否成功。透過在人際互動中使用社會計量標牌，你可以更加清晰的了解人們是否對工作滿意，擁有怎樣的工作效率。截至 2013 年，已經有幾十家研究機構和公司使用了這個設備，包括一些世界五百強的公司。從可穿戴計算到分析人類行為，時至今日，在全球計算科學領域，彭特蘭是被引述次數最多的科學家之一。2011 年，《富比士》評選他為全球最具影響力的 7 位數據科學家之一，《新聞週刊》則稱他是「改變二十世紀的一百位美國人」之一。最近，他的關於「思想流」如何促進社會網路訊息交換和智慧社會形成的研究成果《智慧社會：大數據與社會物理學》（*Social Physics How Good Ideas Spread*：*TheLessons from a New Science*）一書已被翻譯出版，這本書的問世讓誕生了近兩個世紀的「社會物理學」在大數據時代下重新煥發了生機。

當然，在可穿戴設備領域研究不只有彭特蘭一個人，早在 1960 至 1970 年代，賭博活動的盛行竟然成為催動可穿戴設備發展的一大助力。1961 年，兩名美國數學家研製了一組名叫 Beat the Dealer 的可穿戴式電子設備，用於提高輪盤類賭博遊戲的勝率。該組設備由可被隱藏於鞋子中的計數器、香菸盒大小的電腦以及耳機對講系統組成。玩家可運用鞋中計數器記錄輪盤轉速獲得原始數據，後經微型電腦推算得到賭博結果，並透過耳機實現結果傳播。後來，這類設備也有許多演變與進化，但終究因為只能被應用於特定領域，且成功率十分有限，而沒有獲得更多的推廣。此外，據美國 IT 網站 Fierce Mobile IT 整理的可穿戴設備發展簡史，可穿戴設備的發展最早可以追溯到西元 1762 年，彼時，約翰·哈里森（John Harrison）發明了懷錶。但文章還是決定將這一技術的起始時間定在 1975 年，也就是 Hamilton Watch 推出 Pulsar 計算機手錶的那一年。

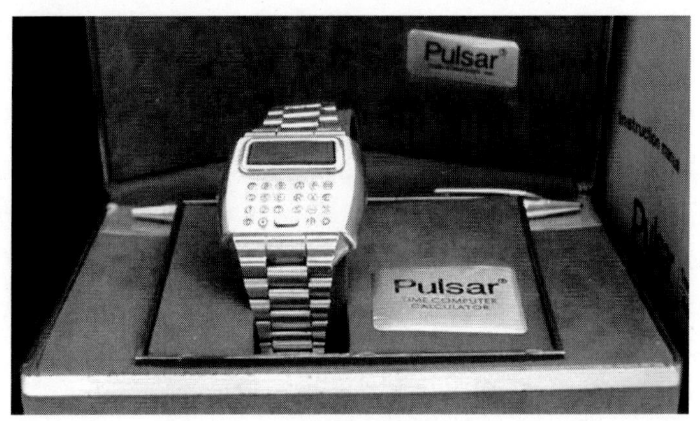

Pulsar 計算機手錶

那款產品一時間成為了男性時尚的代名詞，甚至連時任美國總統的傑拉爾德·福特（Gerald Ford）也想要一塊這樣的手錶。1977 年，一款針對盲人開發的視覺觸感轉換背心成功開發。同一年，惠普也看好手錶市場，推出了 LED 計算機手錶 HP-01，該系列共有五款產品，售價在 650 至 850 美元之間，HP-01 能夠運行超過 30 多種計算任務。1979 年，索尼公司推出了 Walkman 卡帶隨身聽——但因為功能的侷限性，這些為實現特定目的而開發的穿戴式電子設備並未被認為是真正意義上的可穿戴式電腦。縱觀這一時期的可穿戴設備，大多以其奇特的產品形態而存世，且處於由機械向電子設備的過渡階段。

進入 1980 年代，隨著電腦從單一科研用途逐步擴展到民用、商用領域，人類個體化的需求也開始凸顯出來，正如《連線》雜誌創始主編、《失控》、《技術想要什麼？》等書的作者凱文·凱利所描述的人與機器之間的連結，背後是互聯網的興起以及人機「零距離接觸」的技術支撐。這個轉折點開始於 1980 年代，1981 年，第一款現代意義上的可穿戴式電腦應時而生。這一年，一位名叫史蒂夫·曼恩的人設計了一套裝有 MOS 6502 電腦的雙肩背包式多媒體攝錄設備，並配置了一個裝有顯示器的頭盔，以實現用穿戴式電腦進行文本、圖像及多媒體素材的編輯與處理。這在當時絕對屬於先鋒的嘗試，不過這樣的發明創造主要是概念性的，以科學研究為主要目的，並沒有被大規模的生產製造，客觀上也沒有對大眾生活產生過多的影響。

到了 1994 年，時隔 13 年後，曼恩發明了著名的可穿戴式無線網路攝影頭，成為了世界上第一個用相機連續捕捉並記錄下生活數據（1994 年至 1996 年間每天的生活細節），並將影像上傳網路的人。許多人因此把曼恩稱為首個 lifelogger（生活日誌者）。不難發現，可穿戴電腦誕生的基礎，首先是硬體的電腦化，接著便是電腦的日漸小型化。

惠普 HP-01 計算機手錶

如果說在 1980 年代，人們對可穿戴設備的探索只是簡單的硬體拼湊、連結，那麼到了 1990 年代，則是大步的邁向人機互動和商業化開發。1989 年，一家名叫映射科技（Reflection Technology）的公司成功開發了一款被命名為 Private Eye 的頭戴式顯示器。這款頭盔利用一個可擺動的鏡子掃描虛擬場景中的 LED 陣列從而成像，佩戴者從眼鏡中看到圖像的感受與從 18 英寸遠的地方看一個 15 英寸螢幕的感覺類似。這款頭盔及其所帶的顯像技術為後續多種可穿戴式電腦的研發提供了可能性。1993 年，哥倫比亞大學研究人員開發出了裝配有 Private Eye 顯示器的 KARMA 現實強化系統。該系統可以透過對實物掃描並安配二維線框圖形，後透過電腦遠程控制，提供有效的實物識別訊息及相關問題的解決方案。比如：KARMA 系統的使用者可以透過 Private Eye 顯示器捕捉一台破損列印機的內部構造，透過掃描成像，並傳輸數據回遠處的電腦，獲取列印機的破損原因和修理方法。這套系統的開發也說明了無線傳輸技術取得了一定的發展。

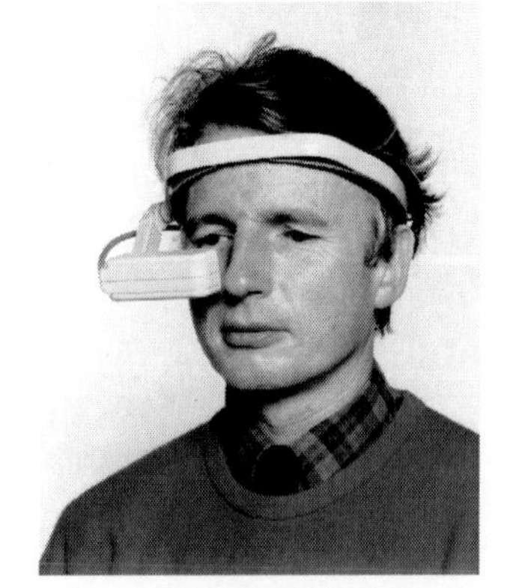
Private Eye Reflection Technology

1994 年，又一套充分利用無線傳輸技術的設備開發成功——

來自 PARC 歐洲分部的兩位研發人員向外界推出了一套叫作「不要忘記我」（forget-menot）的社交記錄儲存系統。該系統利用早前置於使用者房間中的無線信號傳送器以及佩戴在使用者身上的記錄器記錄下使用者身邊發生的所有互動，並將數據傳送回資料庫中待用。之後，使用者可以透過查找數據得知諸如「在我與小王通話時誰來過我的辦公室？」之類的問題的答案。

可穿戴式電腦將螢幕以頭盔的形式佩戴於使用者頭部，為人機互動開啟了新的可能性——用戶單手使用鍵盤輸入文本開始變得可行。同年，多倫多大學的科研人員開發了一款「腕式電腦」，將顯示器與鍵盤均置於使用者的前臂。將電腦設計成頭盔式抑或腕式，表面上只是形式上的改變，實則觸到了觀念變革的脈搏：機器正在日益變成人體本身的一部分，倘若在硬體的層面，機器可以完美適應人體，那麼在軟體層面是否同樣可以實現這樣的變革？

這是許多變革開始發生的一年，這一年，中國第一條 64k 國際專線橫跨太平洋，接入史丹佛大學 SLAC 計算中心，被認為是接入互聯網的起點，而時年 42 歲的《連線》雜誌前主編凱文·凱利出版了他的科技預言著作《失控》，開始探討人類與機器共存的可能性。跟企業級電腦相比，可穿戴電腦的貼身性天然意味著其個人化和可連結性。但這類看上去酷酷的科技產品究竟如何商用，卻成為亟待商討的題中之意。

也是在這一年，人們真正開始考慮可穿戴設備的商業用途。美國國防部高級研究計畫局開始開展「智慧課程計畫」，並首次提出要開發出同時適用於軍用和商用領域的多種可穿戴式電腦，1997 年 10 月，美國卡內基梅隆大學、麻省理工學院、喬治亞理工學院在美國馬賽諸塞州劍橋市聯合發起了學術會議 IEEE 可穿戴電腦研討會。1998 年，Trekker 改進了史蒂夫·曼恩在 1994 年研發的產品並順利將它商業化，售價一萬美元，正式打響了可穿戴式電腦商用的第一槍。不過，過高的售價注定了可穿戴設備無法在大眾市場普及，直至 2006 年，技術上相對成熟、攜帶上更為輕便、價格上較為合理的 Nike+iPod 的推出，讓可穿戴設備率先在體育健身領域得到了市場歡迎。

Nike+iPod 是由耐吉與蘋果合作研發的產物，使用者可以利用置於耐吉產品中的感測器將自己的運動訊息，如行走、跑步公里數、消耗卡路里數等數據同步傳輸到 iPod 中。耐吉隨後還推出了數款設計帶有 iPod 專用口袋的運動服飾，作為其先驅運動品牌策略的重要實踐之一。這套電子配件設計新穎巧妙，且售價低廉，僅為 20 美元；同時，兩大品牌強強聯手，市場推廣手段強勁有力，引起消費者劇烈反響。但是，受到當時傳感科技的侷限，不精確的數據統計與不穩定的數據傳輸飽受用戶詬病，一定程度上阻礙了這套設備及其後代產品的進一步市場拓展。

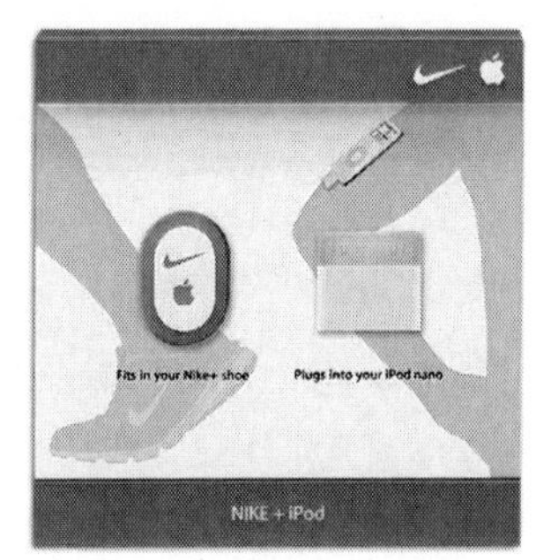

Nike+iPod

2007 年，專門開發可穿戴式電子健身監控設備的公司 Fitbit 成立。該公司主打與 Nike+iPod 功能類似的監控型腕帶等產品，旨在精準追蹤用戶的步數、行走距離、熱量消耗、運動強度和睡眠狀態等健身數據。公司創始人曾在多次公開採訪中表示，公司同名主打產品 Fitbit 開發幾經波折，直到 2009 年，Fitbit 才正式推出了自己的第一款產品，售價 99 美元。與 Nike+iPod 的市場反應類似，不少用戶期待產品的數據統計精確性能夠得到提高。值得一提的是，由於受到耐吉與 Fitbit 公司做出的市場嘗試，為後來者提供了借鑑，當時許多可穿戴設備製造商將產品研發在健康領域。一時之間，體育健身類的可穿戴設備如雨後春筍般大量湧現，市場同質化競爭激烈，該領域很快淪為「紅海市場」。直到 Google 公司推出具有劃時代意義的 Google 眼鏡，才將可穿戴設備業的發展引領至全新的方向、嶄新的高度。

一般而言，可穿戴設備是指可以直接穿在身上，或是整合到用戶的衣服或配件的一種便攜式智慧設備；它不僅僅是一種硬體設備，隨著技術的發展，它還能透過軟體支持以及數據或雲端互動來實現強大的功能。不過截至今天，大部分可穿戴設備的市場表現並不佳，用科技作者 Jonathan Shieber 在 Tech Crunch 部落格上發表的分析文章表述：「可穿戴計算設備的未來（至少在目前）屬於企業市場。」這是由多方面原因造成的。

第一，關乎用戶訊息安全的隱私保護問題。人們對網路的依賴日益增強，可穿戴設備強化了這種依賴性，當到處印刻著健康指數、行為習慣、生活偏好和工作履歷痕跡的時候，個人隱私洩漏的危險大大增加。可以獲得的個人數據量越多，其中的隱私訊息量就越大。只

Fitbit

要擁有了足夠多的數據，我們甚至可能發現有關於一個人的一切。我們知道，互聯網將每時每刻都釋放出海量數據，無論是圍繞企業銷售，還是個人的消費習慣身分特徵等，都變成了以各種形式儲存的數據。大量數據背後隱藏著大量的經濟與政治利益，尤其是透過數據整合、分析與挖掘，其所表現出的數據整合與控制力量已經遠超以往。

第二，關乎用戶體驗的算法精確度問題。可穿戴設備可全方位跟蹤和理解用戶行動，然後利用專有算法判斷動作。目前，可穿戴設備還存在諸多技術難題，其中之一就是算法幾乎都跟蹤同樣的數據（例如步數），因此可穿戴設備基本大同小異。具體來說，多數健身類可穿戴設備都有一個共同的問題，那就是它們本質上就是「漂亮的電子計步器」，它們無法全天候識別用戶的所有行為活動。例如：當用戶要進行舉重鍛鍊時，他們都會取下 Nike Fuel Band 腕帶，此時 Fuel Band 不僅妨礙了鍛鍊，而且無法監測鍛鍊數據。用戶必須在智慧型手機手動輸入鍛鍊訊息，鍛鍊過程勢必會被打斷，結果用戶對設備的互動體驗感到萬分失望。可穿戴設備的問題不僅在於無法監測更多的身體動作，還在於無法精確監測運動數據。消費者渴望獲得全天的步行數據。今天比昨天走得多，這就表示有所進步，但是，當消費者更加熟悉可穿戴設備，他們對精確度就會有更高的要求。對於職業運動員來說，訓練數據精確度直接影響他們的成績。

第三，關乎用戶時尚品味的藝術設計問題。有一期《連線》把可穿戴設備放在頭版，這也是該雜誌第一次將可穿戴設備作為封面文章。這篇文章意圖探尋幾個可穿戴設備的問題：

智慧手錶真的會紅嗎？把電話綁在手上可行嗎？我們真的需要智慧眼鏡嗎？在你手上的設備究竟該長什麼樣子？文章認為，智慧手錶與眼鏡如果足夠時尚，就能讓科技產品加分不少。這很重要，因為如果我們又想時尚又想穿台電腦在身上的話，那麼這貨就一定要看起來不那麼像電腦才行。這樣重要的事情連普通人都知道，可一些科技公司卻總當成耳邊風。儘管智慧眼鏡很酷，很多時候你也不會因為近視才會戴他，但是為什麼Google眼鏡卻不能設計成跟普通的眼鏡一樣呢？同樣道理，手錶發展至今已有幾百年了，怎樣在此基礎上再添加多一點功能，當然要按照人們的生活習慣來——單手操作。可如今智慧手錶，例如三星Gear卻給了我們一個錯誤的觀念——把手錶當作縮小版的手機。它妄圖和手機一樣去操作來控制那塊很小的螢幕。這對於大手指的人們來說，想要點擊到那顆小小的圖標，確實是不容易的一件事。不僅是高科技產品，更應該是一件時尚配件，這對可穿戴設備而言很重要，因為可穿戴設備不像智慧型手機那樣可以塞進褲子口袋或包裡，它是用戶整體形象的一部分。因此，外觀設計時尚潮流，彰顯個性品味，是消費者決定購買可穿戴設備的一大重要理由。

叫好但並不叫座，未來任重而道遠，這便是可穿戴設備市場的真實狀況。

就在Google眼鏡首次推出後的兩年，時間到了2014年9月，越來越多的媒體開始唱衰Google眼鏡，其中包括曾經給予Google眼鏡超高評價的《時代》、《連線》、《麻省理工技術評論》等老牌雜誌。《連線》在11月刊登的一篇評論文章中甚至直言Google眼鏡已經瀕臨失敗，拯救它的唯一方法就是「幹掉它」。

時至今日，Google 眼鏡仍未真正走入大眾消費市場。一邊是產品問題不斷，技術曲高和寡，有人指出 Google 眼鏡續航太短、售價高昂、系統體驗糟糕，它並非宣傳中的那樣令人期待；另一邊，隨著時間的流逝，Google 自身也在懷疑這個項目的前景。Google 眼鏡團隊的幾大核心成員紛紛離開，如開發者關係主管奧薩馬·阿拉米（Ossama Alami）宣布離開 Google，加盟實時 API 技術公司 Firebase。緊接著，首席電子工程師阿德裡安·王（Adrian Wong）去了虛擬現實公司 Oculus VR。還有被譽為「Google 眼鏡之父」的首席工程師巴巴克·帕維茲（Babak Parviz）同樣宣布已經離開 Google 並加盟到了亞馬遜。壞消息接連不斷，在洛杉磯、舊金山、紐約、倫敦全球四地的實體店也陸續關閉，銷售渠道越加萎縮。再加上，已經有不少影院、醫院等場所已經明令禁止佩戴 Google 眼鏡，怕隱私洩漏、盜版侵權，種種跡象無法掩蓋一個基本的事實：Google 眼鏡失敗已成定局。當初誰都想不到 Google 眼鏡會走到了今天這樣的地步，可問題是，它究竟在哪裡犯了錯？

倘若按照前面分析到的制約可穿戴設備的 3 個問題（三大命門），Google 眼鏡差不多把該犯的錯誤一個都沒落下。隱私方面，調查公司 Toluna 2014 年 4 月公布的一項民調顯示，72% 的受訪者因為隱私緣故而拒絕佩戴 Google 眼鏡。他們擔心駭客透過 Google 眼鏡瀏覽到地理位置等個人數據，從而洩漏隱私訊息。設計方面，Google 眼鏡雖然採用了革命性的技術，但很多人後來表示不願意使用它，除了高昂的價格令消費者望而卻步外，不夠時尚、顯得笨重是一大原因。從 Google

眼鏡到其他可穿戴設備，生產者不能指望光靠一項創新性技術就能帶來利潤，而不去考慮大多數人是不願意去戴一個讓他們看起來很傻的東西。「臉上戴那玩意兒到處走會讓我感到很尷尬。」這是不少用戶對佩戴 Google 眼鏡的直接反饋。至於在技術方面，電池、售價都是 Google 眼鏡的致命死穴。

就在 Google 眼鏡被市場無情的拋棄後，人們期待已久、千呼萬喚的又一款「殺手級」可穿戴設備——蘋果 Apple Watch 智慧手錶終於揭開廬山真面目。2015 年 4 月，蘋果 Apple Watch 正式發售。如同蘋果家族其他產品一樣，Apple Watch 的問世引來了全球「果粉」的瘋狂追捧。很多用戶不惜重金、熬夜排隊，只為第一時間體驗蘋果這款又酷又炫的科技新品。有數據表明，蘋果官網 4 月 10 日起接受預訂，當天全球訂單量就超過了一百萬支。或許人們會寄希望於把蘋果 Apple Watch 的問世視為可穿戴設備大眾普及化的一個轉折點。與此同時，許多可穿戴設備專家都表示，可穿戴產品若想取得成功，一個重要元素是它們要完全被人忽略，或者說幾乎讓人看不見。正是基於這種理念，有些創業公司推出了電子紋身、郵票大小或可摺疊的感測器和設備，你可以黏在皮膚上用以搜集運動或生物訊息。連《紐約時報》也專門撰文討論了這種皮膚式感測器的商業潛力——或許在不遠的將來，用戶每天都會使用它們。

Apple Watch

「Google 眼鏡和其他類似的產品一樣，不會永遠都是醜陋和令人尷尬的。最終，它將和日常的眼鏡或太陽鏡沒有區別。同時，Google 將根據你的位置、到達時間和過去所做的事情來進行完善，向你輸送有用的訊息。第三方研發者將研發出令人驚奇的新應用，這是我們尚未想到的。它的形式將鼓勵人們開發出新的功能，產生新的思路，展望新的未來。」馬特·霍南在那篇體驗 Google 眼鏡一年後寫下的文章中寫道：「這就是我最終的信念：Google 眼鏡及其同類產品即將到來。他們正向我們奔來，準備去再次改變社會。你可以嘲笑 Google 眼鏡，以及我們這些帶著 Google 眼鏡的混蛋。但我真正知道的是：未來就在路上，而 Google 眼鏡也將戴在你的臉上。我們需要去考慮它，並且用新的方式去接受它。因為當你現在取笑那些眼鏡混蛋時，明天你也將與他們為伍，至少你會離他們的圈子更近。可穿戴設備就是未來的發展趨勢，就讓我們做好準備吧。」

然而，就在坐等可穿戴設備成為數位生活日常一部分之際，基於它和其他移動終端上的大數據時代已然到來！它不僅關乎技術創新，更在於思維轉變。

對此，你們做好準備了嗎？

第十七章

大數據

Internet
A history of concepts

2012 年初，一名男子衝進總部位於明尼蘇達州阿波利斯市郊的塔吉特（Target）百貨公司興師問罪，他指責該公司為什麼不停的向他還是高中在讀的女兒郵寄嬰兒尿布樣品和配方奶粉的折扣券？這位父親說到憤怒時，質問對方：「你們是在鼓勵她懷孕嗎？」接待的管理人員向這位父親解釋這可能是個誤會，並請求諒解。就這樣，事情得到了平息。但一個月後，這位父親卻撥打了塔吉特的電話，反過來向對方道歉。他語氣平和，略帶一絲愧疚，他說，結果是他弄錯了，女兒確實懷孕了，預產期在 8 月分……

這個故事經由《紐約時報》一篇題為《公司如何窺探你的祕密》（*How Companies Learn Your Secrets*）的報導，迅速在全球得到廣泛傳播，人們把「塔吉特和懷孕少女」的解讀為「神奇的數據預測」，而它也自然成為「大數據啟蒙的第一課」。

其實，透過數據進行分析、預測人們的行為，在當時的北美並不算新鮮事物。在更早些時候，時間是 2008 年的 9 月，比爾·唐瑟爾（Bill Tancer）出版了《在線為王》（*Click: What*

Millions of People Are Doing Online and Why itMatters）一書。這本書的中文版有個更加聳人聽聞的副標題——「你在網上看什麼、幹什麼，我全知道」。唐瑟爾是歐巴馬競選網路顧問，美國頭號市場行銷策略家，著名網路流量分析公司 Hitwise 全球市場總監，一個 Web 2.0 時代的數據狂人。對此，美國著名經濟學專家、《魔鬼經濟學》（*Freakonomics*）作者之一的史蒂芬·都伯納（Stephen J. Dubner）毫不掩飾對唐瑟爾的讚美，他說：「比爾是在線研究之王，而在線研究已成新世界之主流，如此一來，稱比爾·唐瑟爾為『世界之王』似乎也不為過。」

唐瑟爾偏愛用搜尋量、搜尋頻率等數據來分析一些看似沒有任何關聯的問題，如為什麼每年 1 月分禮服和衣裙特別容易破？女摔跤運動員與企業財務指標之間有何聯繫？色情網站在星期幾瀏覽量最大？人們最有可能被什麼事情嚇到？有哪些問題是我們想問卻問不出口的？唐瑟爾完全利用網路搜尋引擎來了解網路用戶的所思所想，正如他在書中寫道：「如果你想了解這個連結緊密的新世界，想了解我們如何選擇在這個世界裡生活，只需看看我們的網上行為。畢竟，我們點擊的就是我們自己。」事實的確如此，在搜尋引擎面前，我們因為互聯網的「匿名性」才敞開心胸，顯露出真正的自己，分享著夢想、慾望與習慣。唐瑟爾在線研究的商業價值在於能準確的了解網路用戶的所思所想，其潛在的需求是什麼，有什麼消費偏好等。掌握這些訊息，無論對廣告投放，還是對商機發掘，或是在客戶服務上，都有著重大的指導作用。例如前面提到的塔吉特百貨公司便是最典型的一則案例。

雖然一個是線上的網路檢索，一個是線下的訊息收集，但殊途同歸，都是對用戶行為數據的挖掘、採集和分析。也就是說，塔吉特之所以能夠做出如此精準的預測，這是因為塔吉特專門建立了一個規範的數據管理系統，讓專業的數據分析團隊在查看準媽媽們的消費記錄之後，透過 25 種關聯商品的消費數據建立起一套「懷孕預測指數」，這樣可以提前辨別出孕婦群體，並且早早的將相關促銷訊息郵寄給她們，他們可是特定的目標受眾。而且只要有可能，塔吉特的數據系統會給每一個顧客編一個 ID 號。但凡你刷信用卡、使用優惠券、填寫調查問卷、郵寄退貨單、打客服電話、開啟廣告郵件、瀏覽官網，所有這一切行為都會記錄進你的 ID 號。而且這個 ID 號還會對號入座的記錄下你的人口統計訊息：年齡、是否已婚、是否有子女、所住市區、住址離塔吉特的車程、薪水情況、最近是否搬過家、錢包裡的信用卡情況、常瀏覽的網址等。塔吉特還可以從其他相關機構那裡購買你的其他訊息：種族、就業史、喜歡讀的雜誌、破產記錄、婚姻史、購屋記錄、求學經歷、閱讀習慣等。

毫無疑問，這是一個新數位時代的來臨。它首先得依託強大的網路平台，在此基礎上，將我們生活中的點點滴滴轉換成代碼、數據，不管是信用卡購物，還是手機通話，抑或是每次滑鼠單擊，只要借助特定的工具和技術就能把我們的現狀、意願、習慣等逐一解讀出來。這一幕的發生像極了喬治·奧威爾筆下的《*1984*》，因為「老大哥無處不在，老大哥無所不能，老大哥在看著你」。

聽起來有點毛骨悚然，但這就是大勢難擋的未來。就在比爾·唐瑟爾出版《在線為王》一年後，為《新聞週刊》撰稿長達 20 多年的資深財經記者斯蒂芬·貝克（Stephen Baker）也寫了一本主題相似、書名為《當我們變成一堆數字》（*The Numberati: How They'l Get My Number And Yours*）的著作。書中描寫了一群號稱「數位搜客」的人。他們的工作看似簡單，卻極具挑戰，即要從浩如煙海的數據訊息中，透過整理、編譯、分析，進而找出人們行為方式的規律。在他們看來，零碎的訊息足以看出人們目的、動機的端倪，而網路本身具有的一定程度上的匿名性，使得使用者敢於盡情的表達自己的慾望、需求、興趣和愛好。例如：那些在平時生活裡不敢公開自己會瀏覽色情網站或喜歡聊明星八卦的人，當面對互聯網的時候，往往表現得截然相反，但這恰恰是真正的自己。為此，「數位搜客」有了極大的存在價值，他們往往受僱於政府、企業，對目標群體的一舉一動進行窺探、研究，捕捉其本性和內心，然後據此測算未來的趨勢。例如：企業為了提高上班族的生產力，管理層會聘請「數位搜客」來分析上班族們在電腦面前的行為記錄，哪一個在認真工作，哪一個在怠工，哪一個卓有成效，哪一個又是低效無能，這些都將被「數位化」一一呈現。又如在政治上，「數位搜客」開發各種工具來解析選民，並且衡量選舉支出的效益，視為成敗關鍵的選民會成為政客鎖定的目標，按照貝克的說法，歐巴馬能夠借由互聯網大眾的力量異軍突起、順利當選為美國第一任黑人總統（也是相對於「廣播總統」羅斯福、「電視總統」甘迺迪之後傳播學意義上的「互聯網總統」，參見李彬：《全球新聞傳播史：西元 1500 年至 2000 年》），在這背後「數位搜客」和一幫網路行銷精英可謂功不可沒。而商業化應用更是見怪不怪了，對市場研究人員而言，他們透過觀察人們的部落格來了解消費者的內心世界，這等於為他們提供了實時更新的市場情報。

儘管公眾對斯蒂芬·貝克筆下「數位搜客」的出現憂心忡忡，擔心它最終會侵犯人們的隱私，但在這本令人著迷的書中，貝克向我們展示了數位奇才們已悄然潛入我們日常生活的場景。看到那些神祕人物用電腦的比特與字節來預測我們的行為，包括將和誰結婚、要購買什麼和在選舉中會投誰的票，這一切都將讓我們為之驚嘆、警醒，乃至深受啟迪。

前面兩本書提到，在線搜尋研究、用互聯網數據分析用戶早在 2006 年的美國商業領域已經是很普遍的做法，不過，當把它稱為「大數據」並且不吝以「大變革時代」的詞來描繪時，得等到 2011 年了。

McKinseyGlobal Institute

這一年的 5 月，全球知名諮詢公司麥肯錫旗下的全球研究所（McKinsey Global Institute）發布了一份題為《大數據：創新、競爭和生產力的下一個前線領域》（*Big data: the Next Frontier for Innovation, Competition, and Productivity*）的研究報告，首次將「大數據」的概念引入企業工商界。該報告指出，全球數據正在呈爆炸式增長，數據已經滲透到每一個行業和業務職能領域，並成為重要的生產因素。大數據的使用將成為企業成長和競爭的關鍵，人們對大數據的運用將支撐新一波的生產力增長和消費者收益浪潮。報告深入研究了美國醫療衛生、歐洲公共管理部門、美國零售業、全球製造業和個人地理訊息等五大領域，用具體量化的方式分析研究大數據所蘊含的巨大價值。大數據的合理有效利用，為美國醫療衛生行業每年創造價值逾 3,000 億美元，為歐洲公共管理部門每年創造 2,500 億歐元（約 3,500 億美元），為全球個人位置服務的服務商和最終用戶分別創造至少 1,000 億美元的收入和 7.000 億美元的價值，幫助美國零售業獲得 60% 的淨利增長，幫助製造業在產品開發、組裝方面將成本降低 50%。

透過對五大領域的重點分析，麥肯錫全球研究所提出了五種可以廣泛適用的利用「大數據」的方法，它們分別是：①創造透明度，使利益相關者更容易及時獲取大數據將產生的巨大價值。②啟用實驗來發現需求，呈現可變性，提高性能。數據驅動的組織在已有經驗成果的基礎上做出決定，這種方法的好處已經被證實。③細分人群，採取靈活行動。隨著技術的進步，可以接近實時的進行細分，並透過更精確的服務滿足客戶需求。④使用自動化算法代替或輔助人類決策，基於大數據的深入分析可以大幅降低決策風險，提高決策水平。⑤創新商業、產品和服務，大數據使各類企業擁有了改善和創新現有的產品和服務的機會，甚至建立全新的商業模式。

2012 年 3 月 29 日，美國總統辦事機構（Executive Office of the President, EOP）公布了《大數據的研究和發展計畫》，美國國家科學基金、國防部、能源部、衛生研究所和地質勘探五個部門承諾將投資兩億多美元，來大力推動和改善與大數據相關的收集、組織和分析工具及技術。同時，此外，這份倡議中還透露了其他十多個部門制定的各項具體研發計畫。這意味著，大數據從以往的商業行為上升到美國國家策略部署的總體藍圖。

接下來，不到一個月時間，一家名叫 Splunk 的美國軟體公司於 4 月 19 日在那斯達克成功上市，由此成為第一家上市的大數據處理公司。雖然當時美國經濟持續低糜、股市持續震蕩，但上市後的 Splunk 仍然受到資本市場的追捧，表現令人們印象深刻，首日市值達到驚人的 15.7 億美元。

Splunk 是一家提供大數據監測和分析服務的軟體提供商，成立於 2003 年，總部位於美國舊金山，在全球各地設有八個辦事處，擁有 500 多名員工。Splunk 軟體是一種高擴充性且通用的數據引擎，透過收集和索引由網路、應用程式以及移動設備等不同來源和格式的機器數據，使用創新的數據架構來聯機建立動態的創新的主題，允許用戶不需理解數據的結構便可監控、檢索、分析、圖示化實時及歷史機器數據流，幫助個人和組織實時分析數據，在各個方面提高運營效率，獲得洞察力，並最終做出準確的判斷和決策。Splunk 的業務迎合了大數據時代企業對數據應用的需求。面對日益爆炸式增長的數據，企業需要能夠對大數據進行處理，挖掘其中的潛在價值，以便有效的進行應用管理、IT 運營管理，增強整個公司與組織的洞察力。Splunk 的客戶主要是財富一百強公司，有來自 75 個國家 3,700 多個客戶在使用 Splunk 的產品和服務，客戶所在的行業覆蓋了教育行業，如哈佛大學、紐約大學；金融服務行業，如美國銀行、JP 摩根；零售行業，如 Freshdirect、梅西百貨；和高科技行業等，如思科、摩托羅拉。

同大多數上市的互聯網新貴一樣，Splunk 也沒有解決盈利問題，但其上市首日表現，堪稱完美登場，這是自 2000 年互聯網科技泡沫破裂以來，難得一見的盛事。這主要原因是借了全球逐漸刮起的「大數據」的東風。Splunk 的成功上市，是產業界發展的一個重要里程碑，其點燃了資本界和產業界對大數據的熱情之火，此後，諸多以數據分析、數據儲存、數據傳輸為主營業務的公司紛紛獲得風險投資資金，在資本市場躍躍欲試。大數據正式成為繼電子商務、物聯網、移動互聯等流行語之後，又一個被社會各界廣泛追捧的新概念。

Viktor Mayer-Schönberger

2012 年 11 月，英國人、牛津大學網路學院互聯網研究所治理與監管專業教授維克托·邁爾 - 舍恩伯格（Viktor Mayer-Schönberger）和《經濟學人》雜誌數據編輯肯尼思·庫克耶（Kenneth Cukier）兩人合作寫出了《大數據時代：生活、工作與思維的大變革》（*Big Data: A Revolution That Will Transform How WeLive, Work, and Think*）一書。該書一出版，便受到《連線》、《自然》、《華爾街日報》、《紐約時報》等各大權威媒體廣泛好評，並一舉獲得美國政治科學協會頒發的唐·K. 普賴斯獎（American Political Science Association——Don K. Price Award），以及媒介環境學會頒發的馬歇爾·麥克魯漢獎（The Media Ecology Association Marshall McLuhan Award）。作品被認為是國外大數據研究的先河之作，而舍恩伯格也因為早在 2010 年就在《經濟學人》上發表了長達十四頁對大數據應用的前瞻性研究，而被譽為「大數據商業應用第一人」、「大數據時代的預言家」。

對業界而言，這本書寫得及時、來得必要，其最大貢獻在於當大數據方興未艾、眾說紛紜之際，進一步釐清了大數據的基本概念和特點，要知道，「大數據」可不僅僅是「數據大」。謝文，知名 IT 評論人，在他一次主題為「大數據概念混亂，未來或將捲入混戰」的演講中，就直言不諱的指出：人們在大數據的認識上有幾個誤解。第一，只是從量上說，光看到數據的增長，沒法說清楚普通數據和大數據的區別。數據大絕對不等於大數據。現有的設備、技術方法所能處理的多數是數據大，不是大數據。第二，數據挖掘、精細化運營、精準廣告、個性化服務、推廣這些不是未來大數據服務商業模式的主要部分。第三，脫離產業發展和社會進步的大背景，單純的鼓勵討論大數據無法說明其重要性。

謝文

然而，在《大數據時代》一書中，維克托·邁爾 - 舍恩伯格等就清楚的指明「大數據並非一個確切的概念」。最初，這個概念是指需要處理的訊息量過大，已經超出了一般處理數據時所能使用的記憶體量，因此工程師必須改進處理數據的工具，這進而導致了新的數據處理技術的誕生，例如 Google 的 Map Reduce 和開源 Hadoop 平台。這些技術使得人們可以處理的數據量大大增加。更重要的是，這些數據不再需要用傳統的資料庫表格來整齊的排列。與此同時，因為互聯網公司可以收集大量有價值的數據，並且有利用這些數據的強烈的利益驅動力，所以互聯網公司就順理成章的成為數據處理技術的領頭實踐者。

Doug Laney

通常而言，對大數據的理解，人們常用 3 個 V 來歸納，它們代表了三個 V 字起頭的英文單字，即 Volume（容量大）、Variety（多樣性）和 Velocity（增長快）。這一表述最早出自 2001 年 2 月的一次關於數據增長的挑戰和機遇的公開演講。當時，訊息科技研究企業麥塔集團（META Group，後被高德納諮詢公司 Gartner, Inc 收購）的分析員道格·萊尼（Doug Laney）指出：「大數據是大量、高速與多變的訊息資產。」2012 年 6 月，萊尼又補充了他對大數據的定義，是在原有的基礎上加了一句話「它需要新型的處理方式去促成更強的決策能力、洞察力與最優化處理」。迄今為止，大部分大數據產業中的公司都沿用「3V」來描述大數據。不過，後來也有像維拉諾瓦大學（Villanova University）這樣的學術機構，賦予大數據多一個 V——Veracity（真實性），認為是大數據的第四個特點（也有一種版本說是 Value，價值，但出處不詳）。該校成立於西元 1842 年，是位於美國賓夕法尼亞州費城西北郊維拉諾瓦的一所私立大學，2015 年《美國新聞與世界報導》（U.S. News & World Report）將維拉諾瓦列為「北部地區大學」排名中的第一位。

在維克托看來，大數據還可以被指代為「人們在大規模數據的基礎上可以做到的事情」，或者是「人們獲得新的認知，創造新的價值的源泉，甚至改變市場、組織機構，以及政府與公民關係的方法」。

很明顯，維克托對大數據的理解與闡述跳出了傳統技術人員的思維範式，轉向更為大眾、更近實用的觀念啟蒙。例如：他指出隨著大數據時代的到來，人們首先得在思想認識上做好「三大轉變」：第一，在大數據時代，可以分析更多乃至全體的數據，而不再依賴於隨機採樣；第二，數據如此之多，因此可以放棄精確允許混雜；第三，有了數據支持，完全可以知其然而「不必」知其所以然，即從因果關係轉為相關關係。此三大論斷的提出，可謂石破天驚。一來意味著將徹底改變人們理解和組建社會的方法；二來預示著某些學科存在的正當性將面臨史上最嚴峻的拷問——維克托認為，全數據模式下「樣本＝總體」，那麼像社會科學可能是被撼動得最厲害的學科了。「這門學科過去曾非常依賴樣本分析、研究和調查問卷。當記錄下來的是人們平常心態，也就不用擔心在做研究和調查問卷時存在的偏見了。現在，我們可以收集過去無法收集到的訊息，不管是透過移動電話表現出的關係，還是透過 Twitter 訊息表現出的感情。更重要的是，我們現在也不再依賴抽樣調查了。」維克托的觀點並非一家之說，事實上，在艾伯特 - 拉斯洛·巴拉巴西的《爆發》一書中也提出過類似的論點，後者甚至更鮮明的表示：透過大數據和冪律分布分析，人類行為 93% 是可以預測的。

除了思維變革，大數據時代引發的還有「商業變革」和

「管理變革」。在這兩部分，維克托列舉了大量案例，來強化論證如下觀點：一切皆可「量化」（文字可以變成數據、方位可以變成數據、溝通可以變成數據，一切事物都可以變成數據）；當前，大數據應用只是冰山一角，絕大部分隱藏在表面之下——數據創新包括再利用、重組、擴展、折舊、廢棄與開放；另外，大數據決定著企業未來的競爭力，由此，數據中間商和數據科學家會應運而生、依勢崛起。

就像維克托預言的那樣，近年來，隨著大數據科學的發展與演進，政府和企業越來越多的利用大數據分析來優化決策、提高工作效率。零售商業，如沃爾瑪、亞馬遜等，利用大數據分析預測消費者的行為、促進銷售並改善供應鏈管理，醫療保險公司依賴大資料庫分析客戶患上某些疾病的可能性。在美國聯邦政府，社會保險機構使用複雜的數學分析模型來優化索賠的數據處理進程，同時保護項目開支的合理性與長期可持續發展。

在政府機構中，軍事、執法部門則處於這場數據革命的前線。駐伊美軍利用大數據分析技術，評判路邊炸彈IED風險，降低巡邏兵損失；美國海岸警衛隊利用數學分析，優化緝私巡邏路徑，提高稽查效率。執法部門利用大數據科學進行綜合分析，使社會治安管理取得突破進展。全球多個城市的警察局利用現有的包括案事件、地理訊息系統、人口、車輛、房產甚至天氣等多種業務數據進行綜合大數據分析，分析預測未來指定時間段內轄區的案發機率，並以此指導巡防、壓降總體案發，取得顯著成果。

阿里巴巴 IPO

大數據的核心是預測，對它的處理方法包括挖掘、分類、運營和使用，用車品覺的話來說，那就是裡三板、外三板的「六板斧」，也可以被概括為六字箴言：「混、通、晒」和「存、管、用」。車品覺是互聯網巨頭阿里巴巴集團數據委員會會長，他的新書《決戰大數據》首次披露了阿里巴巴大數據實戰的經驗。

事實上，從 2012 年以來，「大數據」持續升溫，對此《紐約時報》就曾把這一年定義為「大數據的十字路口」。與此同時，業界對大數據的理解與運用也漸入佳境，逐漸從感性轉向理性，從門外看熱鬧進入內行看門道。其中大衛·芬雷布（David Feinleib）便是一個代表和引領者。

芬雷布曾於 1996 年加入微軟，成為公司最年輕的技術宣講師；2000 年離職之後開始專注互聯網創業和投資，先後創辦了 onDevice、Consera Software、Likewise 在內的多家公司。

此外，芬雷布還是「鐵人三項」運動愛好者。鐵人三項包括游泳、騎車和跑步。芬雷布在運動過程中，帶上有 GPS 記錄功能的運動手錶，透過技術手段，記錄整個運動過程中產生的數據，包括運動軌跡、心率、卡路里消耗、熱量等訊息，然後將所運動產生的數據上傳到雲端，透過視覺化處理分析後，調整自己的狀態，以便提高成績。後來他意識到，自己在不經意間已進入大數據的世界。隨後又發現，很多企業其實像他一樣喜歡大數據，並早就投身實踐。從亞馬遜到 Google，從 IBM 到惠普和微軟，大量的大型技術公司紛紛投身大數據，同時更多基於大數據解決方案的創業公司也如雨後春筍般湧現。例如常為業界和媒體稱道的便是網飛（Netflix）公司基於大數據分析翻拍了《紙牌屋》，該劇後來成為全球「現象級」連續劇，而公司也一舉從 DVD、藍光光碟在線出租業務轉型為世界領先的流媒體影片內容供應商。

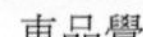
車品覺

David Feinleib

芬雷布據此看到該行業的潛力，從而創建了專為技術公司提供大數據諮詢服務的大數據集團（Big Data Group）。為了讓更多人理解大數據，並從中得到啟發和受益，芬雷布和他的合夥人透過對包括網路科技新貴、傳統商業巨頭在內的數百家公司進行了跟蹤、評估，繪製了一幅大數據領域應用全景圖，也就是著名的「大數據應用全景圖」(big data landscape),而且每隔一定週期就進行更新。

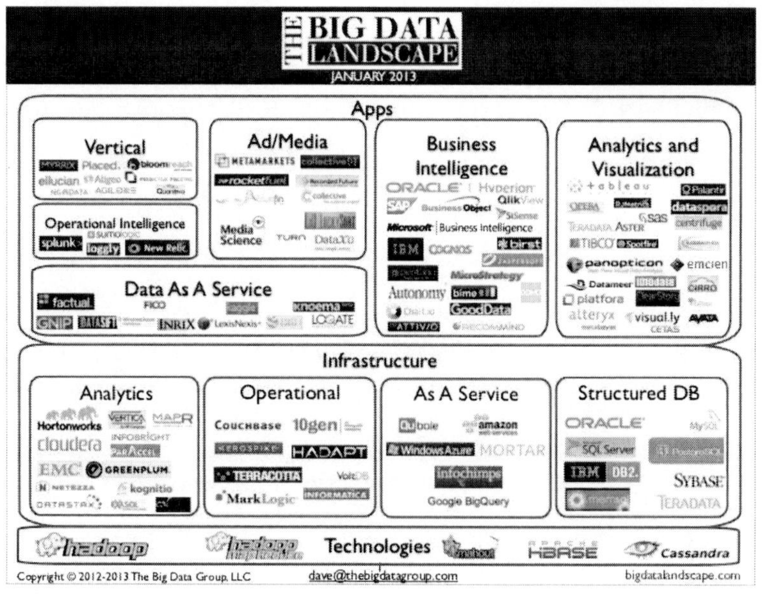

big data landscape David Feinleib

透過它,我們可以知道現有各家企業在大數據領域扮演了什麼角色,做了什麼,以及有哪些空白等待後人去填補。也就是說,大數據的商機在哪,一看圖便知。隨著大數據這個話題的受關注度不斷提高,全景圖成為 Twitter 上的熱門話題,在全球最大的幻燈片分享社區 Slide Share 中的被瀏覽次數超過 3 萬次。大衛·芬雷布本人也聲名鵲起,找上門的諮詢業務也絡繹不絕。於是,芬雷布就從早先的「科技創業者」一下子變成了「大數據商業應用的引路人」。後來他專門寫了一本探討大數據如何應用於商業活動與改變人們生活方式的暢銷書,名為《大數據雲圖：如何在大數據時代尋找下一個大機遇》（*Big Data Demystified*：*How Big Data Is Changing The Way We Live, LoveAnd Learn*）。

書中，芬雷布提出了數據的「可視化」，它是「數據中發掘機遇的重要工具」。這一點有別於一般的大數據著述。在芬雷布看來，將訊息可視化能有效抓住人們的注意力。「有的訊息如果透過單純的數字和文字來傳達，可能需要花費數分鐘甚至幾小時，甚至可能無法傳達；但是透過顏色、布局、標記和其他元素的融合，圖形卻能夠在幾秒鐘之內就把這些訊息傳達給我們。」可視化是壓縮知識、傳遞訊息的一種方式。芬雷布提到了「數據界的達·芬奇」的愛德華·塔夫特，後者早在二十世紀出版了《定量訊息的視覺展示》一書，而該書就是「以視覺方式傳遞數據訊息」的經典著作。而芬雷布專門花了一章的篇幅闡述「數據可視化」，其意義在於，強調了大數據理性之餘的感性一面。事實上，大數據界的許多觀點顯然偏離了這點，常常倒向模型、算法、數學這一邊。芬雷布的這一觀點與 IBM 等業界標竿所見略同，而從理論上的「數據可視化」到實踐中的「大數據雲圖」，芬雷布走在了前面。事實上，在芬雷布出版該書之前，包括史丹佛大學、密蘇里大學、哥倫比亞大學等北美知名大學紛紛開出了「數據可視化」的課程，由此可見，從學界到業界人們已對「數據可視化」有了深刻的認識，並付諸實踐。

除了數據可視化，在全球大數據運動推進過程中還有兩條「支路」方向。一條是「開放數據」；另一條是「數據安全與隱私保護」。開放數據，它不一定非得是大數據，所以它和大數據只是交集，沒有重合。關鍵是，開放數據是免費的、完全公開透明的，任何人都可以重複使用。如果細心觀察，開放數據其實隨處可見。譬如我們平日查看天氣預報、使用 GPS 定位功能、研究上市公司財報來決策股票投資，甚至有些金融數據和軟體公司，透過收集公開及私人持有的金融、商業市場數據，提供了商業觀點和商業智慧分析，其用戶可透過 API 瀏覽這些數據。前面提及的這些行為其實就是在使用開放數據。

基於開放數據之上的「開放政府」，這顯然是素有「網路總統」之稱的歐巴馬在其任內要完成的一項雄心勃勃的政府改造計畫。他希望借助網路技術，改變政府以往條塊分割、官僚封閉的形象，代之以透明開放、高效參與和合作共贏的政府平台。為此，就在 2013 年 5 月，歐巴馬簽署了一份旨在確保政務數據公開的執行法令，要求自法令公布之日起，所有新增政府數據都必須以電腦文件方式向公眾開放。事實上，這是歐巴馬政府實施「開放政府」計畫的第三階段。第一階段早在 2009 年歐巴馬政府發布了開放政府指導文件，為聯邦政府的政務公開化、透明化和協作化指明發展方向，並在當年上線了 Data.gov 網站，允許公眾尋找、下載和使用政府部門高價值的機讀數據；第二階段是在 2011 年，白宮發布了開放政府合作夥伴計畫，與全球 46 個國家政府攜手推動政府透明化。歐巴馬在當日簽署法令時表示：「開放數據無疑將刺激企業創新，增加就業機會，有利於企業提供我們想像不到的更好的產品和服務，並進一步提高政府執政效率。對於政府和人民來說都是雙贏局面。」

在能看到的中文文獻裡，喬爾·吉林（Joel Gurin）的《開放數據》（*Open Data Now: The Secret toHot Startups, Smart Investing, Savvy Marketing, and FastInnovation*）一書首次將大數據、開放數據與開放政府進行了系統的比較式闡述。喬爾·吉林是美國白宮智慧披露特別工作小組前主席（2011 年至 2012 年），利用開放數據在教育、醫療、能源等熱門領域的應用，幫助客戶做出更明智的選擇。之前他還擔任《用戶報告》編輯主任及執行副總裁、美國聯邦通信委員會徵信局主管，在數據挖掘、開放數據應用方面有豐富的經驗。現任紐約大學 GovLab 實驗室資深顧問。吉林認為，開放數據將和大數據一樣，會成為推動全球政治、經濟、商業發展的一種不可忽略的驅動力。

Joel Gurin

至於「數據安全」，儘管維克托在《大數據時代》一書中對大數據表現出總體樂觀，但也感到了大數據帝國前夜的脆弱和不安，包括產業生態環境、數據安全隱私、訊息公正公開等問題。所以，他告誡世人要警惕無處不在的「第三隻眼」和數據獨裁者的存在。基於此，他提出了「責任與自由並舉的訊息管理」架構來應對已經到來的大數據時代。而關於這一點，其實沿襲了其 2011 年出版的《刪除：大數據取捨之道》（*Delete: The Virtue of Forgetting in the Digital Age*）一書的核心主張。該書提出，針對數位化記憶與訊息安全的極有可能的關鍵對策——給訊息設定儲存期限。而書中創造的「被遺忘的權利」一詞被法律界和媒體圈廣泛接受。2012 年 1 月 25 日，歐盟公布的《一般數據保護條例立法提案》(全稱《歐洲議會和理事會關於制定有關個人數據處理中個人數據保護和自由流動條例的立法提案》)時正式確立這一大數據時代的個人新型權利，官方稱法：被遺忘權(right to erasure)。

大數據，歷經開化啟蒙到商業引路再到前線探索，它作為互聯網時代的一種先進生產力，已得到正名。然回頭細想，大數據之所以能得到指數級增長，倘若沒有足夠大的平台作依託，它勢必如無根之木是無法落地的。那麼，是什麼讓數據實現大爆炸的呢？

第十八章

雲端運算

Internet
A history of concepts

Larry Roberts

Paul Graham

Arash Ferdowsi

2006 年 12 月的一天，在一輛從波士頓開往紐約的城際穿梭巴士上，有位乘客很煩惱。他叫德魯·休斯頓（Drew Houston），是麻省理工學院電腦專業的學生，他原本想在這 4 小時的車程中做一些編程作業。可是，他忘帶 USB 隨身碟了，需要的文件不在，眼前只有一台筆記型電腦。沮喪的他心想，要是有一種技術能隨時隨地透過網路讀取文件，那該有多好呀！

4 個月後，休斯頓來到舊金山，他要向矽谷鼎鼎大名的企業孵化器 Y Combinator 的創始人、有「矽谷創業教父」之稱的保羅·格雷厄姆（Paul Graham）兜售他的創意。據《富比士》雜誌的報導，格雷厄姆聽完休斯頓的想法後，堅持要求他務必再找一個聯合創始人，這才考慮投資的事情，而且時間有限，兩週內得完成。

後來一個朋友向他推薦了阿拉什·菲爾多斯（Arash Ferdowsi），這個伊朗後裔當時正在麻省理工學院學習電腦科學。他們在波士頓交談了兩個小時，談後大有相見恨晚的感覺，兩人很快達成共識、決定成為搭檔。正如休斯頓描述的那樣，他們「第二次約會就步入了婚姻的殿堂」。菲爾多斯僅上了 6 個月大學就輟學了。就這樣，Dropbox 成立了。

Dropbox 為全世界的人們解答了一個令人煩惱的新問題。人們都擁有一部或兩部手機，有些人甚至還擁有平板電腦，但是他們的文件和圖片卻保存在多個 PC 電腦、平板電腦和移動設備上。「各種設備——你的電視機、你的汽車——變得越來越智慧，但這也意味著數據越來越分散。」休斯頓說，「因此，我們需要一個組織能夠連結所有這些設備。這就是我們所做的事情。」只要下載 Dropbox 應用程式，用戶就能夠立即將任何文件儲存在「雲端」。一旦他們將文件儲存在雲端，他們就能夠從任何其他設備中瀏覽這些文件，而且還可以讓其他人看到它們。這個文件在任何一台設備上的升級都會出現在另一台設備上。

最終 Dropbox 從 Y Combinator 取得了 1.5 萬美元，錢不多，但足以租下一間公寓，並購買一台 Mac 電腦。由於急於讓 Dropbox 運行在每一台電腦上，休斯頓每天工作 20 小時，試圖利用逆向工程技術破解這台電腦。過了幾個月，德魯·休斯頓和阿拉什·菲爾多斯又接觸了紅杉資本的高級合夥人麥可·莫里茲（Michael Moritz），並從後者那裡獲得了 120 萬美元的投資。這筆款項幫助 Dropbox 順利渡過了初創期的難關，在接下來幾年時間裡，休斯頓和菲爾多斯帶領團隊全力以赴的投入了工作中，Dropbox 的像雪球一樣越滾越大，截至 2015 年 5 月，公司市值近 100 億美元，用戶數量達 3 億多。

這又是一個鼓舞人心的關於科技新貴的財富故事，然而我們的重點並不此。德魯·休斯頓和他的夥伴們在實現個人創業夢想的同時，客觀上卻推動了一種以互聯網為基礎的計算模式的發展。在該模式下，使用者看不見電腦，而計算的能力是按需供給的，就像電力在需要時按需求量輸送給每家每戶一樣。而這種模式早在休斯頓 2007 年創辦 Dropbox 的大半年前，就已經被提出，它有個比較浪漫、新潮的名字：雲端運算。

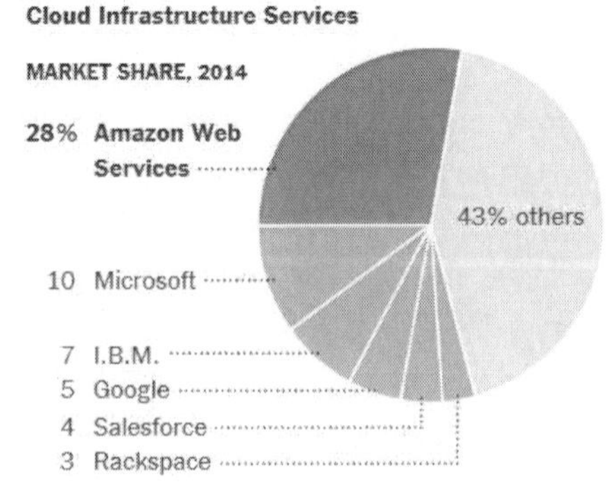

2014 年全球雲端運算市場份額占比

2006 年 8 月 9 日，時任 Google 首席執行官的埃里克·施密特就在聖荷西舉行的「搜尋引擎大會」（SES San Jose，2006）上首次正式提出「雲端運算」（cloud computing）這個概念。在 Google「雲端運算」模式中，數據和軟體都是放在「雲」上，平時有專家在幫你管理，你需要用的時候隨時可以使用。而當這些應用程式存在於「雲端」中時，設備終端永遠都不需要安裝任何東西，不需要管理軟體升級和安全補丁。而且這種程式可以為成千上萬的終端分享。同時本地終端上也不需要儲存數據，任何文件、圖片、音頻、影片都可以非常安全的儲存在網上，即使用戶的終端壞了、丟了，他們的數據資料也不會遺失損壞。用戶因此不必為病毒、數據遺失等問題困擾，企業的 IT 管理也會越來越簡單。Google 此舉的顛覆性在於，它意識到在雲端運算時代，互聯網是核心，而各種終端只是接入互聯網的一個附屬設備。Google 要做的就是將所有 PC 等終端設備裡的數據和運算能力搬上網，一方面透過 Google Apps 為數億用戶提供在線軟體服務；另一方面將自己變成一個超級數據中心來儲存全球用戶的數據，同時還將自己打造成為一個開放式平台吸納第三方開發商開發各種各樣的服務。所以施密特在發布會上躊躇滿志，不無樂觀的指出「雲端運算終將取代傳統以 PC 為中心的計算」。

倘若追根溯源，Google 的「雲端運算」其實最早源於 Google 工程師克里斯多福·比希利亞（Christophe Bisciglia）所做的一個代號為 Google 101 小實驗項目。

2003 年，年輕的比希利亞加盟 Google 公司，一轉眼就是三年。當時，比希利亞的工位靠近施密特的辦公室。施密特的溫文爾雅、學者風範讓比希利亞感到親近，令後者感覺像是在面對自己大學的老師，因此比希利亞可以很輕鬆的與施密特暢聊工作中的各種想法。

Christophe Bisciglia

2006 年秋季，在會議間歇偶遇施密特時，比希利亞腦海裡突然冒出一個念頭：想利用自己的 20% 時間（Google 公司為鼓勵內部創新，允許員工可以從事獨立開發項目的時間），回到自己的母校華盛頓大學啟動一門課程，引導學生們進行「雲」系統的編程開發。施密特同意了這個計畫，並在公司內部命名為 Google 101。值得一提的是，「雲」的概念並不是比希利亞首創，早在 1960 年代，因提出「人工智慧」（artificial intelligence）一詞而被尊稱為「人工智慧之父」的美國電腦科學家約翰·麥卡錫（John McCarthy）於 1961 年提出了「雲端運算」的理念（而非概念）。他認為「有朝一日計算能力可以像水、電、氣這種公共資源那樣被使用」。所以，據此麥卡錫也可以被視為雲端運算的先驅。到了 1990 年代，當時大規模的通信 ATM（asynchronoustransfer mode，異步傳輸模式）寬頻網路開始用「雲」的術語。直到二十一世紀，雲端運算解決方案開始陸續在市場上出現，如亞馬遜公司推出的「簡易儲存服務」（Amazon simple storageservice, S3）

John McCarthy

另一邊，從 2006 年 11 月底，比希利亞開始在自己的母校華盛頓大學推廣 Google 101 計畫。Google 101 一出現在冬季學期的課程安排中，就受到了學生們的歡迎。熱情高漲的學生們主動學習調整自己的程式來適應 Google 的「雲」，並雄心勃勃的設計開發各種各樣的網路應用項目，這些項目涵蓋了從維基百科的編輯分類到互聯網垃圾郵件的鑒別處理等各個方面。2007年的整個春天，關於這門課程的消息不脛而走，其他大學的院係也開始要求參與Google 101計畫。很多人迫切渴望了解「雲」的相關知識和計算能力，以解決科研中的數據儲存和計算問題。浩如煙海的數據讓科學家們大傷腦筋。這些數據可能用於開發新藥品和療法、製造新的清潔能源甚至預測地震，然而絕大多數科學家缺少設備來儲存和篩檢這些數據。

這為比希利亞出了一個難題：要把Google 101計畫擴展到全美各個大學，必須有一個更大規模的「雲」集群，來滿足接入各方資源共享和數據處理的要求。但是，僅華盛頓大學一個規模尚小的「雲」集群就讓比希利亞費盡周折。由於Google當時的想法是在不洩漏核心技術的前提下，推動自身的標準成為「雲」計算的體系結構，所以公司並不準備徹底放手讓學生們隨意瀏覽和運營自己106億美元業務的電腦集群。比希利亞購買了40台電腦組成一個小規模的「雲」集群，才將自己Google 101計畫在華盛頓大學運行起來。而擴大Google 101計畫的規模，就意味著「雲」集群的規模將要以幾何級數遞增，這對雲集群的系統架構和硬體部署都是一次考驗。

然而就在那年冬天，IBM總裁兼首席執行官彭明盛（Samuel Palmisano）對Google的一次「意外」瀏覽，給比希利亞本人的命運和「雲端運算」的歷史帶來轉折。

Samuel Palmisano

在體驗了傳說中的 Google 餐廳豐盛且免費的大餐之後，彭明盛及其 IBM 工程師與施密特及包括比希利亞在內的十幾名 Google 工程師座談交流，他們在白板上勾勒圖示，探討著「雲端運算」的種種可能。IBM 一直希望部署「雲」系統來為企業客戶提供數據和服務。這將是藍色巨人 IBM 在與微軟的軟體較量中一個策略制高點。如果 Google 和 IBM 在「雲端運算」層面上達成合作，那麼它們可能共創這種基於 Google 標準的「雲端運算」的未來。而此時，比希利亞小小的實踐 Google 101 計畫成為由兩家技術巨頭的首席執行官支持的一項重大計畫的開端。

當天下午，彭明盛離開 Google 時，比希利亞和 IBM 公司的代表就被指派組建 Google-IBM 的聯合大學「雲」的原型。在接下來的 3 個月中，他們在 Google 總部並肩作戰。從那時起，「雲」計畫從「20% 時間」變成了比希利亞的全職工作。他們的主要工作是把 IBM 的商用軟體和 Google 的伺服器進行整合，並裝配大量包括 Hadoop 在內的開源程式。2007 年 2 月，他們在加州山景城向高層領導，同時透過影片向位於紐約州阿蒙克市的 IBM 總部人員首次展示項目原型。8 個月後，IBM 與 Google 聯合宣布：將把全球多所大學納入類似 Google 的「雲端運算」平台之中。

2007 年 10 月，IBM 與 Google 率先在包括卡內基梅隆大學、麻省理工學院、史丹佛大學、加州大學柏克萊分校及馬里蘭大學等美國知名大學，推廣雲端運算的計畫，這項計畫希望能降低分布式計算技術在學術研究方面的成本，並為這些大學提供相關的軟硬體設備及技術支持（包括數百台個人電腦及 BladeCenter 與 System x 伺服器，這些計算平台將提供 1,600 個處理器，支持包括 Linux、Xen、Hadoop 等開放原始碼平台）。而學生則可以透過網路開發各項以大規模計算為基礎的研究計畫。

眼看著對手積極布局雲端運算市場，欲搶占策略制高點，作為軟體巨頭的微軟怎能無動於衷。2008 年 4 月 22 日，微軟緊隨其後，迅速提出 Live Mesh 計畫，其野心勃勃，試圖邁出從 PC 軟體到雲端運算最為重要的轉型一步。

時間倒退至 2005 年末，微軟董事長比爾·蓋茲（Bill Gates）和微軟首席軟體架構師雷·奧茲（RayOzzie）在著名的萬聖節備忘錄中，就曾經對微軟管理層和高級工程師發出警告：一個「可透過互聯網獲得即時應用和體驗的服務浪潮」正在來臨，並將重塑傳統軟體業務。這表明，微軟對於「雲端運算」時代的來臨，其實早有預感。

Ray Ozzie

Bill Gates

但是，奇怪的是自那時起，微軟對於如何迎接新浪潮的到來一直保持緘默，並且顯得步履遲緩。最終 Bill Gates 還是把發動「雲端運算」變革的主導權落在了 Google 和 IBM 手裡。直到 Google 市場動作頻繁，策略意圖明顯，微軟才被迫調整戰術，迎頭趕上不失時機的推出了 Live Mesh 計畫。

針對 Google 提出的「雲端運算」的概念，微軟則拋出了「雲 - 端計算」（cloud client computing）作為回應。按照微軟的意思，雖然「雲端運算」時代，由摩爾定律及 Windows 和 Intel 架構所決定的平衡正在被打破，但一個由硬體、頻寬、內容構成的新平衡正在形成：終端性能、頻寬的發展，永遠也趕不上內容的增長速度，三者總是維持一個動態的最佳平衡。基於這種平衡，進入以互聯網為中心的時代之後數據會走向集中，但並非全部集中：很多數據可能存在不同的數據中心——「雲」裡，很多計算卻可能在終端完成。終端可以是 PC、手機、家電、汽車等任何工具。換句話說，「雲」和「終端」都要具備很強的計算能力，它更強調了客戶端軟體的重要性。

同一個雲端運算，這是與 Google 完全不同的思維模式。微軟的雲策略將圍繞「雲 - 端」兩個核心展開，即一方面利用自己在 PC 時代奠定的壟斷優勢，加強終端控制力，發布和更新 PC 軟體的網路版。另一方面建設適合大規模網路應用程式運行所需要的數據中心。同時完成企業軟體套裝向網路服務的轉型。這種「雙核並舉、三線齊進」的策略舉動，象徵著微軟已經為「雲端運算」時代的華麗轉型做好了準備。

而微軟推出的 Live Mesh 產品正是一個全新的「雲 - 端計算」平台，它可以提供多種服務，包括電腦遠程控制、電子設備及數據儲存等。讓用戶跨越多重設備，進行文件、文件夾以及各種各樣的網路內容同步化。Live Mesh 提供各種設備之間的無縫連結，包含一個甚至無須瀏覽用戶自身設備就可讀取數據的雲端儲存零件。微軟希望，其他軟體與服務開發商能夠為該平台開發更多的應用，因為 Live Mesh 是完全開放的。

Google一定始料未及，當初一個微不足道的項目，竟引來一批科技巨頭們的垂涎覬覦。像IBM、微軟，它們紛紛利用自己的優勢積極探索「雲端運算」的商業模式。在這一場事關平台之爭、標準之爭、模式之爭的互聯網運算服務新舊更替的戰爭中，誰贏得了競爭，誰將主導未來。如今輸贏未定，哪一家會不想從帝國崛起、一統江湖呢？至此，「雲端運算」諸侯爭霸時代全面到來！

例如：SUN微系統公司推出Hydrazine、Insight等一系列計畫，宣布公司正式進軍雲端運算市場，對手直指微軟Live Mesh。其實早在2004年，Sun曾宣布過一種撼動計算行業的服務。該服務簡單講，Sun將搭建數個大型數據中心，然後以每小時一美元的價格銷售這些電腦的瀏覽權。這對Sun公司來說是一次風險巨大的嘗試。這等於直接把高利潤的硬體銷售業務轉換成租用電腦服務。該公司當時的目標是讓客戶繞過一次性數百萬美元的硬體投入，轉而使用多次小額支付。這種技術叫作Sun Grid。這就是雲端運算最初的雛形。不過，當時Sun的想法被證明太過於激進。美國政府為了防止恐怖分子僅憑幾美元就可以及進入這種大型電腦系統，拒絕了Sun讓用戶不受限制的使用一台超級電腦的想法。構建這樣的數據中心也比Sun預期的更難。最終，項目以失敗而告終，因為時機不對，Sun從「先驅」成了「先烈」。

2008年7月29日，惠普、英特爾和雅虎共同宣布，三家公司將共同創立一系列新的數據中心以推廣雲端運算技術。三家公司預備共同創立的雲端運算數據中心名稱是「惠普/英特爾/雅虎雲端運算試驗台」（H-P, Intel and Yahoo Cloud

Computing Test Bed），這個試驗台最初將由三家公司各自的數據中心組成，此外還包括新加坡資通信發展局（Infocomm Development Authority of Singapore）、伊利諾伊大學香檳分校（University of Illinois at Urbana-Champaign）以及德國卡爾斯魯厄理工學院（Karlsruhe Institute of Technology）等機構的數據中心。美國國家科學基金會也參與了伊利諾伊大學的數據中心建設工作。

電信營運商也因受到互聯網服務商的市場擠壓，面對雲端運算契機也不敢怠慢，大步挺進雲端運算。如 AT&T 早在 2006 年就整合了美國、歐洲和亞洲的五個超級互聯網數據中心（internet data center, IDC），建立包含 38 個 IDC 的 AT&T 雲服務網路，推出 AT ＆ T Synaptic Hosting 網路託管服務，向用戶提供虛擬伺服器、IDC 代管架構、大規模運算及隨選應用程式服務。2009 年 5 月，AT&T 還推出了 Synaptic Storage as a Service 按需儲存服務，面向企業用戶提供基於 Internet 的儲存、分發和數據檢索等服務；當年第四季度 AT&T 推出 Synaptic Compute asa Service（SM）服務，為全球企業提供可訂製的、高擴展性的計算能力，以及網路、伺服器、硬體和儲存服務。此外，AT&T 還與包括微軟、Oracle、SAP 等 IT 企業展開合作，推出一系列應用託管服務。

面對一大批老牌 IT 企業搶灘「雲端運算」市場，相對於它們的互聯網新貴不會按兵不動，坐失良機。其中，怎能少了電商巨頭亞馬遜的身影呢？

亞馬遜公司推出過雲端運算模式的儲存服務（S3），時間是 2006 年的 3 月。

一年後，休斯頓就是基於亞馬遜廉價的儲存平台推出了Dropbox 產品的。當時他在向 Y Combinator 提交創業資金申請書時，在被問及公司業務是做什麼的，休斯頓寫道：「Dropbox 整合你和你的團隊的電腦中的檔案。它比上傳或 E-mail 好，因為它是自動的、與 Windows 整合，並且配合你原本工作的方式。它同時有一個網路介面，而且檔案會自動備份至 Amazon S3……」

人們不禁疑惑，靠賣書起家的電商平台亞馬遜怎麼做起雲端運算服務了？這裡面究竟怎麼一個來龍去脈？

2000 年，亞馬遜推出了 Merchant.com，該網站旨在為 Marks & Spencer 一類的零售商搭建在線商店。這一項目很吸引人，但是亞馬遜還是發現由於網路架構和快速增長的業務需求，公司經常要面臨如何確保系統穩定和快速部署的難題。後來在一次電話會議中，時任公司高級副總裁的安迪·傑希（Andy Jassy）問道，除了電商之外，亞馬遜已積累了管理超大型數據中心和複雜軟體系統的豐富經驗，而這些經驗，對於那些要運營增加的數據中心和軟體系統的用戶而言很寶貴。為什麼要讓客戶重蹈覆轍呢？基於這個想法，亞馬遜內部推動了名叫「亞馬遜網路服務」（Amazon Web Services，AWS）的項目，透過這一平台，接入的企業不必關注基礎設施、底層技術等問題，只需拿出信用卡，在線註冊一個帳號在雲端開啟雲服務，即可按實際的使用量支付實際費用，做到「隨用隨付費」。有趣的是，當亞馬遜在2006年推出AWS時，「雲端運算」（或「雲服務」）的名稱尚未出現，而前述的 S3 只不過是基於 AWS 系統的一項基礎服務。

如今，亞馬遜 AWS 已經全面涉及計算、儲存、資料庫、內容交付、網路流量、部署管理、網路連結等領域，並開始越來越多的涉及上層的應用程式服務。說它是全球雲端運算市場的霸主，毫不為過。據美國市場研究機構 Synergy Research Group 發布的一份報告，就 2014 年全球雲端運算市場來看，亞馬遜 AWS 幾乎占了市場份額的三成，穩固的維持了其在全球最大雲服務商的地位，目前能與之抗衡的也就只剩 Google 和微軟兩家了。

從 2007 年開始，包括 Google、IBM、亞馬遜、微軟、戴爾、英特爾在內的一大批互聯網、IT 巨頭著手「雲端運算」項目研究，並將其提升至公司策略高度，與此同時，「雲端運算」也借著各大主流媒體的報導在全世界風靡一時，但對於如何定義「雲端運算」卻有著較大的分歧——有認為是利用可擴展並具有彈性的 IT 技術，為廣大使用互聯網技術的顧客提供服務的一種計算模式；有認為是一系列基於 Web 的服務，其目的是讓用戶以按需付費的方式獲得多種實用功能；也有認為是基於一個電腦系統的資源池，對它進行動態分配，讓資源可以像雲一樣被自由的拆分、組合，可隨時隨地使用的方式。倘若我們在 Google 或百度搜尋引擎中輸入「雲端運算」一詞，定義還會更多——語義混亂、不同角度、各自闡述。定義的難以統一，從一個側面也反映了業界在暗自角力雲端運算的話語權，誰要是在這一場戰爭中勝出，誰將在這個數萬億量級的市場中取得領先。

據市場研究機構 Forrester 預計，全球雲端運算市場到 2020 年將增長至 2,400 億美元。

但不管你採取哪一家版本的解釋，「雲端運算」都脫離不開以下三個共同點：①幾乎無限制的計算力資源；②不需要長期使用；③按需付費的成本結構。「雲端運算」被它的吹捧者們視為「革命性的計算模型」。在這些科技界的奇才們看來，因為高速互聯網的傳輸能力，人們可將數據的處理過程從個人電腦或伺服器移到互聯網上的電腦集群中。就像天邊的雲，你大可以把各種應用軟體放在遠程的伺服器上，需要時連上網拿來用，不需要時就放在雲上。

「把你的電腦當作接入口，剩下都交給互聯網咖。」由此，雲端運算主要有三種服務模式：軟體即服務（software as a service, SaaS）、平台即服務（platform as a service, PaaS）和基礎設施即服務（infrastructure as a service, IaaS）。

(1) 軟體即服務，是一種透過互聯網提供軟體的模式，用戶無須購買軟體，而是向提供商租用基於 Web 的軟體，來管理企業經營活動。雲提供商在雲端安裝和運行應用軟體，雲用戶透過雲客戶端（通常是網路瀏覽器）使用軟體。雲用戶不能管理應用軟體運行的基礎設施和平台，只能做有限的應用程式設置。

(2) 平台即服務，是指將軟體研發的平台作為一種服務，以 SaaS 的模式提交給用戶。因此，PaaS 也是 SaaS 模式的一種應用。但是，PaaS 的出現可以加快 SaaS 的發展，尤其是加快 SaaS 應用的開發速度。平台通常包括作業系統、編程語言的運行環境、資料庫和 Web 伺服器，用戶在此平台上部署和運行自己的應用。用戶不能管理和控制底層的基礎設施，只能控制自己部署的應用。

(3) 基礎設施即服務，是指消費者透過互聯網可以從完善的電腦基礎設施獲得服務。IAAS 透過網路向用戶提供電腦（物理機和虛擬機）、儲存空間、網路連結、負載均衡和防火牆等基本計算資源；用戶在此基礎上部署和運行各種軟體，包括作業系統和應用程式。

對應於三個模式的服務，雲端運算還有三種模型，分別是公有雲（public cloud）、私有雲（private clouds）和混合雲（hybrid cloud）。公有雲是面向大眾提供計算資源的服務。由商業機構、學術機構或政府機構擁有、管理和運營，公有雲在服務提供商的場所內部署。用戶透過互聯網使用雲服務，根據使用情況付費或透過訂購的方式付費。公有雲的優勢是成本低，擴展性非常好。缺點是對於雲端的資源缺乏控制、保密數據的安全性、網路性能和匹配性問題。公有雲服務提供商最典型的例子就是亞馬遜的 AWS。

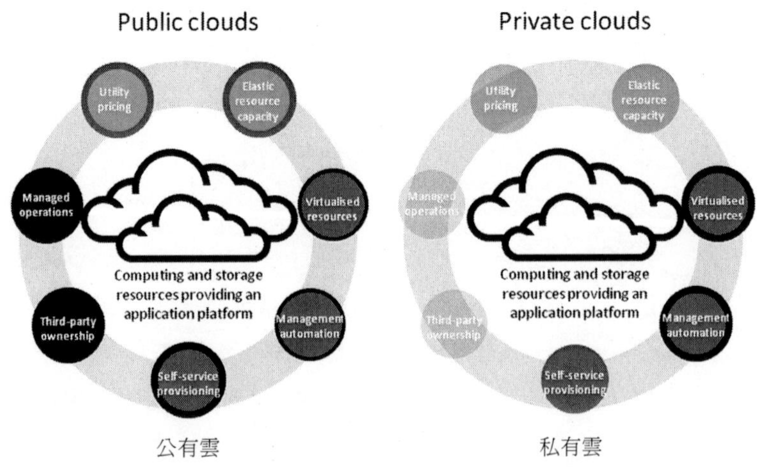

公有雲　　　　私有雲

在私有雲模式中，雲平台的資源為包含多個用戶的單一組織專用。私有雲可由該組織、第三方或兩者聯合擁有、管理和運營。私有雲的部署場所可以是在機構內部，也可以在外部。內部（on-premise）私有雲：也被稱為內部雲，由組織在自己的數據中心內構建。該形式在規模和資源可擴展性上有侷限，但是卻有利於標準化雲服務管理流程和安全性。組織依然要為物理資源承擔資金成本和維護成本。這種方式適合那些需要對應用、平台配置和安全機制完全控制的機構。外部（off-premise）私有雲：這種私有雲部署在組織外部，由第三方機構負責管理。第三方為該組織提供專用的雲環境，並保證隱私和機密性。該方案相對內部私有雲成本更低，也更便於擴展業務規模。混合雲則混合了公私兩種形態。這三種形態各有利弊，而差異集中體現在安全性、控制力、服務質量、收費方式等方面。

我們注意到，每當科技界的一個新概念橫空出世時，最初總是令人摸不著頭腦、曖昧不清。它需要經歷很長一段時間，透過市場來檢驗。事實上，迄今為止我們也很難用三言兩語說清楚到底什麼才是真正的雲端運算，哪一種模式或標準的雲端運算代表技術潮流、產業趨勢。

同樣的，雲端運算在大陸也正如火如荼的進行著。為了緊趕潮流、不甘人後，不少城市乾脆出現了政府主導、政治保障、政策扶植的城市級雲端運算項目。我們還是要謹防行動未實而概念先行的「大躍進」浮誇局面，不要剛開始對雲端運算不知所云，到後來雲裡霧裡，再到沒有章法的人云亦云。

大陸的互聯網巨頭，包括阿里巴巴、百度、騰訊等，也加緊在雲端運算市場的布局。以阿里巴巴為例，它的雲服務業務創立於 2009 年。就像亞馬遜的 AWS 一樣，它最初的目的是為本公司的電子商務和支付業務提供服務。其外部客戶主要是中小型企業。據阿里巴巴集團旗下雲端運算部門阿里雲的網站 Aliyun.com 顯示，其客戶主要是移動和遊戲公司。它也為微軟和蘋果提供在大陸的網路商店。阿里巴巴官方表示，總共有一百萬客戶使用其雲服務，一些是直接使用，另一些是透過其計算服務經銷商使用。

不過和美國雲端運算服務商相比，阿里巴巴在很多方面仍然處於落後態勢，它在大陸只有三個大型數據中心，另外在香港地區設有一個規模較小的數據中心。相比之下，AWS 在全球擁有 25 個核心的地區性數據中心，而且在世界各地還有 52 個較小的「邊緣節點」為它們提供支持。在性能方面，阿里巴巴也無法與頂級對手相競爭。在阿里巴巴提交給美國證監會的文件中稱，其雲服務每分鐘可以處理 360 萬次計算請求。這聽起來彷彿很多，但是要知道，單是亞馬遜 AWS 的資料庫，每秒鐘就能處理 150 萬次請求。

雖然起步較晚，但步伐加緊。阿里巴巴等互聯網巨頭目前業務的關注點集中，其市場思路是，穩扎穩打先充分掌握這項業務後，再談借船出海向外拓展。從長遠來看，它們可能會在市場擁有大量付費客戶後，為進一步的擴張提供動力。正好，在寫作本書時，阿里雲就對外宣布將與英特爾以及其他全球主要電信和互聯網公司建立新的合作關係。它們新合作項目名為「全球合作夥伴計畫」（Marketplace Alliance Program），借助英特爾以及其他阿里合作夥伴提供本地化雲服務，滿足全球開發者的地區性需求。

在上一章的結尾曾提出過一個設問「是什麼讓數據實現大爆炸的」，答案在此揭曉，是「雲端運算」。為什麼？美國著名大數據研究者，先後在埃森哲、西門子、戴爾和花旗銀行企業擔任高級策略顧問和技術架構師的克里斯多福·蘇達克（Christopher Sudark）在他新出版的《數據新常態：如何贏得指數級增長的先機》（*Data Crush: How the Information Tidal Wave is Driving New Business Opportunities*）一書中作了分析。蘇達克認為時下大數據理論到實踐得到指數級增長、數據大爆發的根源來自六個方面：移動互聯、虛擬生活、數位商業、在線娛樂、雲端運算、數據分析。與此同時，今後大數據下的商業新常態意味著，一切服務的場景化、社交化、量化、應用化、雲化和物聯網化。這既是未來發展方向，也是檢驗大數據成熟度的六個指標。這裡，蘇達克富有洞見的探討了大數據和雲端運算的辯證關係，也為兩者未來發展指引了方向。

Christopher Sudark

不過，正如阿里巴巴創始人馬雲在卸任 CEO 時發表的演講中所稱：「這是一個變化的世界，我們誰都沒想到我們今天可以聚在這裡，可以繼續暢想未來，我跟大家都認為電腦夠快，互聯網還要快，很多人還沒搞清楚什麼是 PC 互聯網，移動互聯來了，我們還沒搞清楚移動互聯的時候，大數據時代又來了。」我們可以續寫他的這段話：「事實上，我們還沒搞清楚大數據和雲端運算的時候，這不，3D 列印時代又來了。」

第十九章

3D 列印

Internet
A history of concepts

2012 年 4 月，英國老牌新聞雜誌，同時也是全球精英讀物的《經濟學人》以「第三次工業革命」為封面故事，詳細報導了 3D 列印技術的現狀和未來發展，並預測 3D 列印技術將引發第三次工業革命。文章指出：「儘管仍有待完善，但 3D 列印技術市場潛力巨大，勢必成為引領未來製造業趨勢的眾多突破之一。這些突破將使工廠徹底告別車床、鑽頭、衝壓機、建模機等傳統工具，而轉變為一種以 3D 列印機為基礎的，更加靈活、所需要投入更少的生產方式，這便是第三次工業革命到來的標誌。在這種趨勢下，傳統的製造業將逐漸失去競爭力。以 3D 列印為代表的第三次工業革命，以數位化、人工智慧化製造與新型材料的應用為標誌。它的直接表現，是工控電腦、工業機器人技術已進入成熟階段，即成本明顯下降，性能明顯提高，工業機器人足以在很多方面替代了生產線上的工人。」

六個月後，來自美國的《連線》雜誌一把接過「接力棒」，策劃了「3D 列印機改變世界」的專題報導，文章側重報導了 MakerBot 推出的新一代 Replicator 系列 3D 列印機。MakerBot 是一家始創於 2009 年、總部位於紐約布魯克林第三大道 Bot Cave 的一家 3D 列印機生產商。此次他們最新推出的 Replicator 將給大眾帶來新的衝擊：一套桌面製造系統的列印設備。由於配備了更易操作的軟體和可選擇的雙層擠壓機，Replicator 系列已經可以識別更加多樣的曲線，製造出更加複雜的東西，而且解析度更高、色彩更豐富、質量更有保障。再加上資料庫中包含的自由設計圖案越來越多，可以樂觀的預測今天由工廠大批量生產的各種模型將被取代。據此，《連線》預言在可預見的將來，孩子想要新玩具，老人想下象棋，你想換一個新杯子，你所要做 MakerBot Replicator 2 的不是去商店採購，而是下載幾份藍圖，然後在自家的 3D 列印機上把它們印出來。這並不是虛構的科幻世界，以 Replicator 為代表的 3D 列印機將像電腦一樣改變我們的生活。

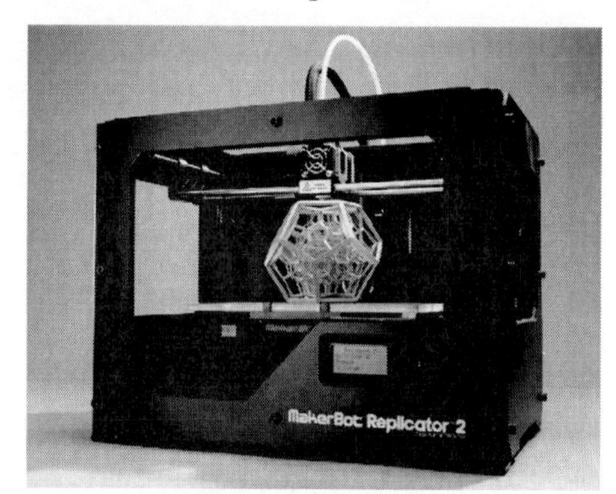

MakerBot Replicator 2

就在同 1 月，Formlabs 公司發布了世界上第一台廉價的高精度光固化（SLA）消費級桌面 3D 列印機 Form1 而引起了業界的重視，用戶只需點擊幾下滑鼠，就能完成 3D 模型的列印。Formlabs 由麻省理工學院媒體實驗室（MIT Media Lab）的一支三個人的科研團隊組建而成，成立於 2011 年，是一家專注於設計生產 3D 列印設備的公司。與此同時，這台高性能的 Form1 3D 列印機在著名眾籌網站 Kickstarter 上募到了近 300 萬美元的資金，支持者遍及 35 個國家和地區。

Form 1+ SLA 3D Printer

到了 2013 年 1 月，美國 3D 列印公司 ExOne 公開向美國證監會提交上市申請文件，融資 7,500 萬美元，計畫將在那斯達克上市，代碼 XONE。ExOne 創立於 2003 年，主要為產業客戶提供 3D 列印機和 3D 列印的產品。

受這一利好消息影響，人們對 3D 列印的技術前景抱以美好遐想。「3D 列印改變世界」、「3D 列印引領未來」、「3D 列印開啟新工業革命」等概念、口號不絕於耳。就在這段時期，一個一個誤打誤撞有意思的事件是，美國一位叫傑里米·里夫金（Jeremy Rifkin）的暢銷書作家、美國經濟趨勢基金會主席出版了《第三次工業革命：新經濟模式如何改變世界》（*The Third Industrial Revolution: How Lateral Power is Transforming*

Energy, the Economy, and the World）一書，雖然該書認為 3D 列印只不過是第三次工業革命中很小的一部分（里夫金把第三次工業革命的期許寄託在了可再生能源上），但因為里夫金與《經濟學人》雜誌用了同一個「第三次工業革命」的稱謂，所以當被外界不加分辨的宣傳時，公眾常誤以為里夫金就是在鼓吹 3D 列印趨勢，並以訛傳訛。最典型的例子就在大陸，該書經由主流媒體大肆報導宣傳後，「第三次工業革命」的稱法迅速引起追捧，頓成流行語——儘管公眾實際上對它和 3D 列印的認知是模糊不清的。

究竟什麼是 3D 列印？ 3D 列印（3D printing），又稱增量製造（additive manufacturing, AM），即快速成型技術的一種，它是一種以數位模型文件為基礎，運用粉末狀金屬或塑料等可黏合材料，透過逐層列印的方式來構造物體的技術。3D 列印機屬於工業機器人的一種。

The Third industrial revolution

Jeremy Rifkin

以 3D 列印一個玩偶為例。軟體首先要檢查要列印產品的設計文件，然後分析怎樣才能用最少的時間、最少的材料把產品生產出來。接著，列印機器根 The Third industrial revolution Jeremy Rifkin 據說明書把外壁做出來，外壁的厚度要視材料而定。在保證強度和用料最少的前提下，軟體會自行計算出外壁的厚度。由於看不到玩偶內部，所以內部不用列印，但是如果沒有一定的內部結構，玩偶將非常脆弱，因此為保證玩偶更加結實，軟體還能設計出蜂窩狀的內部支撐結構。然後軟體控制機器一層一層的製作實物，每層的厚度都盡可能的薄。當列印機探針移到製作區時會自動吐出製造材料，軟體也會選擇最合適的路徑，讓探針移動的距離最小。當一層製作好後，列印機的製作平台將下移，然後探針開始製作下一層，就這樣一直到做好為止。整個過程就像是變魔術，你不需要知道機器如何運轉或者怎樣選擇最合適的路徑，軟體會幫你搞定一切。

然而追溯歷史，3D 列印其實不是什麼新發明。早在十九世紀末，就有人在公開場合提出過使用層疊成型方法製作地形圖的構想。到了 1970 年代，類似設想不斷得以豐富、深入。

1940 年，Perera 提出與 Blanther 不謀而合的設想，他提出可以沿等高線輪廓切割硬紙板然後層疊成型製作三維地形圖的方法。在紙板層疊技術的基礎上首先提出可以嘗試使用光固化材料、光敏聚合樹脂塗在耐火的顆粒上面，然後這些顆粒將被填充到疊層，加熱後會生成與疊層對應的板層，光線有選擇的投射到這個板層上將指定部分硬化，沒有掃描的部分將會使用化學溶劑溶解掉，這樣板層將會不斷堆積直到最後形成一個立體模型，這樣的方法適用於製作傳統工藝難以加工的曲面。

直到 1983 年，查克·赫爾（Chuck Hull，又名 Charles W.Hull）在一家公司工作時產生 3D 列印的想法。這家公司用紫外線使桌面塗料快速固化，赫爾心想，何不直接用這些材料來製造立體的東西？於是他嘗試將瞬間固化技術（stereolithography，液態樹脂固化或光固化，簡稱 SLA）用於快速成型領域。1986 年，赫爾獲得有史以來第一件結合電腦繪圖、固態雷射與樹脂固化技術的 3D 列印技術專利。同年，查克·赫爾在加州成立了 3D Systems 公司，以大力推廣相關業務。在這之後，他才正式將光固化技術更名為「3D 列印」。

Chuck Hull

1988 年，3D Systems 公司推出了世界上第一台基於 SLA 技術的商用 3D 列印機 SLA-250，其體積非常大，赫爾把它稱為「立體平板印刷機」。儘管 SLA-250，身形巨大且價格昂貴，但它的面世標誌著 3D 列印商業化的起步。同年，另一位名叫斯科特·克倫普（Scott Crump）的發明了用熔融沉積快速成型技術（fused deposition modeling，FDM）來實現 3D 列印，並成立了 Stratasys 公司。1992 年，該公司推出了第一台基於 FDM 技術的 3D 列印機——「3D 造型者」（3D modeler），這標誌著 FDM 技術步入了商用階段。目前，它和 3D Systems 是全球最大、具有行業標竿性的兩家 3D 列印機公司。而赫爾和克倫普也均在不同場合被尊稱為「3D 列印之父」。

1989 年，美國德克薩斯大學奧斯汀分校的卡爾·德卡德（Carl R. Deckard）和約瑟夫·比曼（Joseph J.Beaman）發明了世界上第一台選擇性雷射燒結工藝（selective laser sintering，SLS）的 3D 列印機，SLS 技術應用廣泛並支持多種材料成型，如尼龍、蠟、陶瓷，甚至是金屬，SLS 技術的發明讓 3D 列印生產走向多元化。

Scott Crump

Carl R. Deckard

Joseph J. Beaman

到了 1996 年，前面提到的 3D Systems、Stratasys 公司各自推出了新一代的快速成型設備 Actua 2100 和 Genisys，讓快速成型技術在更大範圍和更多領域得到應用推廣，而「3D 列印」這一通俗的稱法也不脛而走。

不過，有時候「來得早未必來得巧」，3D 列印很快就因為工藝過於複雜低效、機器設備價格昂貴而被製造型企業拒之門外。後者對利潤率極其敏感，在他們眼裡，3D 列印「看起來很美」，但畢竟「中看不中用」、划不來。於是此後很長時間內，3D 列印都是被擺在美國某些大學實驗室內，供學習研究之用。卡爾·巴斯（Carl Bass），他是美國 3D 列印供應商

Autodesk 的 CEO，他以資深圈內人的身分在《連線》雜誌的文章中寫道，一台普通的 3D 列印機在報廢前，能消耗數十碼甚至數英哩的列印材料。很多廠商為此仍沿用傳統的「替換墨盒」的模式。雖然給列印機添加的原材料跟初期的成品真的很難看出有什麼區別，但是為此附加在消費者身上的成本最多甚至能達到一百倍。3D 列印在新商業模式上的探索勢在必行……和幾十年前一樣，3D 列印仍處於「看上去很美」的階段。這一現續象持續了將近九年，直到 2005 年，因為一塊名叫 Arduino 電路板的誕生，使得 3D 列印應用市場曲高和寡、鮮有人問津的局面大為改觀，而且它還催生了一場轟轟烈烈、活躍至今的「創客運動」。

Arduino

故事還得追溯至 2005 年的一天。當時，Massimo Banzi

是義大利 Ivrea 一家高科技設計學校的老師，他的學生們經常抱怨找不到便宜好用的微處理機控制器。Massimo Banzi 和 David Cuartielles（一個西班牙籍晶片工程師，當時是該所學校的瀏覽學者）討論了這個問題，兩人討論之後，決定自己設計電路板，並引入 Banzi 的學生 David Mellis 為電路板設計開發用的語言。兩天以後，David Mellis 就寫出了程式代碼。又過了幾天，電路板就完工了。於是他們將這塊電路板命名為 Arduino。

當初 Arduino 設計的觀點，就是希望針對不懂電腦語言的人群，也能用 Arduino 做出很酷的東西，例如：對感測器作出回應、閃爍燈光、控制馬達等。

Massimo Banzi

隨後 Banzi、Cuartielles 和 Mellis 把設計圖放到了互聯網上。他們保持設計的開源理念，因為版權法可以監管開放原始碼軟體，卻很難用在硬體上，他們決定採用全新的創作開放 CC 許可（Creative-Commons, 2013）。CC 協議是為保護開放版權行為而出現的一種許可（license），來自自由軟體基金會（Free Software Foundation）的通用公共授權條款（GNU GPL）——按照 CC 許可協議許，任何人都被允許生產電路板的複製品，且還能重新設計，甚至銷售原設計的複製品。你還不需要支付任何費用，甚至都不用取得 Arduino 團隊的許可。

然而，如果你重新布局了引用設計，你必須在其產品中加以說明基礎來自 Arduino 團隊的貢獻。如果你調整或改動了電路板，你的最新設計必須使用相同或類似的 CC 許可，以保證新版本的 Arduino 電路板也會一樣的自由和開放。但其中唯一的要求就是必須保留 Arduino 字樣，它已經是一個品牌、一個商標。如果有人想用這個名字賣電路板，那他們可能必須付一點商標費用給 Arduino 的核心開發團隊成員。

說了這麼多，總之 Arduino 是一個基於開源精神的硬體平台，其語言和開發環境都很簡單，讓用戶可以使用它快速做出有趣的東西。它也是一個能夠用來感應和控制現實物理世界的一套工具，也提供一套設計程式的 IDE 開發環境，並可以免費下載。使用 Arduino 可以開發互動產品，比如它可以讀取大量的開關和感測器信號，並且可以控制各式各樣的電燈、電機和其他物理設備，也可以在運行時和你電腦中運行的程式（如 Flash、Processing、MaxMSP）進行通信。

按照克里斯·安德森（Chris Anderson）的觀點，3D 列印在民間得到廣泛應用，並造就「創客運動」的興起，一個很顯著的標誌便是 Arduino。對於 Arduino，並不是說它技術有多強，它僅僅使用了 16 兆赫茲、2 層板、8 位數位管的結構，但這個性能已經夠用了。透過硬體開源，Arduino 創造了一個前所未有的小區，以及簡便的使用，這已經能夠掀起一場聲勢浩大的運動。安德森是前《連線》雜誌主編，《長尾理論》（*The Long Tail*）、《免費》、《創客》的作者，目前另一個重要身分是 3D Robotics 的創始人，後者是一家發展迅速的空中機器人製造企業。

Chris Anderson

在 2012 年，安德森將視角關注到了正在興起的 3D 列印趨勢和一大批利用互聯網從事工業 DIY 製造的民間群體，為此專門寫了一本《創客：新工業革命》。該書描述了一股以訂製、個性化和小批量生產為標誌的工業新浪潮的到來。鑒於安德森聲名在外，這部作品自一出版便暢銷全球，借由此，3D 列印在最大範圍得到了傳播和啟蒙，隨之而來的，是「創客」一詞及其運動的誕生。

在書中，安德森一開篇就提到了他的外公弗萊德·豪瑟，在他眼裡，外公是最早一批工業製造 DIY 的實踐者，透過自身的努力，將創造性的設計變為專利，並實現產業化。DIY 開啟了自主勞動的先聲，人類第一次擺脫了對生產資料（尤其是重資產）的依賴，僅僅憑著自己的頭腦這一「輕資產」，就可以把想法高效的變成現實。然而，條件不同的是，安德森外公所處的 1940、50 年代，沒有互聯網，只能孤芳自賞、單槍匹馬，但如今是，成千上萬個乃至更多的「豪瑟們」會透過網路連結在一起，開源、分享、協作，並數據化設計、生產、銷售。安德森指出，人類的生產方式每隔幾代人就會發生改變，從蒸汽、電力、標準化、生產線、精益生產，現在是機器人；改變有時來自管理技術，但真正有利的改變源自新工具。現在沒有工具比電腦更有力。而像這種可以集合千萬人智慧、按需設計、自我製造、個性生產的新工業體系，不僅可以重振美國製造業，也將衝擊和重組世界經濟產業鏈和價值鏈。

對於這股工業新浪潮，安德森將投身其中的人稱為「創客」，對應的英文是 Makers。至於什麼是創客，安德森沒有給予精確的解釋。只是他這樣寫過：「『創客運動』的準確定義到底是什麼？應該說它包含了非常寬泛的內容，從傳統的手工藝到高科技電子產品，無所不包，很多活動已經存在了相當長的時間，但創客們卻在做著完全不同的事情：首先，他們使用數位工具，在螢幕上設計，越來越多的用桌面製造機器製作產品；其次，他們是互聯網一代，所以本能的透過網路分享成果，透過將互聯網文化與合作引入製造過程，他們聯手創造著 DIY 的未來，其規模之大前所未有。」

之所以說「創客」具有變革性，昭示著改變、突破，原因是：首先，基於互聯網平台，人們可在電腦及移動硬體上運行數位桌面工具，這可以幫助他們設計新產品，完成「數位 DIY」的基礎工作；其次，互聯網開源社區當中，鬆散而高效的合作秩序已得以穩定，換言之，創業者、創新者可以借助開源社區與其他人開展高效合作，透過共享自己的技術成果，獲得「免費」或極其廉價的集體智慧，比在大企業實驗室更高效的進行創新改進。這種模式在唐·泰普斯科特的《維基經濟學》、《宏觀維基經濟學》和克萊·舍基的《認知盈餘》等作品中，均有過詳細的闡述；再次，3D 列印技術等新技術及相應設備的發展，已經到了相當精益的水平，書中就對 3D 列印機、數控機器、雷射切割機、3D 掃描器等設備的應用價值進行了介紹，並指出，這些設備及技術已經不是什麼無法普遍應用的尖端產品，而正在逐步普遍商業乃至個人應用；最後，一些國家，已完全有能力承接創客「數位 DIY」樣品或模型，使之轉化為一定規模生產的成熟製造能力。安德森在書仲介紹說，他曾在阿里巴巴向製造商下單訂製小型電動機，一家企業指導他完成了各項設計選擇及參數；在支付貨款後的十天，安德森就收到了貨物，數千個完全按照他本人設計製作的小型電動機，價格不到市面零售產品的十分之一。

據安德森稱，他的「創客」概念得益於科幻小說家科利·多克托羅多年前一部同名科幻小說的啟發。在那本書中，多克托羅寫道:「奇異電氣、通用磨坊以及通用汽車等大公司的時代已經終結。桌面上的錢就像小小的磷蝦：無數的創業機會等待著有創意的聰明人去發現、去探索。」與此同時，麻省理工學院教授尼爾·格申費爾德在《十年前的製造：即將到來的桌面革命》一書中就已經預測到了「創客運動」，他在 2011 年說:「我意識到個人製造才是數位製造的殺手級應用，不在於能夠做出沃爾瑪有售的東西，而是要做出在沃爾瑪買不到的東西。」從這一點來看，安德森並非「創客」一詞的首創者，但他無愧於創客理論最深刻和最系統的闡述者。對此，安德森預言道:「今天，正有成千上萬的企業家從『創客運動』中湧現，將 DIY 精神工業化。我們都是『創客』，生來如此（看看孩子對繪畫、積木、樂高玩具或者做手工的熱情），而且很多人將這樣的熱愛融入到了愛好和情感中。」而作為一場革命的創客運動，「將規模宏大的出現在更廣闊的現實世界中……以創客為代表的數據製造可以作為新工業革命中心」。

在最近一次公開演講場合，安德森指出：創客們處在了一個新的交匯點。

創客運動向兩個方向邁進：一個方向是朝著專業性的方向，無人機是個很典型的例子，從創客玩家手中出來，如今已成為一個大產業；而另一個方向則是朝著普及化的方向狂飆，DIY 風潮的興起，使得創客運動深入了各個不同的領域，不僅僅是個人電腦 DIY，小到自家的花園，大到上天的衛星，人人皆可自造。

創客運動 2.0 正是從技術潛移默化的突破和升級開始的。Arduino 升級成了嵌入式 Linux 系統（編者按，比如普遍用在智慧路由器上的就是 OpenWRT 系統），16 兆赫茲升級成了更多千兆赫茲，而 2 層板則變成了 6 層板；普通 3D 列印，則演變成立體光固化（SLA）3D 列印；雷射切割，也將從平面跨越到立體，除了膠合板，還可使用樹脂和粉劑；可用材料也從塑料，增加了金屬、陶瓷的門類。這些技術將會被廣泛引用，成為創客運動 2.0 的溫床。技術的演進、材料的革新、晶片成本的急遽下降，再加上 DIY 的復興和多樣化，駕起了創客運動 1.0 到 2.0 的橋梁。類似現實捕捉、3D 列印等技術又將物理世界和數位世界更緊密的聯繫到了一起。這場運動是繼個人電腦、智慧型手機之後，最激動人心的革命，創客運動的未來就在每一位創客的手中。

發展至今，3D 列印技術日臻成熟，而且已廣泛用於建築、製造、工業設計、汽車製造、航天事業、軍事、醫療等領域。例如：2012 年就有了世界上第一例 3D 列印氣管用於臨床的案例。2012 年，美國俄亥俄州。剛生下來 6 週的小男孩凱巴（Kaiba Gionfriddo），開始出現呼吸困難，拒絕進食。兩個月的時候，小凱巴的症狀越來越糟糕，已經無法自主呼吸了，醫生必須給他插上氣管插管維持呼吸。檢查發現，小男孩患上了極端罕見的先天性支氣管軟化症，氣管自行塌陷，無法自主呼吸，必須依賴氣管插管生活。無奈之下，父母四處求醫。最後被介紹到了密西根大學醫學院。該醫院的醫生和研究人員一再商討之後，搬出了救命的儀器：3D 列印機。他們根據 CT 的 3D 成像，使用 3D 列印機用生物塑料材料列印了近百個氣管支架。在得到美國食品藥物管理局（FDA）的緊急批准之後，給小凱巴移植了這個 3D 列印出來的氣管支架。術後，小凱巴開始了自主呼吸，7 天後撤離呼吸機。數週後，小凱巴出院，再也沒有出現過窒息危險。這個氣管支架是用可以降解的材料做成，3 年後即會自行吸收，到那時，他的氣管也會發育成熟，不再需要支架了。

2013 年，瑞典的科研人員成功的利用 3D 列印技術列印出人工皮膚瓣，並且成功的生長出血管。更驚人的是，他們第一次成功利用 3D 列印生成了淋巴管。這個皮瓣在大鼠身上成功植皮。同一年，康乃爾大學使用 3D 列印還列印出了世界上第一個耳朵。不僅如此，不光使用工業材料列印模型用於臨床，真正使用細胞來列印也已經在 2013 年出現了。愛丁堡的 Heriot-Watt 大學的研究人員發明了幹細胞列印機。材料是存活的胚胎幹細胞。這種列印機可以噴出大小均一的幹細胞懸液，保證細胞在列印出來仍然能夠存活。再在幹細胞構架上加入可以促使幹細胞分化為各種需要的細胞的細胞因子，就可以隨心所欲的合成各種需要的人體器官了。

就在寫作本書之際，《自然》（Science）封面刊登了一篇展示了 3D 列印最新研究成果的文章，文仲介紹了一種名叫「連續液態界面製造」（continuous liquid interface production, CLIP）的改良技術，從本質上講，它也是立體光固化技術（SLA）的一種。但 CLIP 技術不僅可以穩定的提高 3D 列印速度，同時還可以大幅提高列印精度。這種新型的 CLIP 技術製作一個普通模型所需要的時間只有短短幾分鐘，與傳統方法相比快了幾十倍。而且，它還可以相對輕鬆的得到無層面（iayerless）的列印製品。與傳統光固化技術相比，CLIP 帶來的這種改變可以堪稱是革命性的。

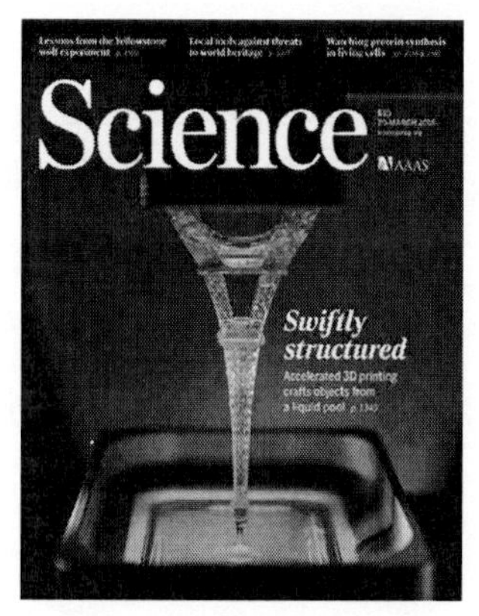

《Science》

正如人們最近能在網路上看到的幾個有關 3D 列印的演示動圖，畫面酷炫特別，令人激動：在五顏六色的液體中，艾菲爾鐵塔、「富勒烯」形狀的空心球體等模型像變魔術一樣被從液面上「拉」了出來。而這便得益於 CLIP 的突破性技術，透過它，困擾 3D 列印技術已久的高速連續化列印問題已被完全克服，這是高分子學科工程史上一次融合應用的創舉。

事實上，當有人已經列印出了塑料玩具（能把玩），列印出了曲奇餅（能食用），列印出了手槍（能射擊），甚至還列印出了人體器官（能植入）……你不得不相信，眼前並非科幻，3D 列印是一項「神一般」的技術——說它神，因為它幾乎可造萬物。無疑，3D 列印將開啟一個新紀元，按照《3D 列印：從想像到現實》（*Fabricated: The New World of 3D Printing*）一書的兩位作者，同時也是世界 3D 列印領域的頂級專家——胡迪·利普森（Hod Lipson）和梅爾芭·庫曼（Melba Kurman）的說法，在未來，或許就是「機器製造機器的時代」。「3D 列印機就是第一波新一代智慧機器，它們能設計、製造、修理、回收其他機器，甚至能夠調整和改進其他機器，包括它們自己。」我們應當對未來充滿期待，積極而樂觀，但同樣也應該看到 3D 列印仍不是成熟的技術，是人們在它周圍套上了太多的光環。只要有人開始真正用上 3D 列印機，他們很快就會意識到在更快的速度、更好的列印質量和更便宜的材料面前，3D 列印還有很長的一段路要走。

然而轉念一想，要走這一長段路的何止 3D 列印，努力想躋身世界互聯網版圖和數位經濟世界的互聯網公司難道不是嗎？

Hod Lipson

第二十章
中國互聯網概念股的發展

Internet
A history of concepts

2014 年，9 月 19 日晚上 9 點 45 分，阿里巴巴集團正式登陸美國紐約證券交易所（NYSE）掛牌交易，股票代碼為 BABA，發行價格為 68 美元 / 股。此次 IPO 交易至少籌集 217.6 億美元，成為美股史上最大的 IPO（initial public offerings，首次公開募股）。此前，為了迎接這位在大洋彼岸有著搖滾明星般地位的企業家及其公司，紐約證券交易所小心謹慎的籌劃它的上市。當海洋世界（Sea World）上市時，紐約證券交易所交易大廳曾有企鵝出現；當希爾頓酒店上市時，有交易員穿著浴袍進行交易。但當阿里巴巴股票要開始交易時，紐約證券交易所希望將戲劇性降至最低——它們可不希望重蹈 Facebook 的覆轍——就在兩年前，Facebook 大幅上調發行價和發行規模，結果卻因為一次技術故障，在早盤交易中遭遇股價下挫。

不過，對於擅長作秀的阿里巴巴創始人、董事局主席馬雲來說，這難不倒他。與此前眾多公司上市不同的是，馬雲及其高管並沒有登台，而是由奧運冠軍勞麗詩領銜八位阿里客戶敲鐘。此舉意在用實際行動向世界證明阿里巴巴「客戶第一、員工第二、股東第三」的經營理念。在接受美國財經電視 CNBC 採訪時，馬雲表示：「15 年前，所有人都質疑我和我的團隊能否生存下來，我告訴大家，我們要有信心。我敬佩很多美國公司，我想和他們一樣，改變商業生態，造福社會。」而在和核心團隊、員工視訊通話時，他說:「明天開始，我們更加艱難，全世界都會關注我們講不講信用。我們此次 IPO 融到的不是錢，是信任，希望大家對得起這份信任，對得起這份夢想！」

Jack ma ipo

馬雲雖然強調「融到的是信任」，但不可否認，他也確實融到了一大筆錢。當日截至收盤，阿里巴巴股價達到 93.89 美元，漲幅為 38.07%，公司市值達到 2,314 億美元（按當時匯率，約合人民幣 14,221 億元），一舉超過亞馬遜和 eBay 之和，成為了僅次於 Google 的第二大互聯網公司。馬雲身價超過兩百億美元，成為大陸新首富。

一邊是中國的互聯網公司「借船出海」書寫著財富神話，一邊是不少海外上市的中國公司加緊私有化退市，忙著返鄉。結合英國《金融時報》的報導和彭博社的數據，2015 年在海外上市的中國公司私有化規模創下歷史紀錄，達到 290 億美元。截至 2015 年 7 月，已經有 25 家在美國上市的中國公司收到私有化收購要約，涉及的總金額達到 250 億美元，並且他們當中 60% 的收購出價低於其當初 IPO 的發行價。

在這一批股價長期走低、價值嚴重被低估、回國態度堅決的上市公司中，有大名鼎鼎的當當、人人、奇虎 360、世紀佳緣、陌陌，也有知名度一般的中手遊、樂逗、航美、久邦、易居、空中網，其中，陌陌從上市到計畫退市，前後才不過半年時間。有數據顯示，截至目前，在美上市的中國公司超過 150 家，但有退市重返 A 股市場的不到 30 家。海外的浪子想回家，在家的人念及「世界那麼大，想出去看看」，不管是走是留，它繞不過「城內的人想出去，城外的人想進來」的「圍城效應」。但不管怎樣，對於這一批在海外上市的中國公司，資本市場賦予了它們一個共同的稱號：中國概念股，簡稱「中概股」。

炒過股票的人都知道，一般一支股票被歸為「概念股」行列的，往往具有市場熱點和炒作題材。譬如說像當年的「奧運概念股」、「迪士尼概念股」、「大數據概念股」、「新能源概念股」等。概念股是與業績股相對而言的。業績股需要有良好的業績支撐，概念股則是依靠某一種題材、某一個概念來支撐價格。那麼，作為「中國概念股」的最大的賣點一定是「中國」元素，而對應主體也必然是海外市場。也就是說，投資者之所以願意購買或追捧中概股，關鍵是他們首先得看好巨大的市場空間和良好的經濟形勢。具體而言，中概股是指那些以在大陸的資產或營收為其主體組成部分公司的股票。在海外上市，目的是為了獲取境外投資。為什麼要捨近求遠、揚帆出海？關鍵還是看兩個訴求：一是企業自身的國際化策略；二是融資成本和效率。

對於境外上市場所，一般人只知紐約證券交易所、那斯達克或美國證券交易所，其實主要目的地還包括香港交易所、倫敦證券交易所、東京證券交易所、法蘭克福證券交易所、泛歐交易所（它是由荷蘭阿姆斯特丹證券交易所、法國巴黎證券交易所、比利時布魯塞爾證券交易所、葡萄牙里斯本證券交易所合併而成立的，總部位於巴黎）等。由於紐約證券交易所、那斯達克在世界資本市場的影響力以及是近九成以上中概股的所在，所以，我們側重講述中概股和美國股市的快意恩仇。

翻閱老黃曆，在改革開放後的很多年裡，大陸公司和華爾街是八杆子打不著的。直到二十世紀末，中國「引進外國投資」的形式主要靠中外合資。由於無法衡量企業的無形資產，比如品牌和市場能力等，因此對企業作價時普遍偏低。大陸在 1980 年代用股份換外資時總體上吃了很大的虧。但是，隨著證券市場的發展，以及對國外了解的加深，政府和經濟學界發現到境外上市是一種更有效的融資方式。

1997 年 10 月 22 日，中國移動有限公司在香港證券交易所和紐約證券交易所同時掛牌上市，融資 45 億美元。這對當時的來講不亞於一筆天文數字的資金。初次出手，便斬獲頗豐，這對後來者有很大示範意義。於是在 2000 年前後，隨著首批海歸派回國創業，同時帶回了諸多國外創業融資上市的經驗，中國公司開始試水在境外上市融資。

2000 年 4 月 13 日，剛剛一歲的新浪公司借著美國「互聯網泡沫」的大潮，在那斯達克掛牌上市，開創了在那斯達克上市的先河。緊接著，它的老對手，當時被認為是中國雅虎的搜狐以及另一家靠免費郵箱服務起家的網站網易也選擇在那斯達克上市。這三家後來被視為「中國三大入口網站」的互聯網公司當時都嚴重虧損，而且商業模式也不很明確。但是由於中國宏觀經濟的快速發展和美國互聯網泡沫的雙重虛高，美國的投資銀行和投資人居然沒有質疑它們今後的盈利能力，積極認購它們的股票。

美國投資者對中國概念股的趨之若鶩，主要是因為「中國概念」，當然，也正是因為他們對中國的知之甚少，才敢捧中概股的場——他們相信這幾家公司公布的財報數據是真的，如同他們信奉在美國誰要是敢撒謊誰不會有好下場的道理一樣。美國人的這種「輕信主義」得益於他們倡導的誠信文化和嚴格的監管問責體系。就這樣，新浪、搜狐、網易三大入口網站成了最早到美國吃螃蟹——不僅吃到，而且吃得挺好的互聯網公司。他們在那斯達克上市演繹了一夜致富的財富神話。

在當時整個美國股市全面崩盤的前提下，新浪網新股的超額認購倍數也是相當高的。新浪股票上市當天，股價由開市 17 美元增長至 20 美元報收，漲幅達 20%。新浪創始人王志東占有的股份為 6.3%。搜狐收盤時股價為 13 美元，與發行價持平，成交量約為 256 萬股。創始人張朝陽在搜狐持股 33.6%，身價超過了 1 億元人民幣。網易上市後，其創始人丁磊持有網易 58.5% 的股權，成為最大的股東。上市當日收市報 12.125 美元，丁磊身價至 2.2 億美元。這三人，丁磊最年輕，身價卻最高。這恰恰反映了以互聯網為代表的新經濟，這裡不講資歷，不拼經驗，相反年輕就是資本，有志不在年高。

早期赴美上市公司的成功激發了很多創業者和公司到美國上市融資的夢想。但是，好景不長，隨著美國互聯網寒冬的全面開始，這三家巨額虧損的公司很快股價一路下挫。2000 年 10 月 3 日和 5 日，網易和搜狐的股價分別跌破 5 美元時，媒體紛紛報導說網易和搜狐「攜手走進垃圾股」行列；11 月 9 日，搜狐股價跌破 3 美元，媒體又開始盛傳搜狐很快就有可能被那斯達克「摘牌」。甚至一度這三家公司都出現了帳上的現金比市值還高的倒掛現象。

不到一年時間，中概股三家入口網站經歷了從受到追捧到被無情拋棄的全過程。然而它們還是幸運的。在當時，美國證監會對上市監管相對寬鬆，這為它們創造了適度的空間。同時，它們從美國資本市場融到幾千萬美元，依靠這些資金，艱難的度過了 2001 年至 2003 年全世界互聯網的低潮期。值得肯定的是，在這段時間裡，三家公司體現出上市公司應有的契約精神。公司的高管既沒有趁著市值低點私有化然後卷走投資人的錢，也沒有做假帳，更沒有透過金蟬脫殼的方式把公司的一部分轉到自己名下。它們努力經營，並且事後幸運的找到了各自的商業模式。到 2003 年，三家公司全部盈利，網易也在那斯達克重新掛牌交易了。而且它們的股價均創造了自己的歷史新高，相比而言，雅虎、思科等很多美國科技公司卻再也沒有回到過 2000 年的歷史高點。

如果說，這三家入口網站在美國股市的做法，為中國公司在海外資本市場保存了起碼的顏面、贏得了重要的信譽，客觀上，也為今後更多赴美上市的公司創造了信任基礎（紅利），那麼，十多年的今天，當越來越多的中概股企業集體私有化出現的低價股價現象，卻引發了不少投資人的不滿。

一位美股投資者說，類似的私有化行動「違背了對 IPO 投資者和長期投資者的承諾，是沒有契約精神的表現」。長期以往，中概股將可能因此在美股市場喪失口碑，不再獲得投資者的信任。而有些中概股則遭到了中小股民的集體訴訟。

例如上市不到半年的陌陌，一家美國律所日前稱針對由陌陌 CEO 唐岩為首的聯盟提出陌陌私有化提議的公平性展開調查，調查內容涉及該聯盟有無利用其地位以不公平價格收購陌陌股票。陌陌是一款基於地理位置的移動社交工具。用戶可以透過陌陌認識附近的人，免費發送文字消息、語音、照片以及精準的地理位置和身邊的人更好的交流。當然，面對中概股集體訴訟，有業內律師表示，中概股在美遭遇集體起訴，可能耗費時間很長、成本高。有家煤炭行業企業自 2014 年就醞釀私有化，卻遭遇訴訟，不到一年訴訟的成本就高達 150 萬美元，而且程式尚未終結，回歸之路遙遙無期。

其實早在 2003 年至 2006 年間，受三大入口網站的激勵，很多科技公司（不僅僅是互聯網公司）紛紛效仿，赴美上市，其中那斯達克是上市的首選地。這裡面有很多原因，其中主要的一個便是當時證券市場門檻過高，而估值又相對偏低。大多數科技公司在前幾年都是虧損，營業額也不會很高，它們根本達不到上市的要求。即使個別的公司能做到微利，在當時股市本益比普遍偏低的情況下，估價也是非常低的，無法有效融到資。而在美國，一個公司是否能上市，除了看它未來的盈利能力，還要看它做事的方式是否符合美國證監會的要求。只要滿足這兩條，即使目前沒有盈利，也可以在那斯達克上市融資。這也是很多美國小科技和新型公司選擇在那斯達克上市的原因。對於大陸公司來講，這個門檻看上去很低，因為今後的盈利能力完全是向未來透支，而符合證監會要求看上去似乎比真金白銀的利潤要容易很多。此外，因為有三大入口網站的珠玉在前，「中概股」對美國華爾街而言依舊是一個不錯的賣點，總之，它們對經營良好的大陸公司赴美上市持歡迎態度。可問題是，為什麼前後不過十年，中概股與美國資本市場會從「蜜月期」一下子跌到「冰河期」呢？

隨著越來越多的公司赴美上市，一些人和公司一夜致富，整個社會人性貪婪的一面很快顯現出來。那些根本達不到上市要求的公司，在「貪婪即美德」的投資銀行和證券承銷商的包裝下，紛紛上市圈錢。從 2005 年起，不少資質平平的公司「改頭換臉」經過一番包裝就匆匆上市了，在他們的觀念裡，大眾投資者就是「人傻、錢多」，他們把股市當作免費的提款機了。到了 2008 年，由於中國股市出現嚴重泡沫化，以及流動性的過剩，使得很多中國公司發現在上市不僅估值可以高很多，而且監管遠沒有美國嚴格，開始傾向於在融資。即使一些已經在美國上市了的公司，要麼把它的一部分拿回內地或者香港地區繼續融資上市，要麼把它的一部分拆出來作為單獨的公司再一次融資上市，趁著金融危機前全球經濟虛假的繁榮時機拚命的撈錢。而且由於投資人非理性的炒作，居然出現了同一家公司在大陸股市和美國股市的估值有近三倍之差。

2008 年，美國爆發金融危機。期間中國概念股表現堪稱墊底，中概股主要公司中除百度一家差強人意跑贏大盤外，其餘股價一路下跌，沒有最低，只有更低。華爾街恍然大悟，發現很多科技公司只有概念，沒有內容。不僅如此，由於中國公司慣性使然，普遍的財務不透明，加上受政策影響大，海外投資機構對中國公司信心明顯不足。這種巨大反差恰恰印證了「股神」華倫·巴菲特那句經典的語錄：「只有在潮水退去時，你才會知道誰一直在裸泳。」

另外，由於 VIE（variable interest entities，「可變利益實體」，又稱為「協議控制」）結構埋下的糾紛伏筆讓外資面對中資股東的「暗度陳倉」只能望洋興嘆，無能為力。換句話說，中方公司的一些有失商業信譽的做法雖然對適用法律體系而言於法有據，但從君子約定的角度講，就失信於人了，嚴重損害了中國公司甚至是政府在海外投資界整體的信譽。於是，海外投資者開始對中概股逐漸失去信心，以至於日後每隔一段時間總是有一批又一批的做空中概股的機構出現。

VIE 結構又稱「新浪模式」或「搜狐模式」，在 2006 年以前主要用於互聯網公司的境外私募與境外上市。它指海外離岸公司透過外商獨資企業，與內資公司簽訂一系列協議來成為內資公司業務的實際收益人和資產控制人，以規避《外商投資產業指導目錄》對於限制類和禁止類行業限制外資進入的規定。那些被協議控制的業務實體就是上市實體的 VIEs（可變利益實體）。

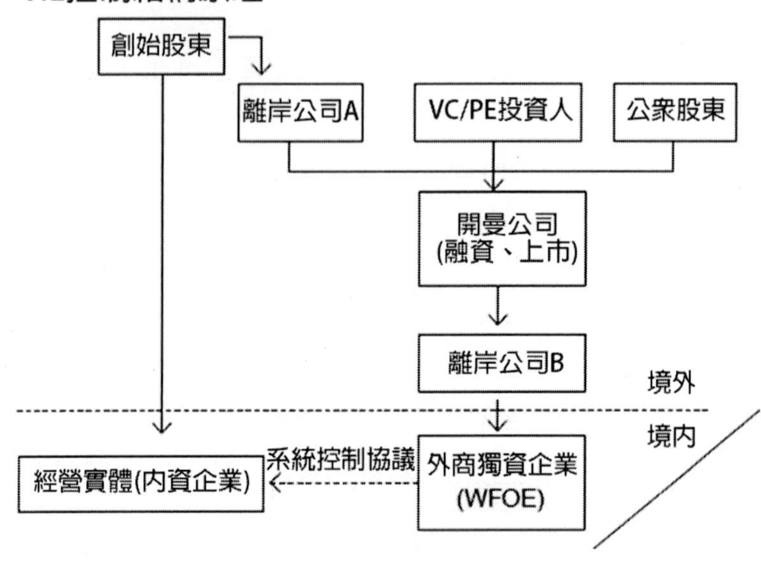

VIE 協議控制

按照中國工信部早在 1993 年頒布的對提供「互聯網增值服務」的相關規定，禁止外商介入電信運營和電信增值服務，而當時訊息產業部的政策性指導意見是，外商不能提供網路訊息服務（ICP），但可以提供技術服務。當時為了海外融資的需要，新浪找到了一條變通的途徑：外資投資者透過入股離岸控股公司 A 來控制設在中國境內的技術服務公司 B，B 再透過獨家服務合作協議的方式，把境內電信增值服務公司 C 和 A 連結起來，達到 A 可以合併 C 公司報表的目的。2000 年，新浪最終以 VIE 模式成功實現美國上市，VIE 為此得名「新浪模式」。此後，「新浪模式」的成功被一大批互聯網公司效仿，搜狐、人人、百度等均以 VIE 模式成功登陸境外資本市場。

要不是阿里巴巴與雅虎、軟銀之間就支付寶的歸屬問題起了爭執，在中國 VIE 結構還只是互聯網行業內的「冷知識」，不過借由這起紛爭，它逐漸浮出水面，逐漸被公眾知悉。2011 年，阿里巴巴和外商投資者矛盾公開，起因是 2010 年央行出台二號令，其中針對進入第三方支付企業的外資作出了一些限制，馬雲為規避風險，讓支付寶順利獲得支付牌照，未經雅虎批准，就先後於 2009 年和 2010 年分兩次把支付寶的股權轉移到自己名下的純內資公司。

按照馬雲單方面的說法，為了保證這個公司的純內資身分，雅虎、軟銀兩個大股東此前都同意，外資利益在這個新公司不以股份體現，而是透過雙方簽署的協議，來實現對公司的控制，這種模式就是 VIE，也叫「協議控制」。隨著事態的發展，馬雲與雅虎、軟銀的股權轉讓談判僵持不下，於是在央行發函詢問支付寶是否與外資有協議控制時，馬雲乾脆以「基於對牌照審批形勢的判斷」為由單方面終止了協議，並通知雅虎和軟銀，開始了補償談判。問題最後是得到了解決，方式則是馬雲保留支付寶的所有權，馬雲的公司同意向阿里巴巴支付一筆資金。

對於由馬雲引起的 VIE 之爭，外界一片譁然。原因倒不是因為首次聽說 VIE 模式，而是自新浪、搜狐套用此模式上市以來還沒有人違反甚至撕毀協議的，但馬雲做到了。儘管馬雲事後在媒體溝通會上解釋說，自己的行為「不完美，但正確」，「別人犯法，我們不能犯法」，稱央行絕無可能允許支付寶這樣涉及國家金融安全的產品為外資控制，並暗示其他企業透過

VIE 模式避開監管，是走在法律邊緣的灰色地帶上。但不可否認，他起了一個壞頭，此舉違背了商業社會的契約精神。除此之外，很多人擔心，國家可能會考慮禁止原本被默許的 VIE 模式，同時海外投資者對中國創業者的印象會一落千丈，對產業發展造成極壞的影響。

不出所料的是，就在 2014 年阿里巴巴上市前幾個月，《紐約時報》就以《投資阿里須當心 VIE 結構法律風險》（*Alibaba Investors Will Buy a Risky Corporate Structure*）為題，提醒投資者「考慮為阿里巴巴注入數以億計的資金時，這筆錢買來的究竟是什麼」。同時又不無責罵意味的寫道：「雅虎只能聽憑阿里巴巴在華資產持有人馬雲和另外一個創始人、管理層核心謝世煌的擺布。要知道，阿里巴巴適用的就是明白無誤的 VIE 結構。投資於阿里巴巴美國 IPO 的人買的不是阿里巴巴中國的股份，而是開曼群島一家名為阿里巴巴集團的實體的股份。阿里巴巴的大部分在華資產由馬雲和謝世煌持有。開曼群島的那家公司可以根據合約分享阿里巴巴中國的利潤，但不享有經濟利益。馬雲堅持要求阿里巴巴以能讓他保留投票控制權的結構上市，但他的做法有些極端。他與謝世煌一同保留了阿里巴巴資產的所有權，這是個不同尋常的舉措。」

雖然阿里巴巴上市的表現讓《紐約時報》的「唱衰」不攻自破，但以支付寶 VIE 事件為代表的關於中國公司的失信問題其不良影響正在擴張、蔓延。出於前車之鑒，主要的基金和投資機構開始對中國公司失去了興趣。即使有幾個中國企業還不錯，有投資意願的，但是開出的條件比以前苛刻了很多，因為它們要防止自己重蹈雅虎的覆轍。恰恰這時候，又爆出不少中國公司在財務上作假，美國證監會開始著手調查，中國公司在美國的信譽一跌千丈。從 2011 年下半年以來，中國公司的美國夢破滅。結局無一例外——被拒之門外。

有數據表明，2012 年上半年，登陸美國成功的中國企業只有唯品會一家。從 2011 年 7 月至 2012 年年中，也只有兩家中國公司在美國上市。相比 2011 年上半年，奇虎、人人網等五家企業同登美國股市的熱鬧場面，這一時期對中概股來說，真的是冰火兩重天。

按照美國人的價值觀，一旦一個人誠信出了問題，是不會給他第二次機會的，對於中概股來說，道理也是如此。緊接著，美國資本市場就開始冷落甚至拋棄中國上市公司，中國公司和華爾街也就進入了冰河期。到了 2011 年，美國一些對沖基金看準機會，對這些中國概念股賣空，而這些中國公司毫無還手之力。做空者屢試不爽，怎麼打怎麼有，得手率之高讓人瞠目結舌。

在這批專門發布中概股財務造假報告的做空機構中，以渾水（Muddy Water Research）和香櫞（Citron Research）兩家最為知名。它們出手既準又狠，被它們盯上的中概股公司，有的慘遭退市，有的暫停交易，它們因此而得名「中概股獵殺者」。

Carson Block

渾水公司由一個叫卡森·布洛克（Carson Block）的美國年輕人於 2010 年創立。公司成立的目的就是不放過那些試圖渾水摸魚的中國概念股公司。渾水聲明自己是一家營利性機構，他們向投資者出售研究產品及服務，包括盡職調查服務等。據介紹，布洛克從十二歲起就夢想著到中國淘金，但是等他真正到了中國後，卻發現做空中國公司比投資中國來錢要快得多。他敏銳的嗅覺和近乎全勝的獵殺成績，讓他成為了 2011 年布隆伯格新聞社評出的五十大思考者之一，其他入選的人都是諸如高盛首席經濟學家、諾貝爾獎獲得者、哈佛大學名教授的名流，只有他是一個初出茅廬的「渾小子」。

自 2010 年 6 月起，渾水公司發布調查報告，質疑東方紙業、綠諾科技、分眾傳媒、嘉漢林業、新東方教育集團、多元環球水務等有財務造假、合約不實等欺詐投資者的行為，直接造成這些中概股股價大跌，其他做空機構則迅速集結，對中概股痛下殺手。最終，綠諾科技、多元環球水務均被交易所退市，嘉漢林業股價大跌，東方紙業股價跌了 80%，無一倖免。

另一家做空機構香櫞研究成立於 2007 年，由安德魯·萊福特（Andrew Left）創辦。萊福特今年 44 歲，是一個言辭犀利的人，喜歡時不時挖苦別人幾句。而讀他撰寫的調查報告，就像是在讀諷刺小說一般。根據他在香櫞網站上寥寥數語的描述，他既沒有在華爾街上過班，也沒有學過金融，最初只是在一家期貨公司做電話銷售的工作，後來機緣巧合，他在自己的部落格網站上發布看空公司的研究報告，一發不可收拾。於是，畢業於美國東北大學政治系的他，正式投身研究股票的行列。

Andrew Left

萊福特從 2007 年起一開始把視線聚焦到美國本土公司，三年後，他開始專攻中國公司，他發現中國公司水分更大。「香櫞」在美國有「有缺陷」的意思，萊福特用檸檬作為香櫞的標識，也是在向外界表明，他想把那些金玉其表、敗絮其中的公司給揪出來。截至目前，被香櫞盯上的中概股公司有東南融通、中國高速頻道、斯凱網路、中國生物、奇虎 360 等十多家。雖然和渾水公司在做空手法上大同小異，但值得一提的是，香櫞的員工只有萊福特一個，他是「一個人在戰鬥」，但是透過幾場經典的「戰役」，萊福特及其機構在行業尤其是中概股圈子裡名聲大震。

香櫞公司的做空「成名作」，是四個月內將東南融通逼至退市。2011 年 4 月 26 日，香櫞發布報告稱東南融通利潤率造假，該公司當日暴跌近 13%。5 月審計機構德勤解除與其審計關係，8 月正式退入粉單市場，當日收盤報 0.78 美元，較停牌前收盤價下跌 96%，市值蒸發 13 億美元。而新東方和泰富電氣是僅有的兩個香櫞自稱戰敗的中國公司。而它與奇虎 360 的對決，後經奇虎主動回擊，並且公布了較好的業績，經過多輪的較量，股價最終恢復正常。

在前面提到的近些年，不少中概股「私有化」趨勢，其中一個動因也是為了「逃避做空」。就在 2015 年 5 月份，一向以「特賣」模式領軍中國電商平台的唯品會遭遇做空事件，而在唯品會之前，包括中石油、新東方、分眾傳媒、蘭亭集勢、世紀互聯、聚美優品、阿里巴巴、安博教育、龍威石油等在內的大批中概股都曾遭遇做空者的獵殺。

獵殺的原因很多都集中在了中美在訊息披露方面的習慣性

差異。比如中美表達方式上的差異，中美財報在處理方法上的不同等，更重要的是，由於美國市場缺少對中國本土商業模式的理解，導致做空者即使在理由、證據並不充分，甚至數據存在問題的時候仍然能夠引發市場的連鎖反應。

與此同時，美國證券市場上動輒發生的證券集體訴訟也讓中概股苦不堪言，而同時，企業要在內控以及會計準則上滿足薩班斯法案的要求，每年還要承擔著幾百萬美元的合規成本。所有這一切，自 2015 年 3 月以來「互聯網 + 行動計畫」上升為國家策略以及資本市場的勃興之後，回歸資本市場自然成為中概股利益權衡下的優先選擇。

第二十一章

互聯網金融

Internet
A history of concepts

2015 年 7 月 18 日，一則對互聯網金融從業人士而言的利好消息在微信朋友圈被洗版。

當日中國印發了《關於促進互聯網金融健康發展的指導意見》，對互聯網金融創新表示鼓勵。「近年來，互聯網技術、訊息通信技術不斷取得突破，推動互聯網與金融快速融合，促進了金融創新，提高了金融資源配置效率，但也存在一些問題和風險隱患」，某銀行在 18 日發布的一份聲明中說。聲明同時表示：「互聯網與金融深度融合是大勢所趨，將對金融產品、業務、組織和服務等方面產生更加深刻的影響……作為新生事物，互聯網金融既需要市場驅動，鼓勵創新，也需要政策助力，促進發展。」

中國人民銀行在《指導意見》中呼籲中國政府積極鼓勵銀行、證券、保險、基金、信託和消費金融等金融機構依託互聯網技術，開發基於互聯網技術的新產品和新服務，呼籲拓寬從業機構融資渠道，而各金融監管部門則應支持金融機構開展互聯網金融業務，對於規模較小的初創企業則推行稅收優惠政策。這份《指導意見》除了強調要「簡政放權」，也不忘呼籲明確互聯網金融監管責任，「互聯網金融是新生事物和新興業態，要制定適度寬鬆的監管政策，為互聯網金融創新留有餘地和空間」，同時需要「明確風險底線，保護合法經營，堅決打擊違法和違規行為」。

《指導意見》在國家政府層面首次明確了互聯網金融的邊界、業務規則和監管責任，雖然只是一個階段性、綱領性的文件，後續需要更為詳細的配套政策、實施細則加以推動，但不可否認，該意見對於長期困擾互聯網金融健康、有序發展的「名分」問題上，國家表明了態度。翹首期待已久，一朝靴子落地，各互聯網金融企業普遍給予好評。

然而就在一年多前，《經濟學人》雜誌曾以《互聯網金融：是敵人還是亦敵亦友？》（*Internet Finance in China*：*Foe or Frenemy?*）為標題，報導了互聯網金融（特別是以阿里巴巴旗下「餘額寶」為代表的在線理財產品）的異軍突起，對中國大型銀行和傳統金融體系造成的衝擊。雖然在回答「互聯網金融企業能否顛覆中國銀行業？」的問題上，文章分析說「這種想法似乎有些荒唐，畢竟中國擁有全球最大的銀行，其金融行業監管嚴格，顛覆性創新企業很難生存」，但是它最後還是基於「在線基金確實對實體銀行造成傷害」的判斷，做進一步預測：「中國監管部門一向保守，很有可能會在這些新興企業實力過大時對其進行限制，以避免系統性風險。」

當然，如今這份《指導意見》的發布，事實證明《經濟學人》的觀點錯了——面對互聯網金融如火如荼、繁榮興旺的發展態勢，政府最終用「疏」的策略替代了「堵」的方針，後者是中國政府以往面對新生事物習慣性運用的手段。

Internet Finance

其實就在《經濟學人》發表這篇文章之前，媒體上便曾有聲音呼籲取締餘額寶。網路上有部落格上撰寫博文稱：「我不是危言聳聽，更非號召誰退出餘額寶，而只想告訴人們一個重要的經濟事實：餘額寶哪裡只是衝擊銀行，它所衝擊的是中國全社會的融資成本，衝擊的是整個中國的經濟安全。」不僅炮轟，作者鈕文新還把餘額寶比作趴在銀行身上的「吸血鬼」，是典型的「金融寄生蟲」。幾天後，他再接再厲，再次發文稱，餘額寶並沒有創造價值，而是透過拉高全社會的經濟成本並從中漁利。餘額寶衝擊的不只是銀行，還衝擊到了全社會的融資成本，他強調他之所以呼籲「取締餘額

電視台評論員鈕文新

寶」，是出於宏觀經濟利益的立場。

鈕文新所處的位置和他所可能代表的官方，使得其言論一出，立即掀起軒然大波，一場關於餘額寶是存是廢，利大弊大的激辯就此展開。不光是鈕文新與餘額寶之間的 PK 正式拉開序幕，就連學界和業界也參與其中，開始了關於互聯網金融未來之路的大討論。這起公共新聞事件最終是以周小川的表態告一段落。據新華社消息，他在隨後接受記者採訪時表示不會取締餘額寶，對餘額寶等金融業務的監管政策會更加完善。

倘若把周小川當初的這番言論聯繫今日的《指導意見》，不難發現，政府對於互聯網金融產業的支持立場早露端倪。如果再結合李克強在 2014 年、2015 年連續兩年在中國《政府工作報告》中提及互聯網金融，並在最近一次給予讚譽，說「互聯網金融異軍突起」，強調要在有效的利用國家「『互聯網 +』行動計畫」，促進互聯網金融健康發展。用李克強的話來說就是「大力發展普惠金融，讓所有市場主體都能分享金融服務的雨露甘霖」。毫無疑問，這足以彰顯中國中央政府對互聯網金融這個新興產業的重視和期盼。而在 2015 年的 3 月 22 日，中國中央電視台《新聞聯播》的頭條不是報導國家領導人的視察、會晤等動態，而是罕見的聚焦「互聯網金融」，很明顯，這可以視為高層在釋放相關的積極信號。在這個意義上，我們可以說，《指導意見》早已是意料之中，只不過姍姍來遲的產物。

根據《指導意見》的定義，互聯網金融是傳統金融機構與互聯網企業利用互聯網技術和訊息通信技術實現資金融通、支付、投資和訊息仲介服務的新型金融業務模式。該官方解釋實際上最早來自中國央行副行長劉士餘的定義。按照他的理解，互聯網金融與傳統金融最大的不同，在於互聯網給予每一個人參與的權利。

「互聯網金融」這個概念最早見於 2012 年 4 月 7 日。在一個名號為「金融四十人論壇」的年會上，論壇常務理事會副主席、中國投資公司副總經理謝平首次提出「互聯網金融」這個概念。他在演講時表示：「以互聯網為代表的現代訊息科技，特別是移動支付、雲端運算、社群網路和搜尋引擎等，將對人類金融模式產生根本影響。可能出現一個既不同於商業銀行間接融資，也不同於資本市場直接融資的第三種金融融資模式，我稱之為『互聯網直接融資市場』或『互聯網金融模式』。在這種金融模式下，支付便捷，市場訊息不對稱程度非常低；資金供需雙方直接交易，銀行、券商和交易所等金融仲介都不起作用；可以達到與現在直接和間接融資一樣的資源配置效率，並在促進經濟增長的同時，大幅減少交易成本。更為重要的是，它是一種更為民主化，而非少數專業精英控制的金融模式，現在金融業的分工和專業化將被大大淡化，市場參與者更為大眾化，所引致出的巨大效益將更加惠及於普通百姓。」謝平又指出要理解這種互聯網金融模式，需要人們轉變傳統思路，其中要抓住 7 個關鍵點：第一，訊息處理；第二，風險評估；第三，資金供求的期限和數量的匹配，不需要透過銀行或券商等仲介，完全可以自己解決；第四，超級集中支付系統和個體移動支付的統一；第五，供求方直接交易；第六，產品簡單化（風險對衝需求減少）；第七，金融市場運行完全互聯網化，交易成本極少。

謝平

「金融四十人論壇」成立於 2008 年 4 月 12 日，由 40 位 40 歲上下的金融精銳組成，即「40×40 俱樂部」。作為非官方、非營利性金融學術研究組織，其宗旨是以金融學術奉獻社會，推動中國金融業改革實踐，為民族金融振興與繁榮竭盡所能。謝平在 2012 年年會上的這一次金融前線探索之舉，讓「互聯網金融」從此成為中國金融界和 IT 界最熱門的詞彙之一，相關民間創業創新活動也異常活躍。

自那一次論壇之後，謝平與鄒傳偉、劉海二兩位年輕的經濟學博士完成了《互聯網金融模式研究》的專項課題，並以此為基礎，出版了《互聯網金融手冊》一書。他們的研究成果除了力圖規範互聯網金融的定義，完善互聯網金融的理論體系，更是系統的分析了互聯網金融當前的六種主要類型（應用）——金融互聯網化、移動支付與第三方支付、互聯網貨幣、基於大數據的徵信和網路貸款、P2P 網路貸款和眾籌融資。儘管這一分類與某些學者歸納的互聯網金融產品和模式有些差異，譬如姚文平在《互聯網金融》一書中提出，互聯網金融已經在包括第三方支付、眾籌融資、網路銀行、互聯網證券、互聯網保險、理財社區、互聯網基金銷售、網路股權平台、個人理財、P2P 貸款上開展了業務，而時間跨度最早竟起至 1996 年一直到今天——但它們其實只是稱謂上的不同，並無本質的區別。

正如姚文平在《互聯網金融》一書中寫道：「互聯網金融

的大幕已經拉開！這是一場金融變革的盛宴，不論你是否準備好，你都將融入這個新的世界。」毋庸置疑，一個新的時代已然開啟。事實上，自謝平首提「互聯網金融」這一概念後，相關行業的觀察、研究與實踐從未停止過，而且大有熱鬧異常、風風火火的景色。就拿圖書出版來說，除了姚文平的作品外，還有萬建華的《金融 e 時代：數位化時代的金融變局》、李耀東與李鈞合著的《互聯網金融：框架與實踐》、湯潯芳的《顛覆金融：互聯網金融的機會大潮》，還有像馬梅、朱曉明等學者寫的探討第三方支付的作品《支付革命：互聯網時代的第三方支付》，盛佳等人合著的《眾籌：傳統融資模式顛覆與創新》，吳曉求的《互聯網金融：邏輯與結構》等。

當然，還有像專業期刊、研究中心、行業協會等也如雨後春筍般紛紛創辦，如上海新金融研究院《新金融評論》創辦、電子金融產業聯盟與大學金融法研究所主辦的《互聯網金融》雜誌創刊。「金融四十人論壇」和新金融研究院，在 2013 年 9 月 7 日舉行的首屆「互聯網金融外灘論壇」上，宣布成立「互聯網金融研究中心」。其他的研究機構還有清華大學五道口金融學院成立的「互聯網金融實驗室」、大學中國社會科學調查中心與新金融研究院、螞蟻小微金融服務集團共同發起成立的「互聯網金融研究中心」等。而背景各異的「中關村互聯網金融行業協會」、「互聯網協會互聯網金融工作委員會」、「互聯網金融行業協會」、「互聯網金融協會」等協會和第三方組織的紛紛成立，也反映出各界尋找發聲平台的迫切心理。

不僅僅是理論界，業界也意識到了互聯網與金融的結合將是一個「數萬億的大市場」，紛紛投身其中、搶占商機。有意思的是，實踐方面，既有互聯網企業「攪局」金融業，也有傳統金融機構「借勢」高科技（運用互聯網技術改造傳統金融服務），互聯網金融的競爭目前已經完全白熱化，並且由此產生了前者「互聯網金融」和後者「金融互聯網」面為稱謂上分野，實為話語權的爭奪。

在梳理互聯網金融短短且成果顯著的三年多時間裡，我們不妨以馬雲及其阿里巴巴為切入點。事實上，馬雲在三個不同時期所說的三句不同的話，恰恰反映了互聯網金融在中國的不同階段發展狀況。

第一次，時間倒退至 2008 年的 12 月，在「第七屆中國企業領袖高峰會」上，馬雲豪言壯語道：「我聽過很多的銀行講，我們給中小型企業貸款，我聽了五年了，但是有多少的銀行真正腳踏實地的在做呢？很少。如果銀行不改變，我們改變銀行，我堅信一點！」

第二次，時間是 2013 年的 6 月，在「外灘國際金融高峰會」上，馬雲遠見卓識的指出：「未來的金融有兩大機會，第一個是金融互聯網，金融行業走向互聯網；第二個是互聯網金融，純粹的外行領導，其實很多行業的創新都是外行進來才引發的。金融行業也需要攪局者，更需要那些外行的人進來進行變革。」

第三次，時間回到 2014 年的 3 月，在某大學百年堂的一次公開演講中，馬雲意味深長的說：「有時候，打敗你的不是技術，可能只是一份文件！」

將這三次講話串聯起來，能勾勒出截至目前互聯網金融在中國發展的三個階段：探索、實踐和轉折，又或者是，期許、矚目和爭議。

仍然以馬雲來說，以他旗下阿里推出的互聯網理財產品餘額寶為例，資金規模曾達 5400 億多，2014 年一季度為用戶盈利 57 億元；與其合作的天弘基金也從之前行業排名第 46 位，一舉成為基金業新一哥（有統計顯示，截至 2014 年 3 月底，該基金總規模 5536.56 億元，比第二名的華夏基金多出近 2100 億元，傲視群雄）。重點是，實現這些成績歷時不到一年。如果說，作為第三方支付工具的支付寶當時只是馬雲對互聯網金融的一種「摸著石頭過河」的初探，那麼，餘額寶顯然是用互聯網思維對接金融業的「牛刀小試」了，到了後來的娛樂寶，完全是漸入佳境得心應手的玩了。後者的玩法是，用戶可透過手機淘寶客戶端預約購買娛樂寶。其中，影視劇項目投資額為 100 元 / 份，遊戲項目的投資額為 50 元 / 份，每個項目每人限購兩份。預期年化收益率 7%，並有機會享受劇組探班、明星見面會等娛樂權益。

差不多以餘額寶為開端，除了阿里，其他公司也紛紛跟進，像零錢寶、添益寶、活期寶、現金寶、如意寶、生利寶等「寶寶們」互聯網理財產品如雨後春筍般的冒出來。它們的出現，至少證明了兩點：第一，產品滿足用戶需求，廣受市場好評；第二，互聯網經濟確實衝擊到了傳統銀行業，完成了一次漂亮的逆襲。

然而，伴隨著互聯網金融發展態勢的如日中天，來自傳統金融業乃至保守派人士的責罵之聲也日益高漲。除了前面提到的鈕文新之外，2014 年 4 月在海南博鰲舉辦的論壇上，多方聚焦互聯網金融，首先站出來嗆聲的便是反對派。他們認為

「餘額寶是鑽了監管的漏洞」「是場炒作，根本顛覆不了銀行」「轉一圈錢還是回到銀行，增加了成本」。

在當時那段時期，除了有對互聯網金融持否定的言論外，還有一些利空的負面消息。互聯網金融遭遇了前所未有的阻力與非議。代表性的事件有央行發布函件暫停二維碼支付和虛擬信用卡；緊接著，央行下發緊急文件叫停支付寶、騰訊的虛擬信用卡產品以及條碼（二維碼）支付等面對面支付服務。不久後，工行、農行和中行率先下調了餘額寶、理財通等第三方支付機構產品的購買限額。其中，工行對餘額寶的額度由原先的單筆 5 萬元下調為 5 千元，每月限額則從 20 萬元降為 5 萬元。

即便如此，政策文件的「利空性」並不意味著互聯網金融錯誤的「方向性」。或許馬雲說的是對的：「有時候，打敗你的不是技術，可能只是一份文件！」互聯網金融在中國已經感受到來自政府加強監管的力度，其中也不乏藉此打擊和抑制的論調。但馬雲的話也可能是錯的:「有時候，成就你的不是技術，可能就是一份文件！」國家監管理念和政策的調整，完全有機會讓互聯網金融「扶搖直上九萬里」。例如 2014 年李克強的《政府工作報告》，今天的《指導意見》，這些都是利好消息，釋放的是對產業的鼓勵信號。

後來馬雲和其他兩位馬姓的企業大佬——騰訊的馬化騰、平安的馬明哲，三人共同出資 10 億元，成立了首家互聯網保險公司——眾安在線財產保險有限公司，截至目前，成立不到兩年時間（2013 年 11 月），已提供一百多種保險產品，擁有客戶超過 2.5 億名，已賣出另 16 億份保險單。目前該公司已獲准開展車險業務，估值超 80 億美元。

而從 2014 年開始到 2015 年，連續兩年的除夕夜加春節假期七天，阿里和騰訊又打響了「新年紅包」大戰，互聯網企業在爭奪第三方支付和在線理財入口上競爭激烈甚至慘烈。尤其是 2015 年除夕夜春晚，在由騰訊旗下微信「搖一搖」技術加持下的春晚創造了兩個最。一個是創歷年電視台春晚收視率最低，未破 7 億人群；一個是當晚的十點半春晚送紅包，微信搖一搖次數 72 億次，峰值每分鐘 8.1 億次，勢必創下金氏世界紀錄之最（如果申請的話）。事後，有評論認為，微信紅包搖一搖，不僅搖出了騰訊與阿里雙雄爭霸誰先下一城的結果，也搖出了互聯網金融的新紀元。當然，阿里可不甘示弱，在關乎未來存亡的競爭上，更不敢鬆懈。2015 年 6 月，阿里巴巴集團旗下的螞蟻金服宣布，將推出網路銀行業務，這等於說，阿里巴巴正式進軍「網路銀行」領域。

另外，像百度、京東、蘇寧、小米、融 360、拉卡拉、易寶支付、民生銀行等大大小小的互聯網或傳統企業都陸續進入互聯網金融的版圖中，其策略意圖明顯，競爭意識強烈。當互聯網金融國家隊、銀行隊、民營隊、上市公司隊爭奇鬥豔、跑馬圈的好不熱鬧之時，相對而言，大洋彼岸的美國，一切卻平平淡淡、不慍不火。在整個互聯網發展歷史進程中，這種反差根本不多見。問題是，兩國互聯網金融的發展形勢為何差別如此之大？互聯網金融又究竟憑藉什麼，在互聯網與金融雙雙落後的條件下異軍突起呢？

早在二十世紀末，美國就擁有網路銀行、券商，而在二十一世紀初，就有個人理財門戶。在互聯網金融幾個重要的服務模式，如第三方支付、眾籌、P2P 借貸平台等，其鼻祖都來自美國，分別是 PayPal、Kickstarter、Lending Club——它們是全世界同類產品被模仿與借鑑的對象。

PayPal 是美國最主要的第三方支付平台，於 1998 年 12 月彼得·蒂爾（Peter Thiel）、埃隆·馬斯克（Elon Musk）等人創辦。其後，PayPal 於 2000 年起陸續擴充業務，包括於其他國家推出業務及加入美元以外的貨幣單位，計有英鎊、加元、歐元、澳元、日圓、新台幣及港幣等。2002 年 10 月，全球最大拍賣網站 eBay 以 15 億美元收購 PayPal，PayPal 便成為了 eBay 的主要付款途徑之一。PayPal 是目前全球最大的在線支付提供商。2015 年 6 月 27 日，eBay 董事會同意分拆 PayPal 上市。

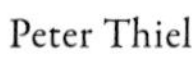

Peter Thiel

Elon Musk

說到這裡，介紹一下彼得·蒂爾這個人。當年，他以 15 億美元將 PayPal 出售給 eBay，賺得人生第一桶金 5500 萬美元。不僅如此，2004 年夏季，他慧眼識英雄，為哈佛輟學生馬克·祖克柏投資了 50 萬美元，這是 Facebook 獲得的首筆外部投資，這次投資為他贏得了 7% 的 Facebook 股份，並成為公司董事會成員，如今他的股份估值超 15 億美元。同一年，蒂爾成立數據分析公司 Palantir，專注於國防安全與全球金融領域數據服務。他還創辦了創始人風險基金（Founders Fund），為 LinkedIn、SpaceX、Yelp 等十幾家出色的科技新創公司提供早期資金，而其中多家公司就是 PayPal 曾經的同事們的創業項目。這群人日後個個風生水起、獨霸一方，如里德·霍夫曼（LinkedIn 創始人）、臺灣人陳士駿（Youtube 創始人之一）、傑里米·斯托普爾曼（Yelp 創始人）、埃隆·馬斯克（SpaceX、特斯拉等創始人）……他們在矽谷素有「PayPal 黑幫」之稱，而蒂爾則是當之無愧的「黑幫」大佬了。

Kickstarter 是一個向人們創意項目提供公眾集資的網路平台，2009 年 4 月 28 日在美國紐約成立。在 Kickstarter 的平台上，可以為許多種創意項目募集資金，譬如電影、音樂、舞台劇、漫畫、電視遊戲以及與食物有關的項目。但人們不能以 Kickstarter 為投資項目來賺錢。他們規定只能返還實物獎勵或者獨一無二的經驗給資助者，像一本寫著感謝的筆記、訂製的 T 恤、與作家共進晚餐，或者一個新產品的最初體驗。與 Kickstarter 齊名的是早一年成立的 Indiegogo。雖然 Indiegogo 成立更早，但 Kickstarter 卻更加知名。智慧手錶 Pebble、遊戲主機 Ouya，乃至好萊塢電影《美眉校探》等產品都來自 Kickstarter。在科技之外，Kickstarter 上也誕生過很多文化創意領域的作品，有的甚至獲得了奧斯卡獎項。但不管怎樣，兩大平台共同開啟了一個被稱為「眾籌」（crowd funding）的新時代。所謂眾籌，即大眾籌資或者群眾籌資。形象的理解，就是「眾人拾柴火焰高」，人人都可以是天使（投資人）。

眾籌的模式其實一點都不新鮮。如果我們把視線放得夠久遠，類似的集資模式其實古已有之，並不新鮮。早在十七世紀，英國詩人亞歷山大·蒲柏著手翻譯古希臘史詩巨作《伊利亞德》，為了完成這個浩大的工程，蒲柏在啟動計畫之前，向社會公開承諾，在完成翻譯後向每位訂閱者提供一本六卷四開本的早期英文版的「伊利亞德」，這一舉動吸引了 575 名支持者，為蒲柏湊得資金四千多幾尼（舊時英國的黃金貨幣）。而這些支持者（訂閱者）的名字隨後被列在了早期翻譯版的《伊利亞德》上。

到了十八世紀，那是在西元 1783 年，莫札特想要在維也納音樂大廳表演最近譜寫的三部鋼琴協奏曲，當時他去邀請一些潛在的支持者，願意向這些支持者提供手稿。第一次尋求贊助的工作並沒有成功。在一年以後，當他再次發起「眾籌」時，176 名支持者才讓他這個願望得以實現，這些人的名字同樣也被記錄在協奏曲的手稿上。

然而，最具世界級影響力的眾籌項目，還得是美國的「自由女神像」。西元 1885 年，為慶祝美國的百年誕辰，法國贈送給美國一座象徵自由的羅馬女神像，但是這座女神像沒有基座，也就無法放置到紐約港口。約瑟夫·普立茲，一名《紐約世界報》的出版商，為此發起了一個眾籌項目，目的就是籌集足夠的資金建造這個基座。普立茲把這個項目發布在了他的報紙上，然後承諾對出資者做出獎勵：只要捐助 1 美元，就會得到一個 6 英寸的自由女神雕像；捐助 5 美元可以得到一個 12 英寸的雕像。項目最後得到了全世界各地共計超過 12 萬人次的支持，籌集的總金額超過 10 萬美元，自由女神像順利竣工。事實證明，眾籌模式先於互聯網而存在，只不過，互聯網讓「眾籌」大放異彩。它與互聯網金融的關係，恰好可以套用那句經典的語錄——眾籌天然不是互聯網金融，但互聯網金融天然有眾籌。（馬克思曾說過：「金銀天然不是貨幣，但貨幣天然是金銀。」）

Renaud laplanche

Lending Club 是美國 P2P（peer to peer，點對點、人人貸）行業的第一大企業，也是目前全球最大的 P2P 網路貸款平台，2014 年 12 月在紐約證券交易所上市。Lending Club 成立於 2006 年，由雷諾·萊普萊徹（Renaud laplanche）創辦。該平台號稱能夠利用最先進的技術繞過傳統銀行直接撮合借貸雙方，以降低借方的融資成本，同時提高貸方的回報。事實上，其盈利方式主要是透過向貸款人收取手續費和對投資者收取管理費，前者會因為貸款者個人條件的不同而有所差異，一般為貸款總額的 1.1% ～ 5%；後者則是統一對投資者收取百 1% 管理費。在 Lending Club 的借款方中，有 60% 借款是為了債務再融資，22% 是為償還信用卡，2% 是為了業務，而 80% 的貸款方是機構投資者。此外，Lending Club 的創建者雷諾·萊普萊徹也是一位資本英雄，在成為 P2P 巨頭之前，是航海比賽的冠軍，後來進法學院學習，做過律師，還曾是甲骨文軟體系統有限公司產品經理。拉里·薩姆斯這位前朝重臣能屈尊擔任貸款俱樂部的董事，也為重金而來。薩姆斯、麥克和米克都持有貸款俱樂部的大量股份，薩姆斯持有 1100 萬股，價值約為 2500 萬美元；麥克持有 240 萬股，米克持有 140 萬股，公司成功上市後，他們自然滿載而歸。當然，貸款俱樂部上市，拿錢最多的是該公司的首席執行官，他持有 1490 萬股。

如果對以上故事感興趣，不妨進一步閱讀彼得·蒂爾的

《從 0 到 1：開啟商業與未來的祕密》（*Zero to One: Notes on Startups, or How to Build theFuture*）；PayPal 成立初期的高管之一，曾擔任 PayPal 產品行銷總監的埃里克·傑克森（Eric M. Jackson）的《支付戰爭：互聯網金融創世紀》（*The PayPal Wars*：*Battles with eBay, the Media, the Mafia, and the Rest of Planet Earth*）；Peter Renton 的《*Lending Club* 簡 史：P2P 借貸如何改變金融，你我如何從中受益？》（*The Lending Club Story*）或《互聯網金融第三浪：眾籌崛起》等書。但問題隨之而來，互聯網金融美國起了個大早，卻趕了個晚集——為什麼互聯網金融在美國的發展並沒有像中國那般狂熱？個中緣由，或許是美國金融自由化程度比較高，互聯網提供的進入通道並不顯得十分珍貴。與此同時，電子商務環境、以支票為主的交易習慣均制約了互聯網金融在美國的發展。

反觀中國，若追溯互聯網金融的發展歷史，則始於二十世紀末的金融電子化，如一卡通、信用卡業務。到了 2003 年，支付寶、財付通、易寶支付等第三方支付開始湧現並興起，它們在一定程度上推動了互聯網金融的普及。另外，中國金融行業本身存在的諸多問題，例如利率的管制、投資渠道的有限、融資成本的高昂等，均催生了互聯網金融熱的現象出現。

經過這幾年的發展，互聯網金融已經被大眾廣為接受，傳統金融業也已（不得不）轉變思維，去重新認識和理解這種「新範式」。它們正逐漸超越對互聯網的工具性理解（例如開辦了網路銀行業務就等於金融互聯網或互聯網金融了），開始深刻意識到互聯網金融帶來業務創新的機會。此前，銀行對小微貸徵信，主要靠硬訊息（資金往來訊息），但貸款額越小，成本越高。但像阿里貸這樣的業務模式，可以借助借款人在天貓、淘寶等形成的交易訊息和歷史數據，最短時間內有效甄別借款人的信用狀況，在降低徵信成本的同時，有效降低了貸款違約率。可以這麼說，互聯網金融做了傳統大銀行原本不願意做的苦差事、累差事，而銀行也因為被互聯網「倒逼」，最終嘗到了零散小額業務「小而美」的甜頭。銀行開始明白，金融與互聯網的融合不是「零和博弈」，而是「共贏局面」，其本質是將金融業與訊息業合二為一。在這個意義上，餘額寶等「寶寶們」其實正是在中國現行的金融監管體制下，對於套利空間和管制利率機制給客戶形成利益困局提供的一種有效、方便的解決方案。傳統金融業應當捫心自問，互聯網企業能做到的，為什麼自己當初卻沒看到、做不了？

最新一期《新週刊》以「打賞與眾籌」為主題，策劃了一期封面故事。文章寫道：「互聯網的發展，催生了一個以分享為主旨的新經濟時代的到來，在互聯網的平台上，以往那些坐地起價等中間環節漸漸淡出，而每個人手裡的錢，就像每個人心中的夢想一樣，都成了可以直接拿出來與大家共同分享的『公共資源』——只要看得順眼、聽著順心、想著中意，錢便按照某種趣味、心情、態度，帶著體溫，帶著義無反顧的執著，甚至偏見，去到它應該去的地方。這是一個只要有一千個鐵粉就能生存的時代，打賞與眾籌正成為財富流通的新經濟學模式，小錢很多，有本事來拿。當然，真正的問題是，怎麼才能拿到這些散錢、小錢和熱錢。」

所以，互聯網金融從業者們不用擔心，如同金融互聯網從業者們不必灰心。當互聯網遇到金融業，它會蘊育出很多創新、就業和市場的機會。有時候，因為對手的存在，才能讓自己變得更強大，不是嗎？譬如：在互聯網金融之外，還有國與國之間的網路空間安全。當今世界，網路空間已經切實成為沒有硝煙的新戰場。網路空間戰已不再是紙上談兵，而成為軍事強國新的策略必爭之地。

第二十二章

國家網路安全

Internet
A history of concepts

一個史諾登事件，捅出「稜鏡門」計畫，牽動許多國家的神經。以此為分水嶺，各國政府猛然意識到，除了新媒體產業，國家網路安全已迫在眉睫。

Snowden Larry Roberts

2013 年 6 月 5 日，一個名叫愛德華·史諾登（Edward Joseph Snowden）的美國「八〇後」，他做了一件足以讓全世界都為之一顫的事情。他先後向英國《衛報》和美國《華盛頓郵報》兩家具有全球影響力的平面媒體透露——美國國家安全局（National Security Agency, NSA）正在進行著的「稜鏡計畫」（Prism）。該計畫是一個絕密電子監聽項目，始於 2007 年小布希政府時期，在美國國家安全局正式行動代號為「US-984XN」。透過該計畫，美國國家安全局監聽任何在美國以外地區使用參與計畫公司服務的客戶，或是任何與國外人士通信的美國公民。安全局獲得的數據包括受監聽者的電子郵件、影片和語音交談、影片、照片、VoIP 交談內容、檔案傳輸、登入通知，以及社群網路細節。而根據史諾登提供的文件顯示，美國國際安全局可以監控到包括無線營運商 Verizon、微軟、雅虎、Google、Facebook、蘋果在內的眾多電信和互聯網巨頭的訊息數據。「國家安全局建立了一套允許其攔截一切數據的基礎設施。擁有這種能力後，絕大多數的人類通信都無須定位即可被自動截取。如果我想看你的郵件或你妻子的電話記錄，我要做的就是使用攔截。我可以獲得你的郵件、密碼、電話記錄和信用卡訊息。」史諾登在接受《衛報》採訪時說。

稜鏡計畫「US-984XN」

1983 年 6 月 21 日，史諾登出生在馬里蘭的郊外，那裡離 NSA 的總部不遠。他的父親勞恩（Lon）曾從美國海岸警衛隊的一名普通士兵，逐步晉升為海軍士官長，那是一條艱難的道路。母親溫迪（Wendy）在美國巴爾的摩地區法院就職，姐姐傑西卡（Jessica）則成為了華盛頓聯邦司法中心的一名律師。史諾登並沒有受過專業的高等教育，僅是因為有電腦方面的特長，在短暫的參軍以及後來因傷病擔任警衛工作後，任職於中央情報局（CIA）負責維護電腦系統和網路運營，隨後以外交身分（掩護）被派駐瑞士日內瓦。期間調動過一次工作，史諾登從中央情報局調到了國家安全局，接受了一份在日本擔任戴爾技術專家的工作，內容還是跟網路訊息安全有關。直到 2013 年春天，他進入博思艾倫諮詢公司（Booz Allen Hamilton），擔任系統管理員。這是一家與包括美國國家安全局在內眾多政府機構有業務合作，提供管理、技術、安全服務的專業諮詢機構。

早在日內瓦時期，史諾登就認識了很多從心底反對伊拉克戰爭和美國中東政策的他的間諜同行，而隨著他網路運營、系統維護的權限的提高，他又接觸到更多有關伊拉克戰爭的訊息。知道的越多，內心就越痛苦，他開始考慮做一個洩密人，告訴全世界真相是什麼。要不是歐巴馬即將當選，他的「洩密之旅」估計已經開始了。他本以為歐巴馬真的能帶來「改變」，但事實是，在史諾登看來，歐巴馬沒有兌現承諾。就這樣過了兩年，時間到了 2010 年，這種希望破滅的挫敗感在史諾登腦海裡深深根植下來。在隨後的不同部門、崗位調動中，他原本就已消失殆盡的希望進一步幻滅。在他看來，間諜透過灌醉銀行家的方式把他們招募為線人，已經十惡不赦了。而現在，他又了解到情報部門的定點清除和大規模監視計畫，所有的數據都會發送到位於世界各地的美國國家安全局的監視器上。當美軍和中央情報局的無人機悄無聲息的把活生生的人炸成遍地的屍塊時，史諾登都能從螢幕上看到。他甚至開始感謝美國國安局的廣闊監控範圍：透過監控 MAC 地址（這是一種所有手機、電腦和電子設備都能發出的獨特識別碼），便可以了解到每個人在一座城市裡的詳細動向。國安局龐大的監控能力和有效監管的缺失，都令史諾登倍感擔憂。隨著時間的推移，這種擔憂更是有增無減。最令他震驚的一個發現是，國安局經常會定期把原始的私人通信訊息（既包括內容，也包括原數據）發送給以色列情報機構。

等到史諾登 2013 年春天為博思艾倫工作時，他已經徹底醒悟，各種各樣的機密訊息令他震驚不已，同時，他開始精心的搜集各類情報、下載備份，他決定將這些邪惡的祕密公諸於世——他知道此一去，將是一條再也無法回頭的不歸路。而另一方面，美國國家安全局顯然從沒想過像史諾登這樣的人會給他們惹麻煩。史諾登曾經在各種場合透露，他可以不受限制的瀏覽、下載和提取各種他感興趣的機密訊息。除了最高級別的機密文件，只要獲得了國安局的絕密權限，並且能夠使用它們的電腦，幾乎任何人都能了解美國國家安全局的監視項目細節，無論是僱員還是承包商，無論是二等兵還是將軍……

美國政府在全球範圍進行祕密竊聽的「稜鏡門」項目一經曝光，引起國際輿論譁然，一些國家指責美國提倡的所謂「互聯網自由」是道貌岸然，採取「雙重標準」，是「搬起石頭砸自己的腳」。另據德國《明鏡週刊》報導，該雜誌在 2013 年 10 月研究史諾登提供的資料之後，在一份美國國安局監聽對象的名單上赫然發現了本國總理默克爾的名字，代號為「GE 默克爾總理」（GE Chancellor Merkel）。文件的有效期從 2002 年開始到 2012 年 6 月歐巴馬訪德前夕。此外，執行竊聽任務的是國安局負責歐洲事務的 S2C32 部門，該部門在位於柏林巴黎廣場的美國大使館內非法建有監聽設備，用來竊聽德國政府的通信往來。可謂拔出蘿蔔帶出泥，之前毫不知情的德國政府這才驚覺，原來該國領導人早已是「稜鏡門」事件中最知名的受害者，而且「嫌犯」就在離總理府一步之遙的美國大使館中。德國聯邦最高檢察官郎格在國會上宣布，以「涉嫌從事特務及間諜活動」為由，將對美國國家安全局竊聽德國總理默克爾手機事件涉嫌「不知名者」展開立案調查。此外，不少美國民眾對政府的行為表示失望，予以強烈反對。據《紐約時報》報導，歐巴馬已經「不能信任」。在電視和社交媒體上，責罵言論占了大多數。有些記者還發揮想像力，稱他為「喬·W. 歐巴馬」，意思是諷刺歐巴馬全盤繼承了小布希的「反恐戰爭」策略。

SelectorType PUBLIC DIRECTORY NUM
SynapseSelectorTypeID SYN_0044
SelectorValue
Realm 3
RealmName rawPhoneNumber
Subscriber GE CHANCELLOR MERKEL
Ropi S2C32
NSRL 2002-388*
Status A
Topi F666E

用戶默克爾總理

一年後，在 2014 年 8 月出版的《連線》雜誌，史諾登懷抱美國國旗的形象登上了該期封面，而雜誌也對史諾登作了獨家採訪。據史諾登向記者透露，國安局龐大的監控計畫已經夠邪惡了，但史諾登還是發現了一個處在籌備階段的新項目，那是一個有著「奇愛博士」風格（《奇愛博士》（*Dr. Strangelove or: How I Learned to StopWorrying and Love the Bomb*）是一部於一九六四年出品的英語黑色幽默電影，由斯坦利·庫布里克擔任執導。故事講述了美國空軍將領懷疑蘇共的「腐朽思想」正在毒害「正直善良」的美國人民，他於是下令攜帶核彈頭的飛行部隊前往蘇聯，對敵人進行毀滅性的核打擊。蘇聯方面得知此事，立即致電美國總統，並威脅如若領土遭到攻擊，蘇聯將不惜一切代價按下「世界末日裝置」。該裝置的威力足以摧毀地球上所有的生命……）的網路戰項目，代號 Monster Mind。這個首次對外披露的項目，可以自動尋找外國網路攻擊的源頭。它能利用軟體不斷搜尋已知或可疑的攻擊所特有的流量形態。當探測到攻擊時，Monster Mind 便可自史諾登《連線雜誌》動阻止其進入美國——用網路術語說，就是實現了一次「追殺」（kill）。這樣的程式早在數十年前便已存在，但 Monster Mind 軟體還新增了一項獨特的功能：它並不是簡單的在入口端點探測和追殺惡意軟體，還能在沒有人工介入的情況下，自動開火還擊。

史諾登表示，這便會引發很多問題，因為初期的攻擊通常都是透過第三國的無辜電腦發起的。「這些攻擊具有欺騙性，」他說，「例如：有人可以在中國發動攻擊，但卻能把攻擊源頭偽裝成俄羅斯。於是，我們最終可能會向俄羅斯的一家醫院還擊。接下來會發生什麼事情？」相較於對個人隱私構成威脅，

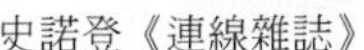
史諾登《連線雜誌》

Dr. Strangelove

Monster Mind 這樣的項目更可怕之處在於容易引發戰爭。

「網路戰」早不是一個新概念了。早在 1993 年春，美國智庫蘭德公司兩位研究員約翰·約翰·阿爾奎拉（John Arquilla）和大衛·倫費爾特（David Ronfeldt）在《比較策略》（*Comparative Strategy*）雜誌上發表了一篇名為《網路戰來了！》（*Cyberwar is Coming*）的報告，文章首次使用 Cyberwar 這個概念，意在描述網路資訊技術發展對傳統軍事策略與戰爭手段帶來的改變趨勢。到了 1997 年，蘭德公司出版了由約翰和大衛主編的一版名為《在雅典娜的陣營——為資訊時代的衝突做準備》（*In Athena' Camp：Preparing for Conflict in the Information Age*）的專題報告。報告不僅收錄了《網路戰來了！》文章，而且還透過其他 18 篇文章深入、系統闡述了資訊技術對戰爭、反恐、國防等產生的深遠和變革性的影響。然而，由於受當時互聯網發展水平限制，文章只是給出了一個比較模糊而又籠統的定義：「網路戰就是指根據訊息及相關原則開展和準備開展軍事行動。」

到了 2003 年，作為世界上綜合國力、科技和軍事實力最強的西方大國，美國最早制定了網路空間安全策略。2003 年 2 月，美國發布了《網路空間國家安全策略》（*The National Strategy to Secure Cyberspace*），該文件明確指出：

In Athena's Camp

「目前，商業交易、政府運轉以及國家防禦的方式都已經發生變化，這些活動嚴重依賴資訊技術與基礎設施之間相互依存的網路，即網路空間，隨著網路安全威脅日漸增多，美國應積極應對這些威脅。」它要求聯邦政府、地方政府、民營部門和美國公民相互協作，以共同應對這項非比尋常的挑戰。

2008 年 1 月 8 日，小布希政府時期，時任美國總統布希發布了第 54 號「國家安全總統令」（National Security Presidential Directive, NSPD）和第 23 號「國土安全總統令」（Homeland Security Presidential Directives, HSPD），這兩項總統令通常縮寫為 NSPD54/HSPD23。由於是密令，當時外界只知道它涉及網路安全，至於具體內容只能從有關官員的只言片語中推測，而無法知其全貌。直到 2010 年 3 月，新任美國總統歐巴馬為提高透明度以爭取民心，高調的解密了這兩份「網路安全密令」。據美國白宮網站公布的訊息來看，密令所涉的計畫有十二項（也不是全部），它們包括：①用可信任的網路連結（trusted internetconnections），將聯邦政府組織聯成單個網路組織來管理；②在聯邦政府組織中配置入侵監測系統（被稱為「愛因斯坦 2.0」計畫）；③致力於在聯邦政府組織中配置入侵防範系統（被稱為「愛因斯坦 3.0」計畫）；④協調並指導相關的研究開發活動；⑤連結當前的各個網路行動中心，以提高對形勢的認識，尤其是對網路安全形勢的認知；⑥確立並實施政府範圍內的網路反間諜計畫，以便協調聯邦各部門進行監測、阻擊外國網路情報機構對美國聯邦和私人領域的網路威脅；⑦加強有關美國的涉密網路的安全，例如外交、反恐和情報部門的網路安全；⑧擴展網路方面的教育培訓；⑨定位並研發「跨越式的」技術、策略和項目；⑩制定威懾策略和計畫；⑪實施多管齊下的全球供應鏈風險管理模式；⑫定義聯邦政府在關鍵的基礎設施領域所能扮演的角色，因為聯邦政府離不開控制著關鍵基礎設施的私營公司，而這些公司在網路安全方面也需要政府的保護。雙方的合作包括，在遇到網路攻擊時，聯邦政府與控制著各種基礎設施的私營公司進行訊息共享。

雖然有關小布希政府時期的「國家網路安全綜合計畫」的內容已部分公開，但眼下歐巴馬的國家網路安全政策又是如何呢？ 2009 年，歐巴馬入主白宮之後，其實大體上繼承了原有的網路安全策略。例如：在當年 5 月 29 日，歐巴馬政府公布名為《網路空間政策評估——保障可信和強健的訊息和通信基礎設施》（Cyberspace Policy Review）的報告，並在其講話中強調網路空間安全威脅是「舉國面臨的最嚴重的國家經濟和國家安全挑戰之一」。報告提出了十條近期行動計畫和十四條中期行動計畫，全面規劃了保衛網路空間的策略措施。一個月後，美國正式建立網路空間司令部（United States Cyber Command USCYBERCOM），統一協調保障美軍網路安全和開展網路戰等與網路有關的軍事行動。對此與小布希時期網路戰的指導思想，歐巴馬時期的美國網路安全策略有兩大變化：第一，美國政府已經做好準備打一場網路戰；第二，美國網路安全策略的重心從國內開始轉向國外。2011 年 5 月，美國國務卿希拉里宣布了美國《網路空間的國際策略》（*International Strategy for Cyberspace*），強調網路空間安全對外交、國防和經濟事務的重要性。根據這項新策略，美國將透過尋求與他國的合作，鼓勵負責任的文化，支持網路空間的國際立法，從而推進和建設一個安全的、自由的全球訊息網路。

為了配合新策略的推行，2011 年 11 月，美國公布了新的《防務授權法案》（Defense Authorization Bill），明確表示「一旦美國遭受針對其經濟、政府或軍事領域重大的網路攻擊，美國有權進行軍事報復」。2012 年 9 月，美國國務院首席法律顧問高洪柱（Harold Koh）公布了美國對於網路戰適用的十條法律原則，明確表示國際法規範適用於網路空間。至此，美國網路空間安全策略體系正式形成。

United States Cyber Command USCYBERCOM

從以上演變歷程來看，為了搶占網路空間的策略制高點，美國逐步制定了從安全保護到先發制人的網路空間策略。它具有主動、外向、絕對能力優勢、低風險偏好等含義。這與維持世界領導地位的美國總體策略遵循著相同的原則，即防止任何可能挑戰美國力量的崛起，在對手形成威脅之前解除對手武裝等。這一切正如理查·克拉克（Richard A. Clarke）在《網電空間戰》（CyberWar）一書中所虛構的一樣，未來戰爭主戰場將存在於虛擬的網路空間，不僅兵不血刃，而且可以制敵千里之外。理查·克拉克是美國國際安全專家、反恐專家，歷任雷根、老布希、柯林頓、小布希的安全顧問，美國總統的首位網路空間安全特別顧問。

網路空間戰，一種被《經濟學人》雜誌稱為繼陸戰、海戰、空戰以及太空站之外的能夠造成威脅的新軍事行動的「第五種作戰形式」（Cyberwar: War inthe Fifth Domain），它越來越受到其他各國的重視。除了是國際策略在軍事領域演進的必然結果外，關鍵是，網路空間作為第五大主權領域空間也獲得了國際上的共識。這意味著，網路空間安全已事關一個國家領土主權的安全，其策略高度和政治意義不言而喻。若放眼世界，各國都在大力加強網路安全建設和頂層設計。截至目前，已有四十多個國家頒布了網路空間國家安全策略，除美國不遺餘力、聲勢浩大的建設國家網路安全體系外，德國總理默克爾與法國總統奧朗德探討建立歐洲獨立互聯網，計畫從策略層面繞開美國以強化數據安全；歐盟三大領導機構明確，計畫在2014 年底透過歐洲數據保護改革方案。作為中國亞洲鄰國，日本和印度也一直在積極行動。日本 2013 年 6 月出台《網路安全策略》，明確提出「網路安全立國」。印度 2013 年 5 月出台《國家網路安全策略》，目標是「安全可信的電腦環境」。

Richard A. Clarke

一般而言，國家網路安全有三種策略選擇：進攻型、積極防禦型和消極防禦型，目前全球唯一有能力採取進攻型策略的只有美國；採取消極防禦型策略的有朝鮮、敘利亞和伊朗等國家。對於中國來說，基於其實力和能力以及目前所採取的措施來說，應當歸為積極防禦型一類。

自互聯網誕生以來，科學家、工程師們已經投入了無數的精力來確保網路安全，但互聯網帶來的威脅反而越演越烈。曾經的駭客只是攻擊個人電腦盜取些訊息，現在攻擊已經大幅度擴散到現實生活中的各個領域，比如銀行、零售業、政府機構甚至好萊塢電影公司。專家現在擔心未來可能還會進一步蔓延到大壩、電力系統甚至機場等重要公共系統。這些都是遠非互聯網發明者們所能想像的，不要說是幾十年前的科學家，幾十年前的科幻小說家都很難預測到互聯網會如此之快成為世界運行的核心。

當互聯網剛剛被發明時，只有很少的主機被連結在一起，而且數得出來的有限用戶都是侷限在一個小圈子裡的人，科學家們潛意識會認為這是一個「可信任」的模型。

並非早期科學家對人性過於樂觀，他們的錯誤在於沒能預料到一套供幾十個研究人員瀏覽的系統，最終演變成一個 30 億用戶的全球社區。要知道，在 1960 年代，30 億已經是全球人口的數量。

所以就算科學家們在當時考慮了安全隱患，主要針對的也是防止潛在入侵者或軍事威脅，但他們沒有預料到有一天用戶之間會利用網路來互相攻擊。也就是說，如果我們把今天都還不知道怎麼解決的問題，歸咎於幾十年前發明者沒有一開始就妥善解決了，這種想法無疑是苛責和愚蠢的。

TCP/IP 的發明者溫頓·瑟夫曾稱，如果能重頭再來的話，他希望能夠從一開始就建立加密 TCP/IP。但有一個問題是，在互聯網發展初期如此廣泛使用加密技術是否可行？有些電腦技術專家的觀點是，加密會導致 TCP/IP 的實現難度遽增，從而可能使得一些其他的協議和技術代替 TCP/IP 與互聯網成為主流。更重要的是，僅僅是加密技術已經難以解決今天的許多問題，這源於互聯網的本質：開放性和天量訊息交換。

隨著訊息呈指數級增長，用戶之間的緊張局勢還在繼續擴大：音樂家與想要免費聽歌的聽眾；人們尋求隱私和試圖監控的政府；電腦駭客和受害者……如今互聯網上的每一個角落都充滿著持續的衝突，這種複雜的衝突性早就超出了發明者的想像，如今互聯網的環境就是有著各種不同利益訴求的玩家們在相互角力、不斷博弈。

歷史當然無法重頭來過，即便回到過去，憂患也無法消弭。但透過這本關於互聯網的歷史書，希望能給後來人以啟發和警示。它們是：我們曾計畫外地創造了這一人類科技文明史上偉大的產物。現在的問題不是互聯網必須從我們這裡學到些什麼東西，而是我們可以從互聯網學到什麼、改變什麼和警惕什麼？同時請不要忘了，困境與出路永遠此消彼長，正如上帝關上了一道門，必然會為你打開另一扇窗。事實上，互聯網短暫而激盪的幾十年不正是這麼一步步走過來的嗎？

第二十三章

番外篇：互聯網 +

Internet
A history of concepts

隨著中國總理李克強在 2015 年《政府工作報告》中首倡「互聯網 +」概念，將其正式上升至中國國家策略，要求制定「互聯網 +」行動計畫。至此，各界對擁抱「互聯網 +」表現出了前所未有的高昂熱情。可問題是，人們理解對「互聯網 +」了嗎？當互聯網的玩法加到了傳統的 × 上，會起什麼樣的變化？新規則和舊制度的衝突又是什麼？

在其《政府工作報告》中，「互聯網 +」代表一種新的經濟形態，即充分發揮互聯網在生產要素配置中的優化和集成作用，將互聯網的創新成果深度融合於經濟社會各領域之中，提升實體經濟的創新力和生產力，形成更廣泛的以互聯網為基礎設施和實現工具的經濟發展新形態。這是政府官方的定義。不過，互聯網公司對它有著不同的詮釋和理解。

電商巨頭阿里巴巴的版本是，「互聯網 +」是以互聯網為主的一整套資訊技術（包括移動互聯網、雲端運算、大數據技術等）在經濟、社會生活各部門的擴散應用過程。百度的定義是互聯網和其他傳統產業的一種結合的模式。它來自公司創始人兼 CEO 的李彥宏在一次公開場合的談話，他還說：「互聯網和很多產業一旦結合的話，就變成了一個化腐朽為神奇的東西。」小米創辦人、董事長兼 CEO 的雷軍在解讀政府報告時談道，「互聯網 +」就是怎麼用互聯網的技術手段和互聯網的思維與實體經濟相結合，促進實體經濟轉型、增值、提效。他點到了「互聯網的思維」一詞，後者經他鼓吹一度成為互聯網流行語，而他領導下的小米手機成了演繹互聯網思維的經典案例。何謂互聯網思維，雷軍有「七字訣」：專注、極致、口碑、快！當然，還不能少了騰訊馬化騰的表述。

他認為：「互聯網 +」是以互聯網平台為基礎，利用訊息通信技術與各行業的跨界融合，推動產業轉型升級，並不斷創造出新產品、新業務與新模式，構建連結一切的新生態。馬化騰是「騰訊帝國」的創建者，現任公司董事會主席兼 CEO。正是基於後一個重要身分，他在 2015 年，提交了《關於以「互聯網 +」為驅動，推進經濟社會創新發展的建議》，建議提出：「互聯網具有打破訊息不對稱、降低交易成本、促進專業化分工和提升勞動生產率的特點，為經濟轉型升級提供了重要機遇。」「我們需要持續以『互聯網 +』為驅動，鼓勵產業創新、促進跨界融合、惠及社會民生，推動經濟和社會的創新發展。」事實是，建議後被政府採納，馬化騰便成了政府「互聯網 +」行動計畫最主要的倡導者和推動者。所以，要正確理解與適用「互聯網 +」，不可不追本溯源，回到它的首創者身上——看「互聯網 +」究竟是如何被提出的，馬化騰又是怎樣逐步完善其內涵和展開論述的。

首屆世界互聯網大會業

2013 年 11 月 6 日，馬化騰在他和馬明哲、馬雲共同參與的眾安保險開業儀式上，首提「互聯網＋」概念，他說：「大家看到最近很多傳統行業都在和互聯網結合。為什麼會結合呢？包括現在講的互聯網金融，以前是講互聯網的媒體、音樂、影視、支付等，和傳統行業有結合。現在到金融了。所以互聯網給傳統行業，互聯網加一個傳統行業，意味著什麼呢？其實是代表了一種能力，或者是一種外在資源和環境，對這個行業的一種提升。」 兩天後，在廣東惠州，馬化騰借企業家俱樂部「道農沙龍」的契機，進一步闡述了「互聯網＋」：「互聯網技術是第三次工業革命的一部分，打比方就像有了電力，以前是蒸汽機，後來有了電力所有行業都發生了變化。有了互聯網，每個行都可以把它變成為工具，都可以升級服務……因為只要在這個行業內用互聯網的方式做，我會稱之為顛覆。」 11 月 9 日，深圳的騰訊 WE 大會召開，這是一個很關鍵的日子，因為就在這一天，明確使用「＋」符號，「互聯網＋」正式浮出水面。馬化騰演講時指出：「『＋』是什麼？傳統行業的各行各業。過去互聯網十幾年的發展，看到互聯網加什麼？加通信是最直接的，加媒體已經有顛覆了，還要加娛樂、網路遊戲和傳統以前的遊戲已經被顛覆了。包括零售行業，過去認為網購電商是很小的份額，現在已經是不可逆轉走向對實體的零售行業顛覆，還有最近最熱的互聯網金融，最近都在討論。越來越多的傳統企業已經不敢輕視互聯網這個話題了。」

馬化騰

進入 2014 年，「互聯網 +」作為概念日益豐滿，在接受《人民日報》採訪、在騰訊合作夥伴大會上《給合作夥伴的信》、在首屆世界互聯網大會上，以及在給《時代的變換》等書籍寫推薦序時，馬化騰在不同時間、多個場合發表了他對「互聯網 +」的理解。揀要點說，有：「互聯網 +」是一個趨勢，加速對傳統行業的變革與顛覆，互聯網是一個工具，打破訊息不對稱，為用戶提供精準、個性化的服務，締造了一個又一個產業的新機遇、新生命等。

分析馬化騰和官方以及其他各種版本，有共性，也有差別，但大體談的方向一致，落腳點相近。「互聯網 +」就是用互聯網的資訊技術去融合其他行業，並試圖連結人、物、服務、場景乃至一切，目的旨在打破訊息不對稱、減少中間環節、高效對接供需資源、提升勞動生產率和資源使用率。簡單講可用十六個字歸納：開放生態、跨界融合、連結一切、協同創新。

然而，要把理念轉化為實踐，把口號落實到行動，在「互聯網 +」的問題上，要著重解決四個實際問題，或者說理順四個思路。

首先，「互聯網+」等於「互聯網+×」，這個×包括工業、金融、健康、教育、民生、能源、農業、商業、媒體、智慧、社會公益等各行各業各領域，問題是，為什麼要加，為什麼能加？隨著移動互聯網的興起，越來越多的實體、個人、設備都不可避免的連結在一起，這既是一種技術趨勢，也是一個時代特徵。互聯網不再僅僅是虛擬經濟，而是主體經濟社會不可分割的一部分。另外，隨著訊息通信技術的發展，以大數據、雲端運算、移動互聯、物聯網、人工智慧等為代表的新技術，能促使傳統產業突破現有瓶頸，實現自我顛覆與變革，加速互聯網化的轉型升級、融合創新。往大了講，「互聯網+」推動產業生態共贏，促進大眾創業、萬眾創新，整合併優化公共資源配置，極大惠及民生。

其次，那麼，互聯網+×，其中誰為主，誰為次，換句話說，究竟誰說了算？例如：互聯網+金融（如餘額寶），遊戲規則全由金融部門說了算。那麼，它其實是「金融+互聯網」，而不是「互聯網+金融」；又比如：互聯網+交通（如Uber），運營資質、准入條件，其實概由交通運管部門來定，本質上它就是「交通+互聯網」，而不是「互聯網+交通」。類似的例子還有很多，一言以蔽之，互聯網+×，基本是×一言堂。但問題互聯網企業（產業）的玩法套路和×行業既定的條條框框有很多並不適配，甚至是相衝突的，如此一來，規則之爭、理念之爭乃至價值之爭在所難免，融合共存、互惠雙贏談何容易。另外，嚴格從語義來分析，「互聯網+」，互聯網在前，是為主體；×在後，是為賓格。馬化騰、馬雲等談「互聯網＋」當然沒錯，因為他們就是互聯網公司的，可對於身處 × 領域的人來說，大談「互聯網＋」就顯得主謂不分了，要加至少也得是自己的 × 去加人家的互聯網。對此，獨立 TMT 分析師付亮有個觀點很好，他說「互聯網＋」第一個「＋」應該是「加速」；第二個「＋」是「破壞性創新」。也就是說，不管是互聯網＋×，還是 ×＋互聯網，有機的結合將是對各自產業生產力的提高、效率的提升以及創新的提速。

再次，一旦「互聯網＋」，那麼互聯網與 × 是什麼關係，是顛覆還是互補？對此，馬化騰在為《互聯網＋：國家策略行動路線圖》一書所撰寫的前言中的幾段話已經把道理說得很清楚了。他寫道:「『互聯網＋』與各行各業的關係，不是『減去』（替代），而是『＋』（加）上。各行各業都有很深的產業基礎和專業性，互聯網在很多方面不能替代。」「我經常用電能來打比方。現在的互聯網很像帶來第二次產業革命的電能。互聯網不僅僅是一種工具，更是一種能力，一種新的 DNA，與各行各業結合之後，能夠賦予後者以新的力量和再生的能力。」「『互聯網＋』就像電能一樣，把一種新的能力或 DNA 注入各行各業，使各行各業在新的環境中實現新生。」就像蒸汽機的出現和廣泛使用引發了第一次工業革命，電力的大規模應用造就了第二次工業革命，但蒸汽機和電力卻都沒有代替任何行業或產業，反而是不斷催生新的領域。所以 × 們大可不必擔憂，總是害怕互聯網進來了，自己要出局了。我同意《互聯網週刊》主編姜奇平的觀點，「互聯網＋×，將讓 × 的飯碗比現在更大，這是一場增量改革。合作才能共贏。」

最後，「互聯網＋」，催生的是新產業還是新業態？兩者的區別在於，新產業注重的是「產值」，新業態對應的卻是「結構」。互聯網是訊息網路產業，是新興產業，當它以加的姿態去對接融合其他產業時，做的其實是「產業創新」，即便從 × 的角度出發，亦是如此。產業創新其實就是轉變產業發展方式，而不是創設出新的產業品類。新業態就是要在原有產業基礎上做強做優，而不是一味追求規模做大。所以「互聯網 +」或「× + 互聯網」的正解在於，把重心放在以用戶導向的創新求變上，放在實現高附加值的產業升級上。

以前，互聯網只是一個工具、一個平台；如今，互聯網已是一個基建、一個生態。正如學者曾潤喜說的，以前大家把互聯網當作「輪胎」，但其實它是「發動機」。「互聯網 +」讓互聯網與其他行業和產業「你中有我，我中有你」，形成一個全新的商業生態系統。從趨勢來看，這不是想不想、願不願的事，而是勢在必行。套用美國科幻作家、「賽博朋克運動之父」威廉·吉布森（William Gibson）的話來說：「未來已經來臨，而且早已流行。」

William Gibson

國家圖書館出版品預行編目（CIP）資料

互聯網進化史：網路 AI 超應用 大數據 × 雲端 × 區塊鏈 / 楊吉 著 .
-- 第一版 . -- 臺北市 : 清文華泉 , 2020.7
面； 公分
ISBN 978-986-99209-0-2(平裝)

1. 網際網路 2. 全球資訊網

312.1653　　109008203

書　　名：互聯網進化史：網路 AI 超應用 大數據 × 雲端 × 區塊鏈
作　　者：楊吉 著

發 行 人：黃振庭
出 版 者：清文華泉事業有限公司
發 行 者：清文華泉事業有限公司
E-mail：sonbookservice@gmail.com
粉 絲 頁：https://www.facebook.com/sonbookss/
網　　址：https://sonbook.net/
地　　址：台北市中正區重慶南路一段六十一號八樓 815 室
Rm. 815, 8F., No.61, Sec. 1, Chongqing S. Rd., Zhongzheng Dist., Taipei City 100, Taiwan (R.O.C)
電　　話：(02)2370-3310　　傳　　真：(02) 2388-1990

定　　價：450 元
發行日期：2020 年 7 月第一版